산림경제학

생태학과 경제학의 만남

민경택 • 윤여창

서 문

산림을 효율적으로 이용하는 것은 국토를 효율적으로 이용하는 것이다. 우리나라와 같이 산림이 국토의 63%를 차지하는 산림국가에서는 더욱 중요하다. 국토 이용이 잘못되면 현 세대뿐만 아니라 미래에 살아갈 후손의 기회를 제약하는 것이므로 자자손손 아름다운 국토에서 행복하게 살아가는 데 산림의 효율적인 이용이 무엇보다 중요하다.

산림은 인간이 살아가는 데 없어서 안되는 여러 가지 자연의 혜택을 제공한다. 인류가 불을 발견하고 농업을 하기 이전에 사람은 숲에서 살았다고 인류학자는 말한다. 숲에서 살던 인류는 숲에서 나오는 음식에 의존하였고 숲을 둥지로 삼았다. 숲에서 나와서는 연료와 집을 짓는 데 필요한 목재를 숲에서 구하였고 이러한 숲의 이용은 지금까지 이어진다. 인류는 나무에서 종이의 원료인 목질섬유를 뽑아내는 기술을 터득함으로써 인류 문명의 기초인 지식의 전파에 나무를 심고 가꾸는 임업이 기여하여 왔다.

산업혁명 이후 사람들이 도시에 모여 살면서 숲에서 여가활동을 즐기는 사람들이 많아졌다. 숲 활동이 건강 증진과 질병 치유에 도움이 된다는 연구결과가 나오면서 최근에는 숲을 찾아 명상을 하거나 자연을 즐기는 인구가 늘었다. 이처럼 숲의 문화서비스에 대한 수요가 증가하였다. 오래전부터 농사를 위해 치산치수(治山治水)가 중요하다는 것을 깨달았으며, 최근에는 기후변화와 생물종이 빠른 속도로 사라지는 현상을 겪으면서 지구 환경의 보전을 위해 숲을 잘 보전하고 관리하는 것이 중요하다는 것을 알게 되었다.

숲에서 먹거리를 얻고, 집을 짓는 목재와 종이의 원료를 생산하는 임업을 넘어, 우리가 살아가는 환경으로서 숲을 지속가능하게 관리하고 이용하는 환경산업으로 임업이 발전하고 있다.

새로이 나타난 숲에 대한 수요에 적절히 대응하여 산림자원을 효율적으로 이용하고 관리하는 임업을 영위하기 위해서 숲의 가치가 어떻게 형성되는지, 숲을 어떻게 이용하고 관리하는 것이 숲의 가치와 임업경영자의 이윤을 최대로 할 수 있는지를 이해해야 한다. 산림의 지속가능한 이용과 관리에 관련된 여러가지 의사결정을 하는 임업경영자나 산림정책 결정자는 생태계서비스의 원천인 숲의 가치를 올바로 평가하고 산림관리 의사결정 내지 산림정책의 결정이 갖는 경제적 의미를 이해해야 한다.

이 책은 임업경영자와 산림정책 결정자, 그리고 장차 임업인으로 혹은 산림자원 관리자가 되고자 산림과학을 전공하는 대학생과 대학원생, 그리고 실제 산림정책을 입안하고 집행하는 공무원을 위하여 집필하였다. 필자들이 서울대학교, 워싱턴대학 및 도쿄대학에서 수학하고 임업시험장(현 국립산림과학원)과 한국농촌경제연구원에서 수행한 연구활동이 이 책을 쓸 수 있는 밑바탕이 되었다. 이 책을 쓰는 동안 함께 공부한 서울대학교 산림과학부 생태경제학 연구실 대학원생들과 지원을 아끼지 않은 가족에게 이 책을 바친다.

2023년 1월 어느 날

저자를 대표하여 윤 여 창

목 차

제 1 장

산림경제학의 대상과 범위

산림과학은 생물학을 바탕으로 하면서 다른 자연과학, 응용과학 그리고 경제학 등 사회과학 지식들을 포괄하는 학문이다. 인구가 증가하고 산림에 대한 사람들의 요구가 증가하고 다양해지면서 사회과학의 접근으로 산림을 다루어야 할 필요성이 높아졌다. 산림관리와 산림자원 이용을 결정하는 사람이라면 그것이 운용되는 경제와 사회 환경에 주의를 기울여야 한다.

이 책은 경제학의 관점에서 산림의 육성, 이용, 보전의 문제를 다룬다. 이 책을 시작하면서 먼저 경제의 기본 문제를 다루고 산림경제학의 대상과 범위를 설명한다. 그리고 정책개발과 의사결정에서 경제분석의 역할을 언급한다.

산림과 경제

미하일 일린(Mikhail Il'in)은 『인간의 역사』에서 인류의 조상들이 나무 위에서 살았고 나무에서 내려오면서 인간이 되었다고 하였다. 원래 숲에서 살았기 때문에 숲과 인간의 관계는 상당히 근원적이라 할 수 있다.

인간은 오랜 역사에서 숲과 밀접한 관계를 맺어 왔다. 철이나 시멘트, 플라스틱과 같은 물질을 널리 이용하게 되기 전까지 인간이 사용하는 물질재료 가운데 가장 중요한 것이 바로 목재였다. 건축, 도구, 수레, 마차, 술통, 가구, 조선의 재료와 에너지로 사용하는 것뿐만 아니라 종이와 유리, 직물, 비누 등 각종 공업에서 핵심 원료였다. 특히 가정에서 조리와 난방에 사용하는 땔감은 매일 필요하고 겨울을 나기 위해 땔감을 확보하는 것은 생사(生死)에 관련된 문제였다. 그리고 숲에서 나오는 각종 임산물은 인간의 삶에 필수적인 것들이었다. 수실과 버섯, 고기, 벌꿀 등의 식품을 얻고 밀랍으로 양초를 만들어 어둠을 밝혔다. 가축의 먹이도 숲에서 구하였다. 우리 조상들에게 숲은 매우 중요한 삶의 터전이었다.

인류의 역사를 크게 보면 '산림 개발의 역사'라고 해도 과언이 아니다. 인류가 정착 생활을 시작할 즈음에 산림면적은 대략 62.2억ha였다고 추정한다(Richards, 1990). 농경을 시작하면서 인구가 늘고 숲은 계속 줄었다. 농지를 넓히려는 자에게 숲은 적이었다. 우선 숲을 불태워 농경지를 만들었다. 그리고 건축·조선·연료용 목재를 많이 벌채했다. 나무는 무한히 부존한다고 믿었기에 자원보호에 거의 주의를 기울이지 않았다.

숲이 급격히 줄어든 것은 근대 이후이다. 개간과 농경지 확대는 대규모 사업이 되었다. 목축이 늘면서 초지가 늘었다. 나라마다 상선과 전함을 만드는 데 엄청난 양의 목재를 투입하였다. 19세기까지 세계의 주요 연료는 장작이었다. 광석을 제련하거나 소금을 만들거나 벽돌을 생산하는 데 엄청난 땔감이 필요하였고 그것을 확보하기 위해 많은 면적의 숲을 베어냈다. 수 세기 동안 이렇게 숲을 베기만 하고 거의 조림하지 않아 서유럽과 인도, 중국, 근동에서 서서히 숲이 고갈되기 시작하였다. 18세기 유럽에서는 '목재위기'가 발생하였고 숲과 목재를 놓고 갈등이 벌어졌다. 당시에는 소유권이 불분명하다보니 숲의 남벌을 통제하지 못하였다.[1)]

당시의 산림자원은 현재의 석유자원 이상으로 중요하였고 산림자원의 고갈은 국가의 명운을 좌우하였다. 목재의 지속적·안정적 공급은 국가적 과제가 되었다. 이러한 배경에서 18세기 중반 독일에서 임학이 탄생하였다. 당시 임학은 관방학의 일부였는데, 관방학은 군주의 재정을 번영시키는 방책을 논하며 관료를 양성하는 재정·행정학이다. 당시 독일에서는 임학을 Forsteinrichtung이라 하였는데, 적정 벌기령 선택과 수확 조절, 산림의 배치 등을 다루었다. 일본에서는 이를 森林經理學이라 번역하였다.

---

1) 이러한 현상은 우리나라도 예외가 아닌데, 조선 영정조 시대(1724~1800)에 목재값이 대여섯 배나 폭등하였고, 백성들은 관(棺)에 쓸 목재도 구하지 못해 짚과 이엉으로 시신을 싸서 장사지냈다고 한다(전영우, 2022).

19세기 이후 숲과 인간의 관계는 크게 변화를 겪는다. 나무와 숲이 비싸짐에 따라 석탄 이용 기술이 개발된다. 석탄을 사용하면서 막대한 양의 나무를 아낄 수 있었다. 인구는 도시에 집중되었다. 그러나 경제의 급속한 팽창과 인구 성장은 더 많은 양의 목재 소비를 창출하는데, 철도 확장에 따른 갱목 수요, 광산 개발에 의한 침목 수요가 증가했다. 가장 많은 목재를 사용하는 업종은 제지업이다. 임산업은 글로벌화하여 개발도상국의 열대림 개발에 나섰다.

2022년 현재도 지구의 산림면적은 여전히 감소한다. 인구 증가와 식량 수요의 압박은 산림을 농지·목초지로 바꾼다. 수치를 보면 선진국에서 산림이 늘어나고 개발도상국에서 산림이 줄고 있지만, 이는 선진국의 산림감소가 개도국으로 옮겨간 결과이다. 숲이 사라진다면 인류의 생존과 문명은 지속가능할 것인가. 산림과 인간의 관계를 올바로 정립해야 하는 것은 인류가 직면한 중요한 과제이다.

오늘날에도 산림은 여전히 중요한 경제자원이며 산림을 이용하여 사람들이 원하는 재화와 서비스를 생산한다. 산림에 노동과 다른 투입재를 결합하여 건축자재, 산업용 원료, 연료, 식량 등 소비재를 생산할 수 있다. 또, 인간은 매일 생활하는 공간과 다른 환경을 체험하기 위해 숲으로 간다. 이러한 유용성으로 인해 산림은 경제 자원이다. 산림에서 얻어지는 최종 재화와 서비스의 가치가 높을수록 원천이 되는 산림의 가치도 높아진다. 산림의 가치는 임산물 생산에 한정되지 않으며 수자원함양과 대기정화, 자연재해 예방 등 공익기능에서도 유래한다. 최근에는 기후변화 대응과 생물다양성 보전의 관점에서 산림의 역할이 더욱 주목받는다.

산림은 목재가 되는 수목 이외에도 다양한 생물이 서식하는 장(場)이고 인간이 누리는 혜택은 목재에 한정되지 않는다. 때로는 위협도 된다. 산림과학은 점점 산림의 구성원으로서 동식물을 널리 다루게 되고, 또 목재 이외의 기능, 혹은 위협도 고려하게 되었다. 산림은 수목을 중심으로 다양한 생물의 상호작용으로 구성되는 생태계이다. 그리고 생물들이 지내는 시간축, 즉 생활사는 서로 크게 다르다. 특히 수목은 긴 시간축을 가지며, 산림생태계의 토대가 되는 토양은 더 긴 시간축으로 형성된다. 산림이란 공간적·시간적으로 아주 복잡한 존재이고, 인간의 시간축에서 다루기 어려운 존재이기도 하다.

산림을 지키는 방법에는 크게 보호와 보전 두 종류의 사고가 있다. 이러한 사고는 19세기 후반 미국에서 탄생하였다.

먼저 보호(preservation)이다. 자연은 그 자체로 가치를 가지며 자연의 변화에 맡겨 그것을 방해하지 않도록 해야 한다는, 즉 인간의 활동을 규제하고 원생의 자연을 지킨다는 접근이다. 자연보호운동의 아버지라 불리는 존 뮤어(John Muir)가 제창하였다. 보호는 자연자원을 사용하지 않고 남겨두거나 혹은 원래 상태로 유지할 수 있는 범위에서 사용하는 것을 의미한다. 이는 국립공원 운동으로 이어졌다. 최근에는 과학적인 보호를 중시하는데 이는 논쟁을 감정적인 정치투쟁으로 다루는 것이 아니라 과학적인 방법(특히 자연과학)으로 설명하려는 것이다. 이를 구체화한 것이 '에코시스템 매니지먼트'인데, 생태학에 기초하여 산림을 관리하는 것이다.

또 다른 생각은 보전(conservation)이다. 적절히 관리하면서 현명하게 이용(wise use)한다는 것으로, 더 좋은 상태가 되도록 필요에 따라 사람이 적극 관여한다는 접근이다. 보전이라는 말은 사회적으로 최적으로 자원을 사용한다는 개념이다. 물론 개인마다 최적의 개념이 같지 않을 수 있다. 다양한 요구에 적절히 밸런스를 취하고 낭비와 과도한 손실을 회피하는 행동을 의미한다. 인간의 장래 이용과 소비를 위해 천연자원을 지키는 측면이 있다. '최대 다수의 최장 기간의 최대 행복'을 지향하는 것으로 기포드 핀쇼(Gifford Pinchot)가 제창하였다. 핀쇼는 미국 Forest Service의 초대 장관이다.

우리나라에서 산림은 국토의 62.6%(2020년)를 차지할 만큼 산림률이 높다. 그러나 산림에서 목재생산은 많지 않고 산촌 인구도 점차 감소하여 임업은 점차 쇠퇴하고 있다. 목재소비는 외국의 산림에 크게 의존한다. 그러나 휴양 목적으로 산림을 찾는 사람들은 증가하는 추세이다. 우리가 먹는 물은 대부분 산에서 발원하기 때문에 산림관리는 국민의 생존과 직결된다. 아름다운 산림경관은 우리의 삶을 풍요롭게 한다. 이처럼 숲이 우리 사회의 생태적 안정성을 지지하는 역할은 매우 크다. 한편으로 도시와 도로의 확장, 산지의 전용과 개발도 늘어난다. 이러한 과정에서 산림의 역할과 가치를 둘러싸고 사회적 갈등도 증가한다. 우리 산림을 어떻게 관리하고 이용할 것인가는 산림경제학을 비롯한 산림과학의 중요한 과제이다.

경제의 기본 문제

우선, 사회에는 어떤 욕구가 존재한다. 사람들은 주택과 음식, 옷과 같은 재화 그리고 의료, 휴양과 같은 서비스를 원한다. 사람의 욕구는 무한하다. 바다는 메워도 사람 욕심은 못 메운다고 하지 않는가. 사람들의 생활 수준 또는 후생은 이러한 욕구가 어느 정도 충족되는가로 판단한다. 사람들의 욕구가 많이 충족되면 부유한 것이고, 그렇지 못하면 가난한 것이다. 그리고 사람들의 욕구는 물질에 한정되지 않고 경제적 안정, 평등, 자유, 정의 등 집단적이고 공공적인 관심으로도 확대된다.

한편, 이러한 욕구를 충족시키는 재화와 서비스를 생산할 수 있는 사회의 역량에는 한계가 있다. 이들을 생산하는 수단은 자연자원(또는 자연자본), 기계, 도로, 기타 기간시설 등의 인공 자본, 노동, 기술·지식 등의 인적 자본, 문화·제도·규범 등의 사회적 자본이다. 이러한 것들은 늘 유한하다. 경제 과정은 인간의 무한한 욕구를 충족시키기 위해 제한된 자원을 어떻게 이용할 것인가를 결정하는 것이다.

경제학은 어떻게 하면 제한된 자원으로 인간의 무한한 욕구를 충족시킬 것인가를 연구하는 학문이다. 인간의 욕구는 끝이 없고 그것을 충족시켜 줄 수 있는 자원은 한정되어 있다는 것이 중요하다.

모든 사회는 다음 세 가지의 기초적 경제문제를 해결해야 한다. 즉, 한정된 자원과 무한한 인간 욕구를 고려하여 다음 문제를 결정한다.

- 무엇을 얼마나 생산할 것인가?
- 어떻게 생산할 것인가?
- 누구에게 분배할 것인가?

모든 경제는 이 문제를 다루지만 그 방법은 다르다. 그 방식을 '경제 체제'라고 한다. 원시 사회는 전통과 관습에 따랐다. 사회주의 체제는 중앙의 계획과 정부 지침에 따른다. 자본주의 시장경제 체제는 생산자, 소비자, 그리고 생산자원 소유자들의 개별적이고 조정되지 않은 행위로 생겨나는 시장의 힘에 따른다. 대개의 자유주의 국가는 시장의 힘을 기초로 하면서 필요에 따라 개입한다. 이를 '혼합 자본주의'라고 한다. 정부가 시장에 개입하는 정도는 그 사회의 역사·문화 조건에 따라 다르다.

이 책은 자본주의 시장경제를 전제로 한다. 시장경제는 수많은 기업과 가계가 시장에서 상호작용하면서 분산된 의사결정에 의해 자원을 배분하는 경제 체제이다. 고전학파 경제학자 애덤 스미스(Adam Smith)는 『국부론』에서 그것을 '보이지 않는 손(invisible hand)'이라고 표현하였다. 시장에 참여하는 모든 민간 주체들은 희소성과 이기적 본성을 바탕으로 가장 효용이 큰 선택을 하기 위해 최선을 다할 것이다.[2] 시장에는 '보이지 않는 손'이 있어서 개인들의 사적 이익 추구 행위가 사회 전체의 경제적 후생을 증진하도록 이끈다는 것이다.[3] 그렇기 때문에 선택을 위한 자유와 결과에 대한 보상을 기반으로 하는 '사유재산제'를 특징으로 한다.

21세기 들어 자본주의 체제가 안고 있는 다양한 문제들이 지적되지만 현재까지 이 체제는 가장 효율적이고 공정한 체제임에는 틀림없다. 자본주의의 폐해를 지적하며 등장하였던 사회주의 체제는 오히려 비효율과 불공정의 문제를 노정하였고 사람들의 생활 수준을 저하시켰다.

시장경제와 정부의 역할

시장의 힘에 기초하여 경제문제를 다룬다면 정부가 왜 필요할까. 우리가 산림경제학을 공부하는 이유는 산림정책의 역할과 범위를 더 잘 이해하기 위해서다.

시장경제에서 기업이 재화의 생산을 맡는다. 기업은 소비자들이 원하는 재화 또는 서비스를 생산하기 위해 필요한 자원을 구입하며, 자원을 구입하는 데 기업이 지불하는 돈은 자원 공급자의 수입이 된다. 따라서 '무엇을 얼마나 생산할 것인가'의 문제는 결국 소비자의 선택에 따라 결정되는데, 이를 소비자 주권(consumer sovereignty)이라 한다. 다음으로 '어떻게 생산할 것인가'의 문제는 개별 생산자들이 결정하는데, 생산자들은 경쟁에서 살아남기 위해 가장 효율적인 생산방법을 찾아낸다. 그리고 '누구에게 분배할 것인가'의 문제는 소득 분배이다. 생산의 대가로 지급받은 돈을 생산에 참여한 사람들에게 나누어 준다. 이는 생산자가

2) 다음은 애덤 스미스의 사상을 잘 표현한다. "우리가 오늘 저녁을 먹을 수 있는 것은 푸줏간 주인, 양조장 주인, 빵 굽는 사람들의 호의 때문이 아니라 그들이 자신의 이익을 위해 일하기 때문이다. 우리는 그들의 자비심이 아니라 그들의 이기심에 의존하는 것이며, 우리에게 무엇이 필요한지가 아니라 그들에게 어떤 이득이 있는지 말해야 한다."

3) 이와 관련하여 레너드 리드(Leonard E. Read)의 1958년 에세이 "나, 연필(I, Pencil)"을 읽어보기 바란다.

구입한 노동, 자본, 토지, 기타 생산자원의 시장 가치에 따라 결정되며, 그것은 각각 임금, 이자, 지대, 이윤 등의 형태를 취한다.

시장에서 소비자 주권이 실현되기 위해서는 먼저 시장의 조건을 바람직하게 유지 또는 개선하기 위한 정부의 역할이 중요하다. 정부는 시장경제의 원활한 작동을 위해 일정한 규칙을 만들고 이를 관리·감독하는 심판 역할을 한다. 소비자 안전을 위한 제품 규제뿐만 아니라 기업들의 불공정거래 행위, 소비자 선택을 왜곡하는 정보의 문제, 적절한 피해 보상 등 다양한 분야에서 감독과 심판의 역할을 한다. 특히 중요한 것은 개인이 자원을 소유하고 통제할 수 있도록 재산권 보장의 장치를 유지하는 것이다.

정부는 경제 활동에 직접 참여하기도 한다. 시장의 외부성을 보완하는 역할이다. 정부는 민간 생산자들이 공급하려 하지 않는 '공공재(도로, 국방, 치안 등)'를 제공하고, 민간 생산자들이 충분히 생산하지 않는 재화와 서비스의 다양성을 증대시킨다. 보건, 의무교육, 주택공급 그리고 문화예술 등이 이러한 '가치재(merit goods)'에 포함된다. 한편으로 비가치재(demerit goods)의 생산과 소비를 규제하는데, 예를 들면 마약, 술, 담배, 도박 등이다. 정부는 세금, 보조금, 단속과 규제정책을 이용하여 민간의 생산이나 소비에 직접 영향을 미친다.

정부는 부와 소득의 분배에도 영향을 미친다. 세금, 정부 지출, 연금 등 다양한 소득이전 정책은 계층과 지역에 소득을 재분배한다. 소득이 높을수록 높은 세율을 적용하는 누진 소득세와 노인 기초연금, 농업인·임업인에게 지급하는 직접지불제 등이 있다. 이러한 것들이 정부의 소득분배 역할이다.

마지막으로 정부는 경제 활동을 안정시키는 역할을 한다. 경제를 조절하는 정부의 수단은 재정 정책과 통화 정책이다. 이를 통해 인플레이션과 실업을 조정한다. 지역의 균형발전을 위해 경제 성장과 농산촌 발전을 촉진하는 정책도 안정화 기능과 관련된다.

산림경제학은 산림자원을 보전하고 임업경영과 같이 이용하는 방법에 영향을 미치는 정부 정책을 다룬다. 산림정책의 주요 목적은 산림자원 이용의 방법에 영향을 미치어 효율을 증대시키는 것이다. 또 다른 목적은 소득 분배 또는 형평성의 고려, 또는 농산촌 발전을 이끄는 것이다. 정부의 개입은 불가피하게 자원의 배분, 소득과 부의 분배, 그리고 경제 안정과 성장에 영향을 미친다. 때로 그 결과는 의도와 다르게 나타나기도 한다.

경제의 목적: 효율성과 형평성

어느 사회라도 소비자 욕구를 최대한 만족시키는 것이 경제의 첫 번째 목적이다. 한정된 자원으로 이러한 욕구를 얼마나 만족시키느냐, 이것이 경제의 효율성을 평가하는 척도이다.

경제 전체를 보았을 때 어느 분야가 자원을 이용하여 다른 분야보다 더 많은 가치를 창출할 수 있다면 자원을 재배분하여 전체 효율성을 개선할 수 있다. 국내총생산(GDP)이 증가할 것이다. 만일 생산자가 동일한 투입으로 더 많이 산출하는 기술을 사용하지 않는다면 비효율성이 존재한다.

경제분석에서 효율성은 사회 구성원에게 생기는 순편익(=총편익 - 총비용)의 최대화로 정의된다. 사회 전체의 관점에서 평가할 때는 비가격 편익과 비용도 고려해야 한다. 종종 효율성을 중요하게 여기지 않는 주장을 듣곤 하는데 이는 자원의 낭비, 어쩌면 환경의 파괴를 의미하며 다른 사람에게 전가되는 비용을 무시하는 것이다. 시민의 다양한 요구를 반영하여 사회적 순편익을 최대화하도록 산림을 가장 잘 이용하는 방법은 무엇인가, 이는 산림관리의 효율성에 대한 핵심 질문이다.

시장경제는 생산자로 하여금 효율적으로 운영하고 경쟁에서 성공하도록 자극한다. 자원을 낭비하는 비효율적인 생산자를 시장에서 퇴출시켜 효율성을 달성하려 한다. 정부는 다양한 정책을 실행하여 효율성을 개선하려 한다.

형평성은 소득과 부, 즉 생산의 과실을 구성원에 분배할 때 공평해야 함을 의미한다. 소득 분배는 먼저 생산자가 생산요소를 이용한 대가를 지불함으로써 결정된다. 이는 조세, 소득 이전, 공적 보조, 기타 정부의 개입으로 바람직한 분배 패턴으로 바꿀 수 있다.

효율성과 마찬가지로 형평성도 가능한 대안을 비교하여 사회의 선호를 가장 잘 반영한 방안을 선택함으로써 실현할 수 있다. 개인 간, 지역 간, 세대 간 형평성을 고려해야 한다. 산림정책은 이 모든 측면의 형평성을 다루어야 한다. 산림경영에서 형평성 문제는 저소득층(또는 사회적 약자) 또는 산촌지역 또는 미래 세대를 위한 산림자원의 보전과 관련하여 발생한다. 사회적 약자와 미래 세대는 산림정책의 의사결정에서 정치적 영향력이 약하거나 배제되므로 특별한 배려가 필요하다.

효율성과 형평성은 둘 다 측정하기 어렵다. 효율성은 투입재 비용에 대한 산출의 가치로서 평가하는데 이는 보통 시장가격으로 측정된다. 그러나 시장가격이 정확하지 않다면 어떻게 해야 할까. 시장의 가격 정보를 보완하여 사회적 가치를 반영해야 한다. 형평성은 분배의 공정성에 대한 주관적인 느낌이기 때문에 실증적으로 평가하기 어렵고 윤리적 판단이나 정치 과정에 따른다. 또 소득의 바람직한 지역적 재분배 또는 미래 세대의 편익은 측정하거나 비교하는 것이 어렵다.

효율성과 형평성은 종종 상충한다. 예를 들어 생산을 증대시키는 정책이 소득 분배에서 바람직하지 않을 수도 있다. 반대로 사회계층 간에 부와 소득의 형평을 위하여 어느 정도의 효율성을 희생하는 경우도 종종 있다. 여기에서도 적절한 균형이 중요하다. 분배가 중요하지만 성장이 없다면 나눌 게 없을 것이다. 효율성과 형평성 사이에서 무엇이 더 중요한가, 균형점은 어디인가, 이러한 문제는 경제학의 범위를 넘어선다. 그것은 정치 과정에서 조정되고, 경제분석은 이러한 의사결정에 필요한 정보를 제공할 뿐이다.

사실 경제학의 논의는 효율성에 조금 더 치중된 경향이 있다. 효율성이 대체로 '맞다, 틀리다'의 문제라면, 형평성은 '옳다, 그르다'의 문제이기 때문인 것 같다. 그만큼 부담스러운 주제이다. 또, 효율성이 달성되면 그렇지 않은 상태보다 풍요로울 것이기 때문에, 효율성의 문제를 해결하면 형평성의 문제를 다루는 데 더 수월하지 않을까 기대하는 면도 있다.

경제자원으로서 산림

경제학에서 '자원'은 토지와 천연자원뿐만 아니라 자본, 노동, 인간의 지식도 포함한다. 경제자원의 특징은 '희소하다'는 것인데, 이는 모든 욕구를 만족시키기에 충분하지 않다는 의미이다. 자원을 무엇에 사용할 것인가, 이런 문제는 바로 자원의 희소성(scarcity) 또는 공급의 제한에서 비롯된다.

수요보다 공급이 훨씬 많아 돈이나 노력을 지불하지 않고도 가질 수 있는 재화를 자유재(free good)라 한다. 옛날 산림이 풍부하던 시기에 산림은 자유재였다. 그냥 숲에 들어가 가져다 쓰면 되었기 때문이다. 인구가 증가하고 산림이 훼손되면서 산림은 희소성을 갖는 경제자원이 되었다. 그렇다고 모든 산림이 경제자원인 것은 아니다. 어떤 산림은 여전히 접근이 어렵거나 질이 너무 낮아서 이용에 따른 편익이 없는 경우도 있다. 경제 가치가 없는 산림은 선택의 문제를 제기하지 않는다. 그러나 대개의 산림은 하나 또는 그 이상의 생산물 또는 서비스를 제공한다. 산림경제학이 관심을 두는 것은 경제 가치를 가지는 산림이다. 여기에서 경제 가치가 있다고 함은 시장에서 거래되는 물질의 가치만을 뜻하지 않는다. 휴양서비스나 수자원함양과 같은 비물질적 가치도 포함한다.

경제의 부존자원은 크게 네 가지로 나뉘는데, 즉 토지, 노동, 자본 그리고 기업가 정신이다. 이들은 서로 다른 수입을 창출하는데, 지대, 임금, 이자 그리고 이윤이다. 산림은 토지와 자본의 특성을 가진다. 임지(forest land)는 토지의 특성을 지니는데, 공급은 고정되며 위치와 비옥도에 따라 질이 다르고 다른 지대(rent)를 창출한다. 산림은 자본의 특성도 가진다. 산림의 가치는 산림이 생산하는 재화와 서비스에서 비롯한다. 육림에 투자하여 증식할 수도 있고 수확을 통해 고갈될 수도 있다. 또 저축처럼 이자 수입을 창출한다.

임지와 임목은 경제자원인데, 사회가 보유한 전체 부존자원의 일부이다. 이를 이용하여 다양한 방법으로 최종 재화와 서비스를 생산한다. 임지와 목재 수요는 최종 재화와 서비스에 대한 소비자 수요에서 비롯된다.

다양한 방법으로 산림을 이용할 수 있지만 여러 용도에서 하나를 선택해야 한다. 임목을 베어 제재목, 펄프용재, 또는 장작을 만들 수 있다. 임목을 베지 않고 휴양 또는 경관 가치를 유지할 수도 있고, 미래 세대가 사용하도록 남겨둘 수도 있다. 둘 이상의 편익을 동시에 공급할 수도 있고 또는 순차적으로 생산할 수도 있다. 때로는 어떤 편익을 생산하면 다른 편익을 포기해야 하는 경우도 있다. 무엇을 선택하고 무엇을 포기할 것인가. 모든 선택에는 대가가 따른다.

산림경제학은 이러한 선택의 학문이다. 유용한 재화를 생산하기 위하여 어떠한 방법을 채용하고 희소한 생산요소를 어떻게 배분할 것인가 결정해야 한다. 산림경제학은 산림을 어떻게 관리 또는 이용할 것인가, 그리고 산림생산과 이용 또는 보전에 노동과 자본 등 생산요소를 어떻게 사용할 것인가, 어떤 산림 생산물을 얼마만큼 공급할 것인가, 이러한 문제를 주로 다룬다.

산림이 사회에 제공하는 가치는 다양한 형태로 나타난다. 임목은 산업용재로서 시장에서 거래되고 그 가치는 가격으로 표현된다. 경관 또는 휴양 등은 보통 무상으로 제공되는 경우가 많아서 이들의 가치를 반영하는 시장 지표는 없는 경우가 있다. 민간기업과 사유림 소유자는 목재와 같은 상품의 시장 가치를 중요하게 여기지만 산림의 비시장 가치도 중요하게 고려한다. 사실 다수의 소규모 산림소유자에게 비시장 가치는 산지를 소유하는 주된 동기이다. 시장 가치와 비시장 가치의 복잡한 혼재는 세계 임업의 공통된 측면이다.

산림의 가치는 크게 두 범주로 나뉜다. 하나는 고갈성 가치(extractive value)인데, 수확하여 숲 바깥으로 옮겨져 이용하는 것이다. 목재, 땔감, 버섯류, 수실류, 산나물, 목초, 사냥감 등이 여기에 속한다. 다른 범주는 비고갈성 가치(non-extractive values)이다. 그 가치를 이용하여도 숲이 없어지지 않는다는 의미이다. 후자는 토양과 수원함양, 생물다양성, 기후조절 등 생태계 서비스(ecosystem services)와 사람들이 현재 상태로 보전하는 데 부여하는 가치(보존가치, preservation values)로 구분된다. 산림의 휴양·문화적 이용에는 고갈성 가치(수렵과 낚시 등)와 비고갈성 가치(탐조, 하이킹 등)가 모두 있다.

이러한 입장을 '인간중심주의(anthropocentrism)'라고 비판하는 사람도 있다. 일부 생물학자와 철학자들은, 숲이 그 자체로 본연의 가치를 가지며 그 가치는 인간에 대한 유용성 또는 도구적 가치와 독립된다고 주장한다. 그러나 사람들이 숲에 부여하는 가치는 그 사람의 윤리와 신념, 종교, 전통 규범의 영향을 받는다.

이 책에서는 인간의 가치체계에 기초하여 자연자원 의사결정을 어떻게 해야 하는가를 생각한다. 그 의사결정에는 자연계 구성요소를 원래의 상태로 보존하는 것도 포함한다. 거기에는 단순히 인간이 자연을 적절히 관리할 책임을 가진다는 생각도 있고 자연이 얼마나 사람들의 후생에 기여하는가 분명하기 때문에 쉽게 손댈 수 없다는 생각도 있다.

현대 사회에서 산림에 대한 사람들의 관심과 요구는 매우 다양하고 복잡하다. 사람들은 숲에 대한 자신의 관심사에 따라 그들이 결정하고 싶은 면적을 차지하기 위해 싸운다. 누군가는 숲에서 천연의 상태로 유지해야 할 최소한의 비율을 정해야 한다고 주장하고, 누군가는 경제적 이익을 최우선으로 추구해야 한다고 주장한다. 그러나 그보다 더 중요한 것은 어떤 숲에서나 생태적 관련성, 경제적 효율성, 사회적 복지에 기여 모두에 주의를 기울여야 한다는 것이다. 산림관리자(forester)는 항상 그러한 입장들 사이에서 절충과 조화를 위해 노력해야 한다.

산림경제학의 대상과 범위

산림경제학은 숲과 인간의 관계에 관한 학문이다. 사람들은 오랫동안 산림이 제공하는 혜택을 누리면서 또는 위협을 느끼며 살아왔다. 숲에서 목재와 기타 임산물을 구하여 생활을 영위하였고, 산림을 파괴하여 인공자본으로 바꾸었다. 우리는 산림과 인간의 공존을 위한 최적의 선택은 무엇인가 고민해야 한다.

전통적으로 산림경제학은 임목 생산에 관심을 두었다. 임목은 여전히 중요한 자원이다. 그러나 산림은 다른 재화와 서비스도 생산한다. 그것은 임목과 결합되어 생산되기도 하고 독립적으로 생산되기도 한다. 산나물과 버섯류 등 숲에서 재배 또는 채취하는 비목재 임산물의 수요가 증가한다. 휴양과 환경서비스(공익기능)는 더욱 중요하다. 이러한 수요가 증가하기 때문에 용도를 조합하고 용도간에 자원을 배분하는 문제가 복잡해졌다. 게다가 어떤 환경서비스의 가치는 가격으로 표현되지 않으며 임목 가치와 비교하기 어렵다. 가격이 없어도 그러한 가치는 분명히 실존한다. 산림경제학은 이것을 모두 다루어야 한다.

산림경제학은 산림을 구성하는 임목과 토지는 물론이고, 임산물 생산에 필요한 노동, 자본, 그리고 기타 투입요소들을 다룬다. 산림경제학은 임산물과 산림 서비스를 생산하기 위하여 이들 자원들을 얼마나 투입하여 효율적으로 조합할 것인가를 다룬다. 나아가 관광자원으로서 산림과 산촌, 숲과 산에 관련되는 사회제도 등도 대상으로 한다.

이것은 미시경제학의 주제인데, 미시경제학은 개별적이면서 상대적으로 작은 규모로 이루어지는 가계와 기업의 의사결정을 다룬다. 즉, 생산자와 소비자 행동, 가격과 소득의 결정 과정을 다룬다. 따라서 산림경제학은 크게 미시경제학의 응용연구이다. 산림경제학은 농업경제학과 자원·환경경제학의 이론을 차용하기도 한다. 산림경제학을 공부할 때 이러한 분야의 이론과 실증연구 결과를 함께 공부하는 것이 도움된다.

그럼에도 산림경제학이 다른 응용경제학과 달리 독자성을 갖게 하는 산림자원의 특징은 다음과 같다.

- 산림(임목)은 자본(공장)이면서 동시에 생산물이다. 이 때문에 산림은 다른 형태의 자본과 구별된다.
- 임목은 성장하는 데 오랜 시간이 소요되고 수확에 이르기까지 수십 년이 필요하다. 그래서 임목과 토지를 오래 보유하는 데에서 비롯하는 이자 부담이 생산비의 중요한 요소이다. 투자분석과 수확계획에서 시간이 중요한 요소이고, 오랜 시간에서 비롯하는 불확실성과 위험 등의 문제를 다루어야 한다. 그러한 시간은 세대를 넘는 경우도 있기 때문에 세대간 형평성의 문제도 있다.
- 산림은 다양한 재화와 서비스를 생산하는데, 이 가운데 가격이 부여되지 않는 것도 있다. 이는 여러 용도 사이에 자원을 배분할 때 어려운 문제를 초래한다.
- 산림은 자원이면서 환경(자연)이다. 산림은 다양한 임산물과 서비스를 생산하고 소유자들이 소득을 기대하는 자원이면서, 그 자체로 주민들의 생활을 풍요롭게 하고 지지하는 환경이다. 외부성과 공공재 요소가 강하게 영향한다.
- 산림이 제공하는 공익기능의 가치가 증대하였다. 때로 산림을 이용하여 얻는 가치보다 그냥 두는 것에 부여하는 가치가 더 높은 경우도 있다. 그리고 이들 가치를 결합하여 생산하는 것도 가능하다.
- 정부는 산림경영과 이용을 강하게 규제한다. 산림은 생태계의 핵심이고 주변 환경에 큰 영향을 미치기 때문이다. 예를 들어 수원함양림의 훼손은 국민들의 생활에 직접적인 영향을 미친다. 대부분의 나라에서 다른 부문보다 특히 임업 활동을 강하게 규제한다.

이 가운데 앞의 세 가지 특징은 전통적인 '임업경제학'에서 중요하게 고려하던 것이다. 전통적으로 유럽과 일본의 임업은 임목 생산을 주요 관심 대상으로 하였기 때문이다.[4] 산림의 다양한 생태계 서비스 가운데 물질서비스보다 비물질서비스의 가치가 증가하면서 위에 열거한 산림자원의 특징 중 네 번째와 다섯 번째 항목을 중요하게 다루게 되었다. 다루어야

---

4) 영어로 林業과 林學은 모두 forestry이다. 임학이 임업을 대상으로 연구하는 학문에서 출발했음을 유추할 수 있다. 많은 나라에서 임학은 산림과학(forest science)으로 바뀌었고, 임업보다 산림 자체를 대상으로 하는 연구에 더 초점을 두게 되었다. 한국임학회는 한국산림과학회(2017년)로, 임업연구원은 국립산림과학원(2004년)으로 명칭을 변경하였다. 물론 임업이 여전히 산림과 인간을 잇는 중요한 연결고리임에는 틀림없다.

할 범위와 대상이 확장되었고 문제는 더욱 복잡해졌다. 이 책의 제목을 '산림경제학'으로 정한 것에도 그러한 배경이 있다.

산림경제학의 대상과 범위는 사회 발전과 함께 점점 확대되었다. 전통적으로 임목생산이 주제였지만, 산림휴양과 수자원함양을 비롯하여 산림이 제공하는 환경서비스(공익기능)의 가치가 더욱 중요해졌다. 국민소득의 증가, 시장 조건의 변화 등은 산림에 대한 사람들의 관심을 다양화하였다. 최근에는 시장이 글로벌화하면서 산림의 이슈도 국경의 범위를 넘어서게 되었다. 지속가능한 산림경영, 열대림 보전, 임산물 무역, 기후변화 대응, 생물다양성 보전, 공유자원의 문제 등도 중요한 과제이다.

산림관리의 선택은 산림의 생물학적 능력에 따라 제한된다. 산림의 생물학적 특성과 한계를 다루는 것은 산림과학의 자연과학 분야의 주제이다. 이 가운데 조림학(silviculture)은 숲의 생장과 임분구조 조절을 다루며, 산림경제학은 숲의 사회적 가치에 초점을 둔다. 최근에는 산림의 존재가치가 높아지면서 산림생태학이 주목받는데, 산림경제학도 산림생태계와 인간의 경제 활동의 의존성을 밝히는 것을 중요한 과제로 삼게 되었다. 경제학(economics)과 생태학(ecology)의 어원은 모두 집(oikos)이라는 뜻의 그리스어에서 유래한다.

산림경제학은 기본적으로 자원 배분의 효율성, 특히 산림자원의 개발과 이용에서 경제적인 효율성을 강조한다. 물론 형평성과 안정화의 목적도 무시하지 않는다. 그러나 효율성을 특히 강조하는 데는 두 가지 이유가 있다. 첫째, 소득분배를 변화시키고 경제성장을 촉진하며 시장 성과에 영향을 미치는 정책의 효율성은 정책분석의 중요한 근거가 되기 때문이다. 둘째, 산림·임업의 경제분석에서 다루는 문제는 주로 산림의 보전과 이용에 관한 의사결정의 효율성에 관한 것이기 때문이다.

또 다른 기준은 지속가능성이다. 지속가능성에는 여러 정의가 존재하지만 일반적으로 인간의 후생과 생태계의 건강에 관한 몇 개의 지표를 유지하거나 또는 증대하는 것으로 정의될 수 있다. 불가역성 기준도 있는데, 이는 다른 데 없는 고유의 자연자원을 파괴하는 것과 같이 귀중한 장래의 자원을 원래로 돌릴 수 없는 행위를 피한다는 것이다. 산림경제학에서 이러한 기준은 매우 중요하게 다루어져야 하며 이를 위해 산림관리자는 산림의 생물학적 특성을 잘 이해할 필요가 있다. 이것이 산림경제학이 산림과학의 일부인 이유이다.

『경제학 원론』 교과서 저자로 유명한 맨큐(Gregory Mankiw) 교수는 경제학을 공부해야 하는 이유 세 가지를 들었다. 첫째, 이 세계를 이해하는 데 도움이 된다. 둘째, 경제활동에 더 지혜롭게 참여할 수 있다. 셋째, 경제정책이 달성할 수 있는 것과 그 한계를 이해하게 된다. 이것은 산림경제학에도 그대로 적용된다. 산림과 인간(경제)의 상호작용을 이해하는 데 도움되며, 산림관리자로서 계획을 세우거나 정책을 입안할 때 지혜를 얻을 수 있으며, 산림정책의 역할과 한계를 이해할 수 있다. 산림을 둘러싼 다양한 이슈를 접하고 분석할 때 적용할 수 있는 경제학적 사고(economic thinking)를 익히기 바란다.

의사결정과 경제분석

정부 또는 기업의 의사결정은 대개 다음과 같은 단계로 나뉜다. (1)목적 또는 목표의 설정, (2)목표 달성을 위한 대안의 설정, (3)대안들의 평가, (4)대안의 선택, (5)결정의 집행, (6)사후평가이다. 현실에서 이러한 단계를 차례로 따르는 경우는 드물다. 목적은 때로 애매하고 세부 목적들이 상충하는 경우도 있다. 시간 범위도 현재부터 먼 미래까지 길거나 짧은 기간을 다양하게 설정한다. 평가 단계에서 새로운 정보를 받아들여 목적의 순위를 바꾸기도 한다.

목적 또는 목표의 설정

의사결정자는 목적을 명확히 설정하고, 실행과정을 다른 것과 비교할 수 있는 기준을 세워야 한다. 기본적인 목적은 바로 효율성과 형평성이다.

목적의 설정에서 유념할 것이 있다. 첫째, 목적은 의사결정의 책임자에 따라 달라진다. 예를 들어 국유림 경영의 목적은 사유림과 다르고 더 포괄적이다. 기업은 보통 이윤 창출을 목표로 하지만, 시장점유율의 확대, 자원 또는 시장의 확보, 고용의 유지, 사회적 책임 등도 고려한다.

둘째, 목적은 조직의 계통체계에 따라 달라진다. 예를 들어, 정부의 최고 결정 단계에서 산림의 공익기능 증진을 목표로 내세웠다고 하자. 이 목표에 따라 각 지역의 책임자는 산림보호구역 설정이라는 세부 목표를 세운다. 이에 따라 현장책임자는 구체적인 산림보호구역의 경계를 설정하고, 야생동물 이동통로를 설치하고, 임목수확 방식을 개선하고, 훼손된 산지의 복원 계획을 수립한다. 이것은 산림계획체계에도 반영된다. 산림청이 수립하는 산림기본계획과 지방자치단체가 작성하는 지역산림계획은 목표와 수단을 달리할 수 있다.

셋째, 목적과 수단을 구분해야 한다. 이를 혼동하는 경우가 종종 있는데, 보속수확이 그 예이다. 보속수확의 원리를 지나치게 중시하여 영급 조절을 목표로 내세우는 경우가 있다. 그러나 보속수확 원리는 임목을 과벌하던 시대에 목재의 안정 공급을 실현하기 위한 처방일 뿐이다. 이를 수단으로 이해하지 않으면 목표 설정과 대안 평가를 제대로 할 수 없다. 자연자원 관리에서 '지속가능한 개발'이라는 말을 많이 사용하는데, 이것도 세대 혹은 사회계층간의 형평성이라는 목적을 달성하기 위한 수단으로 이해해야 한다. '목재자급률 인상'이라는 것도 임업의 수익성 개선을 위한 수단이지 그 자체가 어떠한 비용을 지불하더라도 이루어야 할 목적은 아니다.

넷째, 다수의 목적을 동시에 추구할 수도 있다. 기업은 이윤 최대화뿐만 아니라 위험 회피 또는 원료의 안정공급에도 관심을 갖는다. 정부는 국유림 경영에서 공익기능 증대와 함께 주민 소득에 기여하는 것을 추구한다.

마지막으로, 구체적인 목표를 설정하는 것이 경제학자의 책임은 아니다. 경제학자의 역할은 목표를 설정하는 것보다 목표 달성의 수단을 분석하고 평가하는 데 있다. 물론 경제학자도 자신의 가치관에 따라 목표 설정에 개입할 수는 있다.

대안의 설정

목표를 달성하는 데 실행가능한 대안 전략을 설정한다. 목표는 다양한 방법으로 달성할 수 있다. 농산촌의 고용 창출은 경제개발을 촉진하여 달성할 수 있으며, 그러한 수단에 보조금 지급, 부담금 면제, 사회간접자본 확충, 특구 지정을 통한 규제완화 등이 있다. 임업진흥도 그러한 수단의 하나가 될 수 있다. 산림경영계획에서 임목수확 증진의 목표를 달성하는 수단에는 병충해 방제, 임도 확충, 간벌, 목재의 이용도 제고 등이 있다. 실행가능한 수단과 기술적인 생산함수를 설정하는 것은 엔지니어, 임업 전문가의 역할이다.

대안의 평가

다음 단계는 여러 대안들을 평가하여 무엇을 선택할 것인가 판단하는 것이다. 이 단계에서 경제분석이 필요하다. 이를 예비타당성 연구(feasibility study)라고 하며 경제학자와 재무 전문가들이 참여한다. 특정 활동으로 목표를 달성할 수 있는지, 각 대안에 소요되는 비용은 얼마인지 추산한다. 그리고 편익·비용 분석을 실시한다. 산출의 가치가 투입 비용보다 크다면 그 대안은 효율적이다. 이 과정에서 정보의 불완전성, 가격의 왜곡, 비가격 편익과 비용, 위험과 불확실성 등을 고려해야 한다. 의사결정자는 대개 위험을 피하고 싶어한다. 그러나 위험이 크다고 나쁜 대안은 아니다. 위험이 큰 만큼 기회가 큰 경우도 있다.

선택과 실행

의사결정자는 경제 분석에서 제시한 대안을 받아들이지 않을 수도 있다. 정책 여건과 국민의 여론 등 다양한 상황을 고려해야 하기 때문이다. 빠르게 결정을 내리는 것보다 합의에 이르는 과정이 더 중요할 수도 있다. 경제분석은 정책 형성 과정에서 중요한 기여를 하지만 그것도 복잡한 의사결정과정의 일부일 뿐이다. 사실 경제분석은 무엇을 선택할 것인가 알려주지 않고 선택의 결과를 보여줄 뿐이다.

의사결정자가 실행 과정을 선택하면, 그 다음에는 실행하는 단계를 취한다. 대안을 실행할 때는 선택과 집중을 원칙으로 한다. 여러 대안을 늘어놓고 결정하지 못해 시간을 지체하거나 많은 대안을 동시에 추진하는 어리석음을 범하는 경우가 많다.

사후평가(피드백)

대안을 실행한 다음에는 실행을 검토하고 평가하는 단계를 거친다. 사람들은 자신의 결정이 최선이었다고 믿는 경향이 있다. 의사결정에 대한 피드백을 거쳐야 다음의 실수를 줄이고 전략도 성공할 수 있다.

이러한 의사결정 과정은 정책학과 경영학의 중심 과제이다. 경영학 문헌들은 다양한 결정 모델과 전략 행위의 모델을 제시한다.

경제학에 대하여

이 책은 경제분석에 관한 것이다. 무언가를 분석하는 것은 기본 구조를 파악하고 그 배후에 있는 인과관계를 조사하는 것이다. 예를 들어 임업의 문제를 분석하려면 숲의 생물학적 작용과 사회경제적 기능과 가치를 이해해야 한다. 이 작용은 산림자원의 성장과 감소, 그리고 인간의 개입(조림·육림, 보호, 수확 등)이 상호 관련되는 시스템이다. 경제 발전에서 산림자원의 기여를 생각한다면 산림자원 총량과 임산물의 수입·수출, 국내총생산(GDP) 성장률 등의 주요 관계를 이해해야 한다.

이들을 분석할 때 (1)산림분야에서 과거에 어떤 일이 일어났고 현재의 상태가 어떻게 되었는가 데이터를 모으고, (2)각각의 상황에서 중요한 요소가 서로 어떻게 관련되는가 파악하기 위해 간단한 분석 모델을 개발한다.

경제학의 '모델'은 몇 개의 기본 이론과 개념에 기초하여 구축되며 경제 전체 또는 그 일부의 움직임을 이해하기 위해 사용한다. 예를 들면 목재수급 모델은 수요와 공급의 이론에 따라 구축된다. 야생동물관리에 사용하는 모델은 경제학과 생물학 양자 개념을 포함한다. 경제 모델의 주된 특징은 추상성이다. 그것은 핵심 관계에 초점을 두고 기본 관계 이외의 다수 요인을 생략한다는 것이다. 여기에서 생략된 요인이 중요하지 않다는 것이 아니라 현재의 분석에서 다루는 문제에 좀 더 초점을 두기 위함이다. 어디까지나 현실을 단순화하여 분석대상의 문제를 이론적으로 이해하기 쉽도록 하기 위함이다. 모델을 구축하는 것은 여러 가정과 파라미터를 설정하는 것이다. 모델을 포함하는 연구를 읽을 때는 전제로 하는 가정은 무엇인지, 모델에 포함된 파라미터는 적절한지 살펴야 한다.

산림경제학의 범위는 소규모의 지역적인 문제에서 국가 전체와 글로벌 문제까지 연속적으로 확장된다. 문제를 연구할 때 대상의 범위와 적용가능성에서 적절한 모델을 이용해야 한다.

일반적으로 경제학은 미시경제학과 거시경제학으로 나뉜다. 미시경제학은 가계와 기업 등 개별 경제주체들의 행위와 과정을 분석하고 어떻게 작용하는지 연구한다. 이는 통상 '집계'되어 사람들의 집단 행동을 설명한다. 개별 가구가 목재 소비를 어떻게 선택할 것인가 연구하는 것, 예를 들면 목재제품 관세를 인하하여 외국산 목재제품의 가격이 더 낮아질 때 그 영향을 예측하는 것은 미시경제학의 대상이다. 생물다양성 보호를 위해 임목수확에 새로운 규제를 더할 때 산림경영자와 목재산업이 어떻게 대응하는가도 미시경제학의 연구대상이다. 한편, 거시경제학은 나라 경제 전체에 영향을 미치는 변수와 추세를 연구한다. 실업률, 경제성장률, 주요 산업의 성장패턴 등 거시경제 변수의 관계를 주로 다룬다. 자원의 부존량이 경제성장에 미치는 영향을 밝히는 것도 거시경제학의 연구 대상이다.

대개의 산림자원 문제는 미시경제학과 거시경제학의 영역 사이에 있다. 일상적으로 발생하는 산림자원 이용과 관련된 문제의 하나는 지역경제에 미치는 영향이다. 이들은 임목수확과 같이 산림자원의 이용을 기반으로 성립한다. 한편, 산림을 자연 상태로 보호할 것을 바라는 사람도 있다. 이 경우 최선의 방법을 결정하려면 산림자원의 이용가능성 변화가 지역경제에 얼마나 영향을 미치는가를 이해해야 한다. 현실을 파악하기 위해 미시경제학(산림자원 이용이 변화한 때 기업, 노동자, 소비자는 어떻게 행동할까)과 거시경제학(경제성장이 산림자원 수요에 어떻게 영향할까) 모두 필요하다. 결론을 도출하기 위해 여러 종류의 분석을 실행해야 하고, 이러한 분석을 위해 다양한 분석방법을 익힐 필요가 있다.

또 하나 중요한 점은 사실을 기술하는 것과 가치판단을 구별해야 한다는 것이다. 이를 각각 실증경제학(positive economics)과 규범경제학(normative economics)이라 부른다. 실증경제학은 무엇이 실제 발생하였는가를 분석한다. 즉 경제 변수가 서로 어떻게 관련되고 그 결과로서 산출량과 가격 등이 어떻게 변화하는가를 보아 시장이 그리고 생산자와 소비자가 실제 어떻게 움직이는가를 설명한다.

사람들이 무엇을 해야 하는가에 관한 의견은 규범경제학의 영역이다. 경사도가 급한 산지에 태양광 패널 설치 제한을 권고하거나 산사태와 토양침식을 방지하기 위해 정책 변경을 제안하는 경우가 여기에 해당한다. 이러한 권고에는 다양한 행동에서 생기는 결과에 대한 가치판단이 필요하기 때문이다.

산림을 적절히 관리하기 위해 실증경제학과 규범경제학 모두 필요하다. 물론 정책을 입안하고 실시하는 데 가치 판단이 필요하다. 그러나 이러한 정책을 결정할 때는 경제시스템과 자연시스템이 어떻게 작동하는지 이해하여야 한다. 사회운동가는 엄밀한 실증분석을 수행하는 경제분석자에 거부감을 보이기도 한다. 경제분석자가 실증분석을 하는 것은 사물이 어떻게 작동하는가 이해함으로써 더 좋은 정책을 마련할 수 있다고 믿기 때문이다. 덧붙여 엄밀한 실증분석없이 당위성만으로 어떤 주장을 하는 것을 경계해야 한다.

참고문헌

그레고리 맨큐. (2021). 맨큐의 경제학 9e. (김경환·김종석 옮김). CENGAGE.

미하일 일린. (2017). 인간의 역사. (동완 옮김). 동서문화사.

요아힘 라트카우. (2007). 나무時代. (서정일 옮김). 자연과 생태.

전영우. (2022). 조선의 숲은 왜 사라졌는가. 조계종출판사.

주경철. (2002). "그 많던 나무를 도대체 누가 다 먹어치웠을까". 출판저널 317: 6-7. 대한출판문화협회.

클라이브 폰팅. (2007). 녹색세계사. (이진아·김정민 옮김). 민음사.

한스외르크 퀴스터. (2021). 숲의 역사. (이수영 옮김). 돌배나무.

大田伊久生. (2000). アメリカ国有林管理の史的展開. 京都大学学術出版会.

Fields, B.C. (2008). Natural Resource Economics: An Introduction. Waveland Pr Inc.

Richards, J.F. (1990). "Land transformation." In Turner, B.L., et al. (Eds.), The Earth as Transformed by Human Action (pp. 163-178). Cambridge University Press.

Zhang, D. and P. Pearse. (2011). Forest Economics. UBC Press.

제 2 장

수요·공급과 시장의 효율성

산림경제학은 미시경제학의 응용 분야이다. 이 장에서는 미시경제학의 기초 개념으로서 수요와 공급 이론을 다루고, 임업에 적용할 수 있는 생산이론을 설명한다. 그리고 시장경제가 어떻게 효율성에 도달하는지, 어떤 조건에서 시장은 실패하는지 설명한다.

효용/지불의사액/수요

가치란 무엇인가? 가치는 사람이 세상의 무언가에 인정하는 값어치를 의미한다. 가치는 다양하게 해석할 수 있지만 경제학에서 다루는 가치는 개인이 특정 재화에 느끼는 효용(utility)의 크기를 말한다. 사람들이 어떤 재화를 구입하는 것은 그 재화가 필요하기 때문이며, 그 필요를 충족시키는 것을 그 재화의 가치라고 할 수 있다. 따라서 가치는 대상 그 자체에 고유한 것이 아니라 사람이 대상을 보는 방법에 따른다. 또한 재화는 시장에서 거래되며 가격을 형성한다. 이러한 가격이 결정되는 배경에는 그 상품의 가치가 있다. 그리고 사람들이 이들의 가치를 결정하는 바탕에는 선호(preference)가 있다.

효용/지불의사액

어떤 사람이 무언가에 부여하는 가치는 그 재화를 소비하여 얻는 효용 또는 만족의 크기이다. 그 효용의 크기를 금액으로 표현해 보자. 어떤 사람이 어떤 재화를 소비하여 얻는 효용의 크기는 그 사람이 그것을 갖기 위해 지불해도 좋다고 생각하는 금액, 즉 지불의사액으로 평가할 수 있다.

어느 개인과 어떤 재화를 생각해 보자. 그 사람은 그 재화를 전혀 갖고 있지 않다. 그 사람에게 직접 물어봐서 혹은 그 사람의 행위를 관찰하여 어떤 재화 한 개를 소비하여 얻는 효용을 파악한다. 예를 들어 시장에 갔다가 배가 고파서 왕만두를 먹는다고 가정해 보자. 첫 번째 만두는 아주 큰 만족을 줄 것이다. 화폐로 표현하여 3800원이라고 하자. 하나를 먹고 나면 두 번째 만두가 주는 만족도는 다소 줄어들 것이다. 그것을 2600원이라고 하자. 소비하는 만두의 개수가 늘어날수록 만두 한 개가 주는 추가의 만족은 점점 떨어질 것이다. 맛있는 음식도 자꾸 먹으면 싫어지는 법이다. 이러한 형태로 추가되는 한 개에 대한 그 사람의 효용을 막대 그래프로 그려보자<그림 2.1>. 즉 세 개째의 효용은 1700원, 네 개째의 효용은 1200원이다. 소비를 한 단위씩 늘리면 효용의 증가분(한계 효용)은 점차 작아진다. 이를 '한계효용 체감의 법칙'이라 한다. 재화를 분수값으로도 소비할 수 있다고 가정하면, 부드러운 곡선을 구할 수 있다.

경제학에서 '한계' 개념은 중요하다. 한계적 변화는 '한 단위의 변화'로 생각하면 된다. 시험공부를 한 시간 더 하거나 상품을 하나 더 생산하는 것 등 한 단위씩 바꾸어 조정하는 것이 한계적 변화이다. 한계적 사고는 이미 지나간 일은 잊어버리고 어떠한 경계(margin)에서 눈앞에 직면한 문제만을 바라보라는 것이다. 지금 하나 더 소비할 것인가, 지금 하나 더 생산할 것인가를 기준으로 판단하라는 것이다. 이때 한계효용과 한계비용을 비교한다.

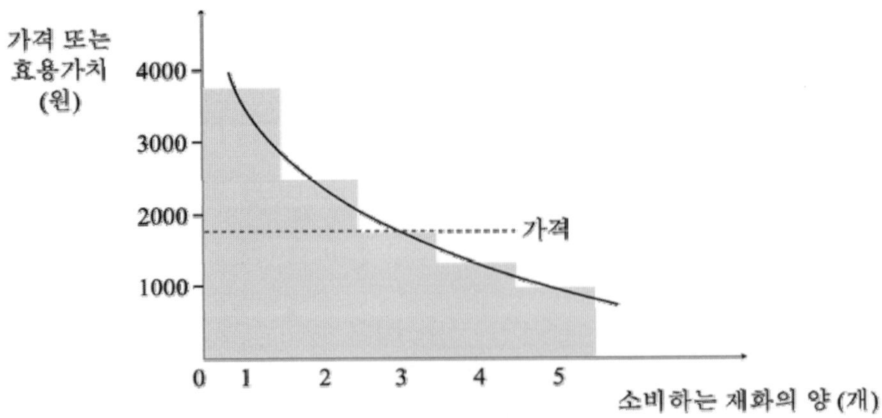

그림 2.1 수요의 개념

한계효용이 더 크다면 그 대안을 선택한다.

한계효용은 한계 지불의사액(Marginal Willingness To Pay)과 같다. 곡선의 높이는 그 재화에 대한 한계지불의사액이다. 어떤 소비 수준에서 지불의사액은 그 수준을 얻는 데 지불해도 좋은 총액이다. 예를 들어 3개를 소비하는 데 그 사람의 지불의사액은 8100원이고 이는 원점에서 그 수준까지 막대 높이의 합계와 같다. 부드러운 MWTP 곡선에서는 원점에서 그 양까지 곡선 아래 부분의 면적이다.

한계 지불의사액과 수요

이러한 한계 지불의사액을 달리 표현할 수도 있다. 소비 수준에 따라 한계 지불의사액의 변화를 '수요곡선(demand curve)'으로 그려 볼 수 있다. 개인의 수요곡선은 그 사람이 어느 가격에서 수요(구입과 소비)하는 재화의 양을 나타낸다. 예를 들면 <그림 2.1>의 개인은 얼마나 먹을 것인지 어떻게 결정할까? 그는 한계효용과 가격을 비교한다. 만약 만두 한 개의 가격이 1700원이라고 하자. 이 가격에서 그 사람은 세 개를 집어들 것이다.

수요곡선은 사실 곡선으로 나타난다. 가격이 낮아 소비량이 많은 때는 가격이 조금만 상승해도 수요량은 크게 감소한다. 가격이 높아 소비량이 적은 상황에서 가격의 상승은 소비량에 아주 적은 영향을 미칠 뿐이다. 이는 수요곡선이 원점에 볼록한 것, 즉 가격이 낮은 상황에서는 상대적으로 평탄하고 높은 상황에서는 급하게 기울어 있다는 것을 보여준다. 수요곡선은 개인의 소비 태도와 능력을 설명하는데, 그 모양은 사람마다 다르다.

어떤 사람의 수요 혹은 지불의사액은 어떻게 결정될까. 개인의 기호와 선호는 분명 가장 중요한 선택의 결정요인이다. 한라산을 방문하기 위해 높은 금액을 지불해도 좋다고 생각하는 사람도 있고 그렇지 않은 사람도 있다. 광릉크낙새의 서식지 보전에 큰 가치를 인정하는 사람도 있지만 그렇지 않은 사람도 있다. 또, 어떤 소비를 선택할 때 재산도 영향을 미친다. 수요는 사람들의 욕구로 정의되지만 막연한 욕구를 말하는 것은 아니다. 실제로 상품을 구매할 수 있는 재력이 없다면 그것을 수요라 할 수 없다. 산림의 공익기능에 대한 수요가 높아진 것도 소득이 높아진 것이 크게 작용하였다. 소비 성향에는 지식과 경험도 영향을 미친다. 도시 출생의 사람이 숲해설을 듣거나 캠핑을 경험하면서 새로운 세계를 알게 되면 산림 생태계서비스에 대한 그의 선호를 근본적으로 바꿀 수도 있다.

만두 3개의 가격은 5100원인데, 개인의 지불의사액은 8100원이었다. 그 사람은 가격 이상의 만족을 얻었다. 지불한 것으로 얻은 여분을 '소비자 잉여(consumer's surplus)'라고 한다. 만일 소비자들에게 그들의 지불의사에 해당하는 금액을 각각 가격으로 매긴다면 소비자 잉여는 사라져 버린다. 그렇게 가격을 매기지 못하는 것은 생산자들이 시장에서 경쟁하기 때문이다. 생산자들이 경쟁하기 때문에 모두 같은 가격으로 판매하고, 그 결과 소비자는 이익을 얻는다.5) 이 이익은 시장이 초래한 것이다.

경제학은 사람들이 자신의 행복만을 위해 행동하는, 즉 완전한 이기주의자를 가정한다고 오해받는다. 그러나 자신에만 관심있는 사람도 있지만 대개의 사람들은 다른 동기에도 강하게 영향을 받으며, 여기에는 이타심, 공중도덕, 사회적 책임감, 종교 등도 포함된다. 개인의 수요에는 이러한 동기들도 반영된다.

집계 지불의사액 또는 시장 수요

현실 문제를 생각할 때 보통 어느 개인이 아니라 소비자 전체 또는 시장의 수요를 다룬다. 시장 수요곡선은 그 집단에 속한 모든 개인의 수요곡선(또는 한계 지불의사액 곡선)을 집계

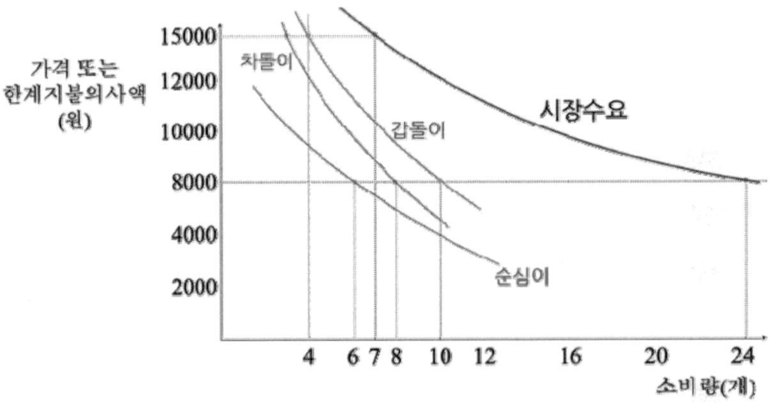

그림 2.2 개별 수요곡선과 시장 수요

5) 현실에서 소비자의 구매행동에 따라 구분하여 가격차별하는 것도 볼 수 있다. 예를 들면 메이저리그에서 날씨와 요일에 따라 티켓 가격을 달리 매기는 것이나 영화관의 조조할인과 심야할인도 그 일례이다.

한 것이다.

<그림 2.2>는 시장에 참여한 세 사람의 집계 수요곡선, 즉 시장 수요곡선을 구하는 방법이다. 각 개인의 수요곡선을 수평으로 더하여 구한다. 총소비량은 특정 시장가격에서 각 개인 소비량을 단순히 합한 것이다. 가격이 8000원일 때 갑돌이, 순심이, 차돌이의 소비량은 각각 10개, 6개, 8개이다. 따라서 8000원일 때 시장 수요량은 24개이다. 같은 방법으로 가격이 15000원일 때 시장 수요량은 7개이다.

공공재에 대한 집계 수요

산림이 제공하는 재화에는 사적재가 아닌 공공재(公共財)도 있다. 공공재는 어떤 개인이 이용할 수 있으면 다른 개인도 자유롭게 같은 분량을 이용할 수 있는 특징을 가진 재화를 가리킨다. 방송이 좋은 예이다. TV를 가진 사람은 누구나 시청할 수 있고 어떤 사람의 시청량이 다른 사람의 시청량을 감소시키지 않는다. 산림이 제공하는 아름다운 경관도 그렇다. 누군가 못 보도록 막을 수도 없고 많은 사람이 본다고 훼손되지도 않는다.

공공재에 대한 시장 수요곡선을 구하는 것은 사적재의 경우와 조금 다르다. 예를 들어 도시숲 조성계획을 생각해 보자. 식재하는 수목의 갯수, 종류, 크기, 배치 등에 따라 도시숲 조성 수준을 3단계로 구분하여 각자 느끼는 경관가치를 '평범함', '좋음', '매우 좋음'으로 표현해 보자.

갑돌이는 평범한 조성계획에 5,000원을 지불할 의사가 있으며 더 많이 노력하여 좋은 조성계획으로 올리면 3,000원을 추가 지불해도 좋다고 생각한다. 순심이의 한계지불의사액은 갑돌이보다 낮고 차돌이의 한계지불의사액은 다른 두 사람의 한계지불의사액 사이에 있다. 도시숲 조성계획은 공공재이다. 어느 한 사람을 위해 조성해도 다른 사람들도 그 혜택

표 2.1 도시숲 조성에 대한 집계 한계지불의사액

조성수준	한계지불의사액(MWTP)			집계
	갑돌이	순심이	차돌이	
Ⅰ(평범함)	5,000	1,000	2,500	8,500
Ⅱ(좋음)	3,000	500	1,000	4,500
Ⅲ(매우 좋음)	1,000	0	500	1,500

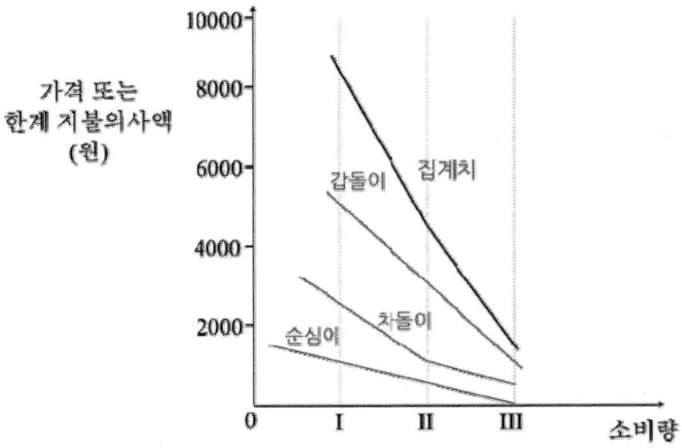

그림 2.3 공공재에 대한 시장수요: 개인 한계지불의사액의 수직 합계

을 누릴 수 있다. 시장 수요곡선은 주어진 생산에 대응하는 개인의 한계지불의사액을 더한 것이다.

<그림 2.3>는 공공재의 시장 수요곡선을 도출하는 방법을 보여준다. 가로 축의 같은 소비량에 대응하는 개인의 한계지불의사를 합계하는데, 사적재와 달리 개인의 수요곡선을 수직으로 더한다. 다른 사람의 이용을 배제할 수 없고 일단 재화를 공급하면 모두 그 혜택을 누리기 때문이다.

지불의사액과 편익

사람들이 무언가에서 얻는 편익은 그것에 부여하는 가치, 지불해도 좋다고 생각하는 금액과 같다. 사람들이 어떤 수량의 재화에서 얻는 편익을 계측할 때 통상의 수요곡선을 이용할 수 있다. 예를 들어 <그림 2.4>를 보자. 이 재화의 공급을 q_1에서 q_2로 늘리는 것의 편익을 계측한다고 하자. 편익은 지불의사액으로 계측하므로 수량 q_1과 q_2사이의 수요곡선 아래 면적이다. 수요곡선 D_1에서는 그러한 이용가능성 상승의 편익은 a로 나타나고 수요곡선 D_2에서는 $a+b$와 같다.

이 생각에 문제도 있다. 산림의 공익기능과 같이 비시장 재화에 대한 수요 곡선을 도출하는 것은 매우 어렵다.

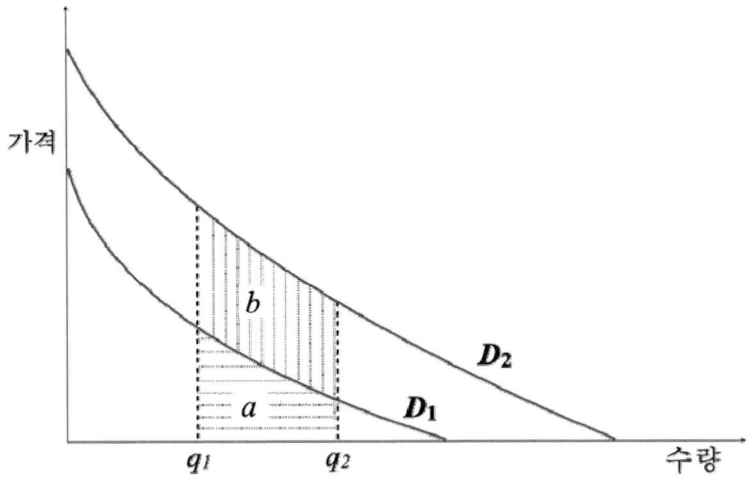

그림 2.4 지불의사액과 편익

한편 수요곡선은 개인의 선호만이 아니라 소득 수준에도 영향을 받는다. 예를 들면 수요곡선 D_1, D_2가 각각 저소득 계층의 수요곡선과 고소득 계층의 수요곡선을 나타낸다고 하자. q_1에서 q_2로 수량이 증가하였을 때 편익은 고소득자에서 더 크게 될 수 있다. 따라서 이를 적용할 때 소득수준에 차이가 있는 사람들에게 어떤 영향을 미치는가 규명할 필요가 있다.

또 어떤 재화에 대한 개인의 수요는 그 사람이 재화를 얼마나 알고 있는가에 따라 다르게 나타난다. 사람들은 교육과 경험에 따라 사물을 다르게 이해한다. 산림환경의 중요성에 대한 사람들의 생각은 미디어의 영향으로 바뀔 수 있다. 어느 시점의 수요곡선을 파악하려 할 때 사람들의 인식 변화도 고려할 필요가 있다.

비용/공급

수요와 대칭되는 측면으로 생산비용을 생각해 보자. 세상에는 공짜인 것도 있지만 보통 무언가를 얻으려면 비용을 들여야 한다. 즉 생산물을 산출하는 데는 무언가 투입이 필요하다.

기회비용

우리는 여러 기회를 앞에 두고 선택해야 한다. 'A를 할 것인가, 아니면 B를 할 것인가' 이런 선택에 마주한다. A를 선택한다면 B에서 얻는 결과를 포기해야 한다. 그것이 A를 선택할 때의 기회비용(opportunity cost)이다. 합리적 사람이라면 아마 자신에게 가장 큰 가치를 주는 활동을 선택할 것이다. 따라서 기회비용은 어떤 선택을 위해 포기한 것의 가치를 말하는데, 포기해야 하는 여러 대안 중 최선인 활동의 가치라고 정의한다.

예를 들어 어떤 토지가 농업보다 임업에서 더 많은 가치를 창출한다면 차선의 생산적 이용은 농업이고, 이는 토지를 임업에 사용하여 발생하는 사회적 비용이 된다. 이것이 생산요소의 기회비용이다. 시장경제에서 생산요소는 가장 효율적인 용도로 쓰이는 경향이 있는데, 이는 생산자들이 그러한 이용을 통하여 가장 큰 가치를 얻고 그것에 최대로 지불할 것이기 때문이다.

그러나 민간 생산자들은 그들이 지불하는 재무 비용에만 주로 반응한다. 그리하여 투입재 가격이 기회비용과 다를 때 민간 기업의 효율성 평가는 사회 전체를 살펴보는 공공정책 분석자의 시각과 다를 수 있다. 둘 다 편익과 비용을 비교하지만, 민간 생산자는 수익성을 평가할 때 재무제표의 편익과 비용을 기준으로 평가하므로 사회 전체의 순편익을 평가하려면 이를 보완해야 한다.

특히 중요하게 고려해야 하는 기회비용은 환경 비용이다. 어느 기업이 종이를 생산하는 과정에 폐수를 배출한다고 가정하자. 오염의 비용은 기업의 손익계산서에 비용으로 표시되지 않지만 사회의 관점에서 보면 분명히 비용이다. 즉 사회적 비용이 발생한다.

비용곡선

다음으로 시장에서 재화와 서비스를 제공하는 생산자의 행동을 생각해 보자. 만두가게의 예를 생각해 보자.

만두를 생산하는 데 재료를 구입해야 하고 노동력도 필요하다. 우선 하루 100개 생산이 노동자 1인이 생산할 수 있는 적정량이고 그때의 제조원가는 1개당 500원이라 가정한다. 생산량을 하루 200개로 늘린다면 추가적으로 100개 생산할 때 1개당 생산비용이 오를 가능

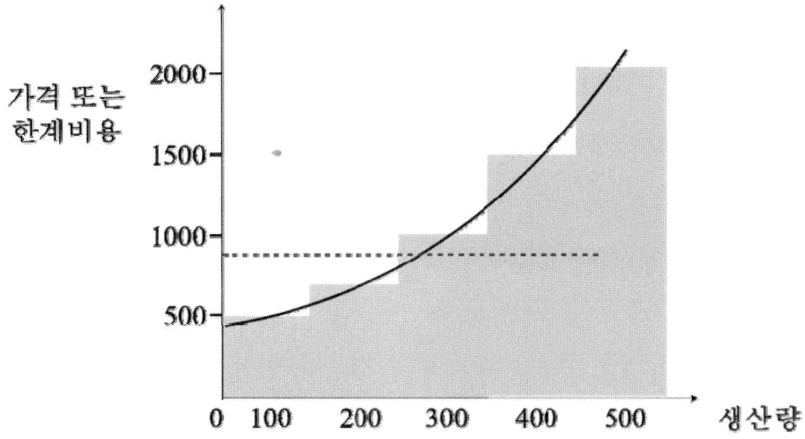

그림 2.5 한계비용과 공급곡선

성이 있다. 예를 들면 아르바이트를 고용해야 할 수도 있고, 100개 만들 때와 같은 수준의 맛과 품질을 유지하려면 더 많은 노력이 필요하다. 그것을 300개, 400개로 늘린다면 여기저기 무리가 생기고 그렇게 늘리는 게 어려울 수도 있다. 여기에서는 200개로 늘리는 경우의 추가적 100개의 1개당 제조원가는 700원이고, 300개로 늘리는 경우의 추가적 100개 생산의 제조원가는 만두 하나당 1000원이 된다고 가정한다.

물론 실제로 만두를 만드는 기술과 시스템의 진보로 제조 비용이 달라질 수 있고, 제조에 관한 고정비를 어떻게 볼 것인가의 문제도 있지만, 그것을 무시하고 단순하게 생각할 때 이렇게 생산을 늘리면 단위 제조비용이 늘어나는 것이 일반적이다. 생산에 소요하는 비용을 생산량에 따라 나타낸 것은 '공급곡선(supply curve)'이라 한다. 어떤 재화와 서비스의 공급량은 판매자들이 주어진 가격에서 팔 의사가 있는 수량을 말한다. 생산자들은 생산비 이상의 가격으로 판매할 수 있다면 공급할 것이다.

한계비용(MC; marginal cost)은 추가되는 한 단위의 생산비용이고, 다음 한 단위를 생산하는 데 소요되는 비용이므로 생산량을 극한으로 구분하면 매끄러운 선분으로 MC 곡선을 나타낼 수 있다. 한계비용곡선은 생산의 기술적·경제적 특징을 표현한다. 높이와 형태, 기울기 등은 다양한 수준에서 생산에 필요한 투입요소의 구입비용을 나타낸다. 한계비용은 초기에 낮아질 수 있지만 생산량이 많아지면 반드시 증가한다. 그것은 공장의 설비 사용률의 증가, 원재료를 확보하기 위해 더 멀리 가야 할 필요성, 대규모 조업에 동반하는 관리비용의

증가 등 잠재 요인에 관계한다. 이른바 '한계비용 체증의 법칙'이다.[6]

그런데 이 만두가게 근처의 편의점이 같은 만두를 900원에 팔고 있다고 하자. 그렇다면 만두가게도 같은 가격으로 내놓지 않으면 팔리지 않는다. 1개 900원의 가격에 팔게 된다. 이것이 시장의 경쟁이다. 이때 하루 100개 생산의 제조원가는 개당 500원이므로 1개당 400원의 이익이 나온다. 더욱 노력하여 200개를 생산하면 제조원가는 개당 700원이므로 1개당 200원의 이익이 나온다. 그런데, 300개를 생산하려고 하면 1개당 100원의 손실이 나오므로 하루 생산량은 200개로 결정한다. 수요곡선의 경우와 마찬가지로 한계와 총량의 개념을 구별하는 것이 유용하다.

이때 100개 생산의 경우 하루 4만 원의 이익이 나오고, 100개를 추가하여 200개 생산체제로 가동하면 추가적으로 2만 원의 이익이 나온다. 이 6만 원을 '생산자 잉여(producer's surplus)'라고 한다. 이는 시장가격과 제조원가(한계비용)의 차이에서 비롯하는 이익으로 볼 수 있다.

사회적 비용

우리가 관심을 두어야 하는 것은 가능한 폭넓은 의미의 비용이다. 한계비용곡선에는 재화를 생산하는 데 동반되는 모든 비용이 포함된다고 가정한다. 이를 사회적 비용이라 부른다. 어느 야생동물 보호에 관한 모든 한계비용을 생각해 보자. 여기에는 보호시설 설치에 지출하는 현금 비용만이 아니라 사용된 토지의 기회비용과 야생동물이 농작물에 끼치는 손해비용 등도 포함한다. 넓은 의미로 본 사회적 비용이라는 말은 비용이 누구에게 발생하는지 상관없이 어느 수준의 성과를 달성하는 데 소요되는 모든 비용을 가리킨다. 만약 생산자가 부담하는 비용, 즉 사적 비용 이외에 환경오염 피해와 같이 사회가 직접 부담하는 비용이 발생할 경우 이를 좁은 의미의 사회적 비용이라 한다.

---

6) 시험성적을 올리는 데 필요한 공부시간을 생각해 보라. 처음 10점을 얻는 데 필요한 공부시간과 80점에서 10점을 더 올리는 데 필요한 공부시간은 많이 다르다.

비용과 공급

공급곡선은 다양한 가격에서 기업이 생산하는 재화와 서비스의 양을 나타낸다. 기업이 순이익 최대화를 위해 행동한다고 가정하면 기업의 공급곡선은 MC곡선과 같다. 공급곡선의 기울기와 형태는 각 생산자에 따라 다르다. 어느 산업의 시장공급곡선도 마찬가지이다. 시장공급곡선은 개별 기업의 한계비용곡선(공급곡선)을 모두 집계한 것이다.

시장의 균형과 효율성

앞에서 소개한 두 가지 개념, 한계지불의사액과 한계비용을 연결한다. 둘을 조합하여 경제적 효율성을 유도한다. 효율성은 경제학에서 사람들이 어떻게 행동하는가를 설명하는 데 사용된다.

<그림 2.6>과 같이 시장수요곡선과 시장공급곡선을 겹쳐서 그려 보자. 수요곡선(D)과 공급곡선(S)이 서로 만나는 점의 생산량은 q^*이고, 이 때의 가격은 p^*이다. 정부가 개입하지 않을 경우 시장의 균형은 (q^*, p^*)에서 달성된다. 만일 시장 가격이 p^*보다 높은 수준 p^1에서 형성되었다고 가정해 보자. 공급이 수요보다 많으므로 초과공급 혹은 공급과잉이 발생하고 재고가 쌓일 것이다. 판매자는 가격을 낮출 것이다. 가격이 낮아지면 다시 수요량이 늘어나고

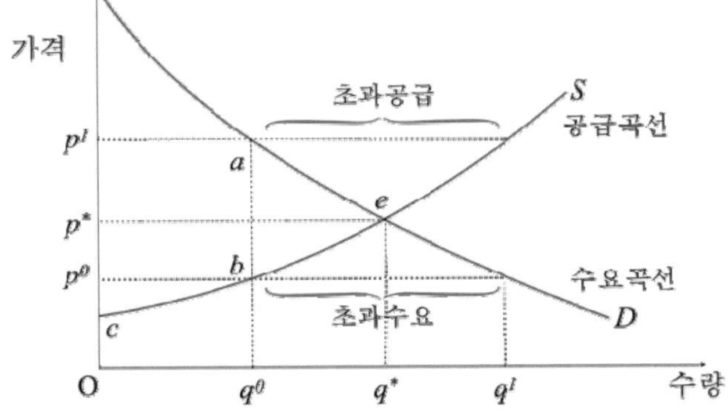

그림 2.6 시장 균형과 사회적 효율성

공급량은 줄어들어 균형점 (q^*, p^*)로 회귀한다.

마찬가지로 시장가격이 p^*보다 낮은 수준에서 결정되었다면 초과수요 혹은 물량 부족이 발생한다. 소비자는 자신이 원하는 만큼 가질 수 없기 때문에 줄을 서서 기다려야 한다. 판매자는 가격을 올릴 것이다. 가격이 상승하면 수요량이 감소하고 공급량이 증가하여 결국 균형을 회복한다. 생산자와 소비자가 자유롭게 거래하는 시장에서 수요와 공급이 균형을 이룰 때까지 시장 가격이 변하여 시장이 청산된다. 이러한 과정을 시장 메커니즘이라 한다. 또, 이 때의 균형가격을 시장청산가격(market-clearing price)이라 한다.

시장의 균형은 사회적으로 바람직한 상태인가. 사회적으로 효율적인 생산량은 사회에 순편익을 최대로 가져오는 생산량이다. 순편익은 생산의 총편익에서 그것을 생산하는 데 사용한 자원의 가치를 뺀 것이다. 이것은 생산자 잉여와 소비자 잉여의 합으로 나타낼 수 있다.

어느 생산량의 총편익은 수요곡선 아래의 면적으로 나타난다. q^* 생산의 사회적 총편익은 $Odeq^*$와 같다. 총비용은 한계비용곡선 아래의 면적과 같다. q^*의 생산에서 총비용은 $Oceq^*$와 같다. 따라서 생산량 q^*의 사회적 순편익은 $Odeq^* - Oceq^*$, cde이다. 만일 어떤 이유로 가격이 균형가격을 벗어나 p^0가 되었다고 하자. 이 경우 소비자는 q^1까지 구입하려고 하지만 생산자는 q^0까지만 공급하므로 결과로서 소비자 잉여는 p^0dab, 생산자잉여는 p^0cb이므로 순편익은 $cdab$가 된다. 균형가격의 순편익과 비교하여 작아진다. 즉 시장에서 수급에 갭이 있는 경우 수급이 일치할 때보다 순편익은 작아진다. 이 사례에서 균형가격보다 낮은 가격의 경우를 고찰하지만, 균형가격보다 높은 경우도 마찬가지이다. 물론 경쟁시장에서 수요와 공급에 갭이 있다면 시장의 조정기능에 의해 빠르게 균형가격으로 옮겨가므로 이러한 상태가 오래 이어지지 않는다.

균형생산량 q^*을 구하는 조건은 $D=S$이다. 시장의 효율성은 소비자의 지불의사액과 생산자의 생산비용의 차이가 얼마나 되는가에 따른다. q^*의 왼쪽에서 추가 생산량은 생산비용보다 사회적 편익을 더욱 추가하게 되고(즉 한계지불의사액이 한계비용을 초과), q^*의 오른쪽에서는 그 반대이다. 이 두 개가 같아지는 q^*가 사회적으로 가장 효율적인 생산량이다.

앞에서 소비자 잉여와 생산자 잉여를 설명하였다. 시장의 거래에서 소비자는 소비자 잉여라는 이익을, 생산자는 생산자 잉여라는 이익을 얻기 때문에 거래가 성립한다. 따라서 소비자 잉여와 생산자 잉여가 커질수록 소비자와 생산자가 얻는 후생의 총량이 커진다고 생각할 수 있다. 즉, 사회적 순편익이 커진다.

생산이론

재화를 생산하는 방법은 언제나 여러 가지이며, 가장 효율적인 방법을 찾는 것이 과제이다. '가장 효율적'이란 모든 자원을 가장 생산적으로 사용하는 것을 말한다. 임목을 수확할 때 기계 장비와 인력을 다양하게 조합할 수 있는데, 가장 낮은 비용으로 수확할 수 있는 조합이 가장 효율적이다. 이 절은 생산경제학의 기초 개념을 다룬다.[7)]

생산함수

생산자가 생산활동에서 의사결정을 할 때 여러가지 제약조건이 있다. 중요한 제약조건은 생산기술, 생산물의 판매가격, 생산요소의 구입가격, 자본의 조건 등이다.

먼저 생산기술을 다룬다. 생산요소(자원)를 생산물로 변환하는 기술적 관계를 대수적으로 표현한 것이 생산함수(production function)이다. 예를 들어 임목의 산출량과, 토지와 노동, 농약·비료 등 생산요소 투입량의 관계를 나타낸다. 어느 기간 생산된 임목의 양(Q)은 생산에 사용된 투입재의 양($x_1, \cdots, x_n$)에 의존한다.

<2.1> $$Q = f(x_1, x_2, \cdots, x_n)$$

다른 생산요소를 고정하고 하나의 생산요소만을 가정하면 생산함수를 $Q = f(x)$로 표현할 수 있다. 이러한 투입과 산출의 관계를 그림으로 표시한 것을 총생산(TP) 곡선이라 한다.

생산함수에서 평균생산(AP)과 한계생산(MP)을 유도할 수 있다. 평균생산은 투입요소

---

7) 생산 이론의 전반적 논의는 미시경제학 교과서 또는 김영식(1995), 권오상(2019)를 참조할 것.

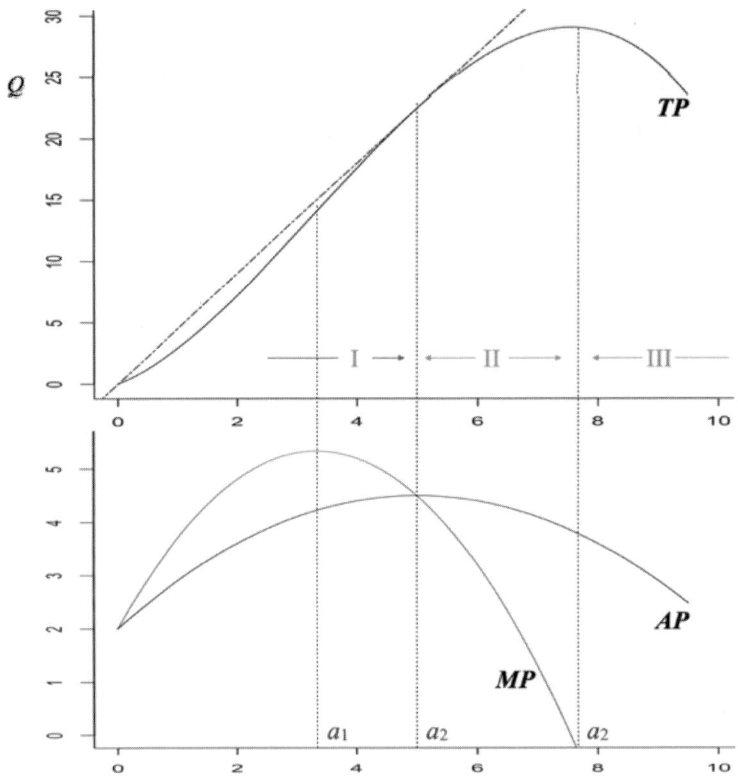

그림 2.7 총생산, 평균생산, 한계생산

단위당 평균산출량을 의미하며, 원점에서 TP곡선 위의 점을 연결하는 직선의 기울기와 같다. 그리고 한계생산은 투입요소를 아주 미세하게 한 단위 변화시킬 때 변화하는 산출량을 의미한다.

<2.2> $$AP = \frac{f(x)}{x},\ MP = \frac{d}{dx}f(x)$$

그림에서 AP와 MP는 다음과 같은 관계에 있다. MP>AP이면 AP는 증가함수이고, MP<AP이면 AP는 감소함수이다. MP=AP에서 AP는 최대이다. 이러한 AP와 MP의 관계를 다음 식으로도 알 수 있다.

<2.3> $$\frac{dAP}{dx} = \frac{d}{dx}\left(\frac{TP}{x}\right) = \frac{1}{x}(MP - AP)$$

이러한 특성에 따라 총생산곡선을 3개 영역으로 구분하는데, 이를 생산의 3단계라고 한다. 즉 Ⅰ영역(MP>AP), Ⅱ영역(0<MP<AP), Ⅲ영역(MP<0)이다. 이윤을 목적으로 하는 생산자는 Ⅰ영역과 Ⅲ영역에서 생산을 영위하지 않을 것이다. Ⅱ영역이 생산자의 경제적 선택범위이다.

투입 요소의 대체가능성

생산 과정에서 어느 투입재가 다른 투입재를 대체할 수 있다. 투입요소의 대체가능성 정도는 생산기술에 달려 있다. 예를 들어 임목을 수확할 때, 기계 장비(자본)를 적게 쓰고 노동을 많이 쓰거나, 또는 노동을 적게 쓰고 기계 장비를 많이 쓰는 방법이 있다.

토지는 고정되어 있다고 보고, 노동 L과 자본 K를 투입하여 생산하는 임목의 생산함수 Q는 다음과 같이 쓸 수 있다.

<2.4> $$Q = f(L,\ K)$$

이 함수는 3차원 그래프로 나타날 것이다. 생산수준을 일정하게 유지하고 이 수준을 달성할 수 있는 L과 K의 가능한 조합을 생각해 보자. 지도의 등고선을 떠올리면 좋다.

<그림 2.8(A)>는 콥-더글라스 생산함수를 예로 들어 표현한 것이다. 곡선은 일정 수준의 산출물을 생산할 수 있는 투입요소의 조합을 연결한 것이다. 이를 등량곡선(isoquant curve)이라 한다. 곡선 ab보다 위에 있는 등량곡선은 더 높은 수준의 산출을 나타내고, 아래에 있는 등량곡선은 더 낮은 수준의 산출을 가리킨다.

등량곡선의 곡률(curvature)은 하나의 생산요소를 어떻게 다른 생산요소와 대체할 수 있는가에 대한 대체비율이다($\Delta K / \Delta L$). 이를 한계기술대체율(marginal rate of technical substitution)이라 한다. 투입요소 사이의 한계대체율은 고정되지 않는다. 노동으로 자본을 대체하고자 하면 같은 수준의 산출을 유지하는 데 점점 더 많은 노동의 증가분이 필요하다. 등량곡선의 기울기가 줄어드는 것을 의미한다. 한계대체가능성 감소의 법칙이다. 기술은 진보하기 때문에 생산에서 투입요소 대체가능성의 범위도 진보한다. 예를 들어, 노동비용이 상승하면 육림, 임목수확, 임산물 가공에서 기계장비 사용을 늘려 노동을 대체하도록 한다.

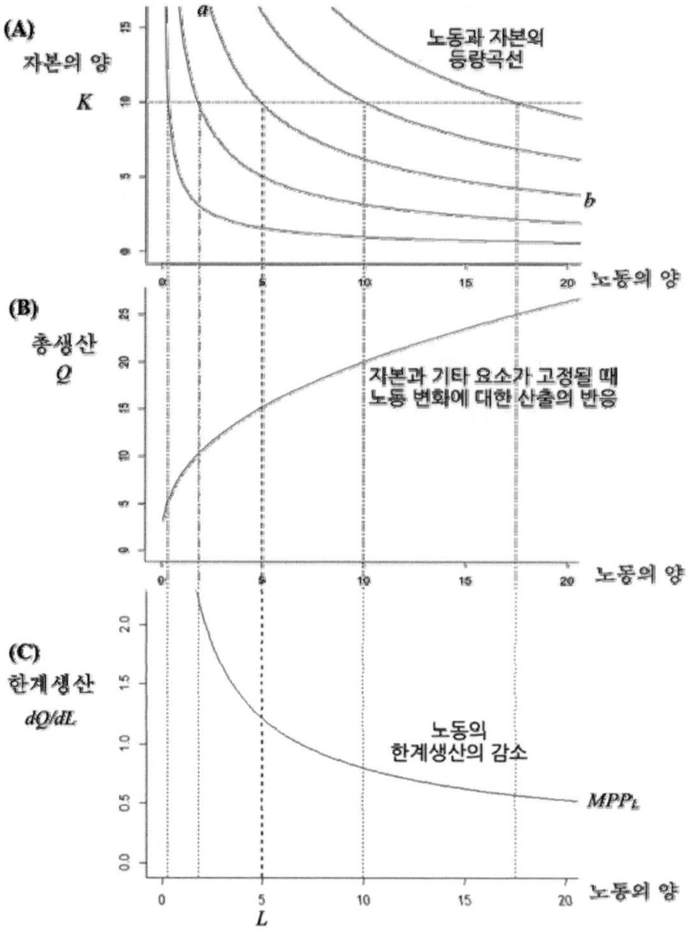

그림 2.8 투입과 산출의 관계($Q = 2L^{0.4}K^{0.6}$)

다른 투입요소를 고정하고 투입요소 하나를 변화시켜 산출에 미치는 영향을 살펴보자. 자본을 $\overline{K}$로 고정하면 산출을 한 단위씩 늘리는 데 노동을 점점 더 많이 투입해야 한다. 이는 <그림 2.8(B)>에서 나타난다. 수직의 점선은 산출의 동일한 증가를 가리킨다. 그러나 연속적으로 산출을 하나 더 늘리면 노동의 추가 투입은 점점 더 많이 필요하기 때문에 곡선의 기울기는 오른쪽으로 갈수록 감소한다. 이는 수확 체감의 법칙이다.

다른 생산요소의 투입량을 고정하고 어느 생산요소의 투입량만 증가시키면 그 요소의 한계생산은 점차 감소하는 경향을 보인다<그림 2.8(C)>. 다른 요소가 고정될 때 한 요소의 한계생산 체감의 법칙(law of diminishing marginal product)이다. 위 예에서 자본이 고정되면 노동의 한계물적생산(MPP_L 또는 $\Delta Q/\Delta L$)은 감소한다. 예를 들어 고정된 토지에서 임목을 수확할 때 몇 명의 인부(노동)와 어떤 기계장비(자본)를 사용한다. 기계장비를 늘리지 않고 인부를 추가하면 산출은 어느 정도 증가한다. 인부를 더 추가하면 산출도 증가하겠지만 그 증가량은 점차 감소한다.

효율적 투입요소 비율

생산함수와 등량곡선은 주어진 수준의 산출을 생산하는 데 이용할 수 있는 투입재의 다양한 조합을 보여준다. 그러나 어느 조합이 효율적인가 알려주지 않는다. 여기에는 투입요소의 비용 정보가 필요하다.

생산의 총비용 TC는 노동 L과 자본 K의 양과 각각의 가격 w_L, w_K으로 결정된다.

<2.5> $$TC = w_L \cdot L + w_K \cdot K$$

비용이 주어지면 자본과 노동의 다양한 양을 구할 수 있다. <그림 2.9>의 선분 AB의 각 점은 동일한 비용으로 구할 수 있는 자본과 노동의 조합인데, 이 선분을 등비용곡선(isocost curve)이라 한다. 총비용이 높아지면 등비용곡선은 AB의 오른쪽으로 수평 이동하며, 총비용이 낮아지면 왼쪽으로 이동한다. 등비용곡선의 기울기는 노동가격에 대한 자본가격의 비율($-w_L/w_K$)이다.

투입의 최소 비용 조합은 바로 등량곡선이 등비용곡선에 접하는 지점이다. 이 점은 어느 산출 수준을 생산하는 데 가장 효율적인 자본 K와 노동 L의 조합이다. 그 조합은 정확히 두 요소의 한계대체율(MPP_L/MPP_K, 등량곡선의 기울기)과 두 요소의 가격비율(w_L/w_K, 등비용곡선의 기울기)이 같은 지점이다.

<2.6> $$\frac{\Delta K}{\Delta L} = \frac{MPP_L}{MPP_K} = \frac{w_L}{w_K}$$

그러한 최소 비용의 투입재 조합은 생산이 가능한 범위에 존재한다. 생산 수준을 증가시

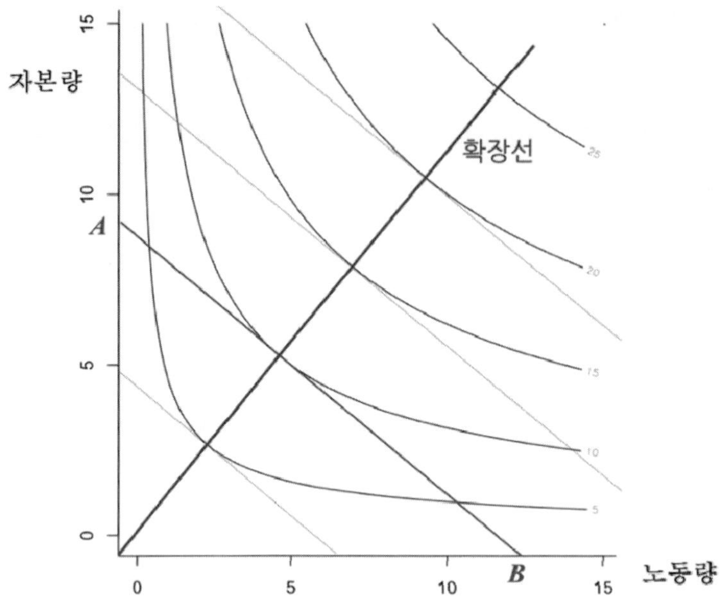

그림 2.9 효율적인 투입 조합의 확장선

키면서 연속적인 최적값의 궤적을 그린 선을 확장선(expansion path)이라고 한다. 산출 변화에 따라 가장 효율적인 투입재 조합이 어떻게 달라지는가를 보여준다.

이윤 최대화, 비용 최소화, 쌍대성

생산자들은 이윤(π) 또는 순수입 최대화를 추구한다고 가정하는데, 기업의 이윤은 총수입(TR)에서 총비용(TC)을 뺀 것이다. 기업이 단일 제품을 생산하여 판매한다면 총수입은 상품의 시장가격과 판매량을 곱한 것이다. 완전경쟁시장에서 기업은 가격을 주어진 것으로 받아들인다.

<2.7> $$\pi = TR - TC = pq - C(q)$$

여기에서 p는 산출물 가격, q는 산출량, $C(q)$는 기업의 비용 함수인데 산출량 q에 따라 달라진다.

이윤을 최대화하는 산출량을 결정하기 위해, π를 q로 미분한 값이 0이 되는 산출량

q를 구한다.[8]

<2.8> $$\frac{d\pi}{dq} = p - \frac{dC(q)}{q} = 0, \quad \frac{dC(q)}{dq} = p$$

이는 경쟁시장에서 기업의 한계비용과 한계편익이 같다는 것($MC = MR$)을 의미한다.

이윤최대화 법칙을 복수 생산요소의 경우로 확장할 수 있다. 하나의 산출물과 두 개의 투입요소(L과 K)를 가진 기업의 이윤은 다음과 같이 쓸 수 있다.

<2.9> $$\pi = p \cdot q - (w_L L + w_K K)$$

여기에서 p는 산출물 가격, $q = f(L, K)$는 기업의 생산함수, 괄호의 항은 기업의 비용함수이다.

기업의 이윤을 최대화하는 L과 K를 도출하기 위해 π를 L과 K로 편미분하여 0으로 두면 다음을 도출할 수 있다.

<2.10> $$p\frac{df(L,K)}{dL} = w_L$$

<2.11> $$p\frac{df(L,K)}{dK} = w_K$$

<식 2.10>의 좌변은 L의 한계수입생산이고 우변은 L의 한계비용이다. 한계생산물의 가치(value of marginal product)가 한계요소비용(marginal factor cost)과 같아져야 한다는 것이다(VMP=MFC). 기업은 이 조건을 만족할 때까지 L의 투입을 추가한다. 마찬가지로 기업은 <식 2.11>의 조건을 만족할 때까지 K의 투입을 추가한다. <식 2.10>을 <식 2.11>로 나누면 다음을 구할 수 있다.

---

8) 함수의 최대값 또는 최소값을 구할 때 미분값이 0이 되는 지점을 찾는다.

$$\langle 2.12\rangle \qquad \frac{df(L,K)/dL}{df(L,K)/dK} = \frac{dK}{dL} = \frac{w_L}{w_K}$$

좌변은 한계물적생산의 비율(MPP_L/MPP_K)이며 이는 한계기술대체율이다. 우변은 투입재 가격의 비율이다. 즉, 등량곡선과 등비용곡선의 접점이다.

기업의 자원배분을 분석하는 또 다른 방법은 비용함수를 이용하는 것인데,생산수준 $q = f(L,K) = \bar{q}$를 제약조건으로 두고 비용(C)을 최소화하는 것이다.

$$\langle 2.13\rangle \qquad \begin{aligned} &\text{Min } C = w_L L + w_K K \\ &\text{s.t. } f(L,K) = \bar{q} \end{aligned}$$

이는 제약조건하의 최소화 문제이다. 최소값을 찾기 위해 두 함수를 합쳐 새로운 목적함수를 만든다.

$$\langle 2.14\rangle \qquad \begin{aligned} \mathcal{L} &= C - \lambda[f(L,K) - q] \\ &= w_L L + w_K K - \lambda[f(L,K) - q] \end{aligned}$$

여기에서 $\mathcal{L}$은 새로운 목적함수이고 λ는 라그랑지 승수이다. $\mathcal{L}$에 L과 K로 편미분을 취하면 다음과 같다.

$$\langle 2.15\rangle \qquad \frac{d\mathcal{L}}{dL} = w_L - \lambda\frac{df(L,K)}{dL}$$

$$\langle 2.16\rangle \qquad \frac{d\mathcal{L}}{dK} = w_K - \lambda\frac{df(L,K)}{dK}$$

두 식을 0으로 두고 각각을 나누면 다음과 같다.

$$\langle 2.17\rangle \qquad \frac{w_L}{w_K} = \frac{dK}{dL} = \frac{df(L,K)/dL}{df(L,K)/dK} = \frac{MPP_L}{MPP_K}$$

이는 식 <2.12>와 같다. 주어진 산출 수준에서 이윤최대화와 비용최소화는 동일한 결과에 도달하는데 이를 쌍대성(duality)이라 한다.

규모의 경제

생산자들은 산출 수준이 비용에 미치는 영향을 살펴야 한다. 산출이 모든 투입에 비례하는 경우가 있는데, 규모에 대한 수익불변(constant returns to scale)이라 한다. 모든 투입을 동일하게 k배 증가시키면 산출도 동일하게 k배 증가하며, 등량곡선은 같은 간격으로 이동한다. 장기 평균비용이 산출량에 관계없이 일정하다.

<2.18> $$kQ = f(kX_1,\ kX_2, \cdots, kX_n)$$

모든 투입을 증가시켰을 때 추가 산출이 감소하는 경우도 있는데, 이는 규모에 대한 수익체감(decreasing returns to scale)이라 한다. 이 경우 산출은 모든 투입의 비례 이하로 증가하고 등량곡선은 밖으로 갈수록 더 넓은 간격으로 이동한다. 반대의 경우는 규모에 대한 수익체증(increasing returns to scale)이다.

산출과 투입의 관계는 생산수준 결정에서 중요한데 그것이 한계비용을 결정하기 때문이다. 많은 생산과정이 초기에 규모수익체증을 보이는데 한계비용이 규모증가에 따라 감소하기 때문이다. 그리고 어느 수준을 지나서 생산이 증가하면 수익이 낮아진다. 생산자들은 규모수익체증을 충분히 이용할 수 있을 때까지 생산 규모를 확장한다. 이 지점을 넘어서면 수익이 감소하고 한계비용이 상승한다.

규모의 경제가 나타나는 원인은 무엇일까? 생산량이 많을수록 근로자들의 작업과정을 분업화하여 전문화할 수 있기 때문에 나타난다. 또, 규모의 불경제는 조직이 커졌을 때 일반적으로 나타나는 업무의 조정 문제 때문에 발생한다. 생산규모가 늘어나면 비용을 효과적으로 통제하기 어려워지기 때문이다. 모든 범위에서 규모수익불변과 체증이 나타나는 것은 흔하지 않은데, 이는 효율적인 규모에 한계가 없다는 뜻이고 자연독점이 될 것이다.[9)]

---

9) 자연독점은 전력, 가스, 수도, 전화, 철도 등에서 볼 수 있다. 이러한 것들은 국민 생활에 필요한 서비스이므로 저렴한 가격으로 보다 많은 양을 공급하는 것이 바람직하다. 그래서 정부가 개입하여 가격 설정을 규제하거나 독점기업을 분할

수확체감의 법칙은 어느 하나를 제외한 모든 요소를 고정할 때 해당한다. 반면 규모의 경제는 산출과 모든 투입의 관계를 다룬다.

시장 수요가 주어지고 다른 기업이 존재하고 산업에 규모수익체증이 존재하더라도 그 산업의 기업들은 산출물 가격이 내려가기 전까지만 생산할 수 있다. 산출물 가격의 하락은 기업의 이윤을 저하시킨다. 기업들은 산출수준을 어떻게 선택할까?

산출 공급과 투입 수요

한계수입과 한계비용의 이윤최대화 등식은 왜 생산자들이 더 높은 가격에 더 많이 생산하여 팔려고 하는지, 왜 공급곡선이 우상향하는지 설명한다. 이윤최대화 생산자들은 한계수입이 투입재의 비용을 초과하면, 즉 <식 2.10>과 <식 2.11>의 좌변이 우변보다 클 때, 어떤 생산요소의 사용을 늘리는데 이것이 이윤을 증대시키기 때문이다.

이윤최대화 수준에서 생산하는 기업이 제품의 가격 인상을 경험하면 한계수입은 한계비용 이상으로 오를 것이다. 새로운 가격에서 이윤을 최대화하기 위해 기업은 산출을 확장하며 한계비용 곡선을 따라 이동하여 두 한계변수 사이의 등식을 복원한다. 기업의 공급곡선은 위로 기울고 한계비용곡선을 따른다. 그러므로 제품 가격이 오르면 더 많이 생산하여 팔고, 가격이 내려가면 더 적게 생산한다는 것이 일반 법칙이다.

여기에서 산출물 공급곡선을 다루므로 가격이 높아지는 것은 순수히 수요 증가에서 비롯한다고 가정하였다. 마찬가지로 수요에 초점을 둘 때는 가격 변화가 순수히 공급에서 비롯된다고 가정한다.

이러한 관계는 왜 생산자들이 투입재 가격이 내려갈 때 더 많은 투입재를 수요하는가를 설명한다. 투입재 가격이 하락하면 기업의 한계비용이 낮아지고 한계비용과 한계수입의 등식을 복원하기 위해 기업은 생산을 확장하며 더 많은 투입재를 사용한다. 따라서 투입재의 수요곡선은 보통 아래로 기운다.

하여 경쟁시킴으로써 가격을 낮추도록 유도한다.

산림생산의 투입요소로서 시간

앞에서 언급한 관계는 이윤최대화 생산자가 어느 시점에서 어떻게 산출수준과 투입재 이용을 결정하는지 이해하는 데 도움된다. 목재제품 기업의 행동을 분석할 때는 이것으로 충분하다. 그러나 산림경영자는 시간도 고려해야 한다. 산림의 생장은 생물학적 과정이기 때문에 일단 나무를 심으면 시간은 가장 중요한 요소이다.

시간은 숲의 자본 가치에 영향을 미치는 기회비용의 바로미터이기 때문에 산림생산의 투입재이며, 다른 투입재와 같은 특성을 가지고 있다. 더 많은 시간을 투입하면 산출은 증가하는데, 초기에는 체증하는 수확을 보여주고 일정 시점 이후에는 시간에 따라 체감하는 수확을 보여준다. 시간은 비용에 포함되는데, 임목수확을 미루어 토지와 임목에 묶인 기회비용의 측정단위가 된다. 그리고 더 많은 노동과 비료를 투입하면 적은 시간으로 동일한 산출을 달성할 수 있기 때문에 시간과 다른 생산요소 사이의 대체가능성을 볼 수 있다.

용도간의 투입요소 배분

경제에서 생산요소는 다양한 목적으로 이용할 수 있다. 생산과정에서 투입재 하나를 한 단위 더 사용하면 산출은 한계생산, 정확히는 한계물적생산(MPP)만큼 증가하는데, $df(L,K)/dL$와 $df(L,K)/dK$이다. 투입재 하나를 한 단위 더 사용하여 창출된 산출의 가치는 투입의 한계수입생산(MRP)이라 하는데, 이는 $p \cdot df(L,K)/dL$와 $p \cdot df(L,K)/dK$이다. 투입의 한계수입생산은 투입이 증가하면 감소하는데 한계생산이 줄어들기 때문이다. 불완전경쟁시장에서도 한계수입은 역시 줄어든다.

이윤최대화 생산자는 한계수입생산이 그 비용을 초과하면 투입재를 더 많이 사용하는데, 이것이 이윤에 기여하기 때문이다. 같은 투입재를 사용하는 다른 생산자도 마찬가지이다. 결과적으로 경쟁시장에서 그 투입재를 구입하는 모든 생산자는 모두 한계수입생산을 반영하는 단일 수준까지 투입재 가격을 올릴 것이다. 생산에 쓰이는 투입재의 한계수입생산이 경제의 모든 용도에서 같다면 효율적으로 배분되었다고 말할 수 있다. 적어도 기회비용과 같은 한계가치를 창출하는 한 생산에서 투입 조합의 전체 가치를 올리는 투입요소의 재배분이 있을 수 없기 때문이다.

마찬가지로 투입재를 서로 다른 형태의 생산에 어떻게 배분할까 결정할 때, 여러 개의 다른 제품을 생산하는 기업은 각 생산라인에서 한계수입생산의 균형을 맞추려 노력한다. 원목생산자는 원목을 제재목, 패널류, 종이 생산 등 여러 용도에 배분하는 문제에 종종 직면한다. 각 용도에서 원목의 한계수입생산이 같도록 배분하면 최대 효율성을 얻을 수 있다. 이를 한계균등화원리(equi-marginal principle)라고 한다.

한계균등화 원리는 다음을 말해준다. 만약 주어진 제품을 생산하는 데 복수의 수단을 가지고 있고 그 산출 수준을 달성하기 위한 비용을 최소화하려 한다면, 한계수입들이 일치하도록 생산 수단 간에 생산량(자원투입량)을 배분하라는 것이다. 다르게 접근할 수도 있다. 만약 일정량의 자원을 보유하여 산출량을 최대화하려 한다면 그 수단 간에 한계비용이 일치하도록 총산출(자원)을 배분하라는 것이다.

이 결론을 일반화하면, 최대 효율성 또는 이용 가능한 모든 자원에서 최대의 편익을 사회에 가져오기 위해 경제 전체에서 지켜야 하는 조건을 도출할 수 있다. 각 생산요소를 사용하여 생산자가 얻는 편익이 사회에 가져오는 한계 산출물의 가치를 정확히 반영하면 한계수입생산은 한계 사회적 편익(MSB; marginal social benefit)으로 측정된다. 그리고 모든 생산자들이 요소의 한계수입생산이 그 가격과 같아지는 점까지 각 요소를 사용한다면 그 가격은 정확한 기회비용 또는 한계 사회적 비용(MSC; marginal social cost)을 반영한다. 모든 생산에서 MSB=MSC이면 사회적으로 최대 효율성을 달성하도록 배분될 것이다. 이것보다 사회적 가치를 더 많이 생산할 수 있는 배분은 없다.

효율성의 조건

시장경제에서 사회적으로 최적의 자원 배분을 달성하기 위한 조건은 완전경쟁(perfect competition) 시장이어야 한다는 것이다. 완전경쟁의 성립요건은 다음과 같다. (1)다수의 공급자와 수요자가 존재하여 시장 참여자는 모두 시장가격에 영향을 미칠 수 없다. (2)상품이 동질적이어서 어디에서 구입해도 같다. (3)시장참여자는 시장과 상품에 관하여 완전한 정보를 가지고 있다. (4)시장의 참여와 퇴출, 그리고 자원의 이동이 자유롭다. 이 조건은 결국 '가격은 시장에서 결정되고 개별 공급자와 수요자는 그 가격을 주어진 것(price taker)으로 받아들인다'로 귀결된다. 그중의 일부는 임업에서 충족되지 않기도 한다.

시장경제의 기초 법칙은, 우선 생산자가 이윤최대화를 추구하며 효율성은 그것에 달려있다는 것이다. 이윤최대화를 추구하는 생산자들은 최저 비용의 생산 방법을 선택하고 한계수입과 한계비용이 일치하는 수준의 산출을 선택한다(MR=MC). 이 법칙은 생산요소 사용에도 적용할 수 있는데, 요소의 한계수입생산(MRP)이 한계요소비용(MFC)과 같아야 한다는 것이다(MRP=MFC). 이렇게 하여 이윤을 최대화하지 못하면 투입요소를 더 효율적으로 사용할 수 있는 방법이 있다는 점에서 자원을 잘못 배분한 것이다.

임업에서 이윤최대화를 충분히 달성하지 못하는 경우가 있다. 어떤 숲은 정부가 소유하고 경영 목적이 다르다. 민간도 정부 규제 때문에 자유로운 이윤최대화 행위를 하지 못한다. 어떤 산림 생산물은 시장에서 거래되지 않으며 그 가치를 실현할 수 없다. 그러한 여건은 자원의 효율적 배분을 어렵게 한다.

생산자들이 사회적으로 가장 유리한 수준으로 생산하도록 유도하려면 그 재화의 시장이 완전경쟁이어야 한다. 그러한 조건에서 기업의 한계수입은 제품 가격과 같아야 한다. 한계생산물의 시장 가치(VMP)는 기업의 한계수입생산(MRP)과 같다(VMP=MRP).

경쟁이 불완전하면 이 조건은 충족되지 않는다. 기업이 독점력을 가진다면, 생산을 조정하여 가격에 영향을 미칠 수 있다. 독점기업이 직면하는 수요곡선은 $p=a-bQ$로 설명한다. 독점기업이 생산을 늘리면 가격을 내려야 하고 가격 인하는 모든 수량에 적용되므로 독점기업의 한계수입은 가격보다 낮아진다.[10] 이윤최대화를 추구하는 독점기업은 수요곡선에서 MR 곡선을 도출하고 MR=MC인 생산량 Q_M을 결정한다. 그리고 수요곡선에서 수요량 Q_M의 가격 P를 결정한다($P>MR$). 사회적 최적 생산량보다 낮은 수준에서 생산함으로써 경제적 총잉여는 극대화되지 못하고 후생손실(deadweight loss)이 발생한다<그림 2.10>.[11]

마찬가지로 생산요소의 시장도 완전경쟁이어야 한다. 이러한 조건은 임업에서 아주 일반

---

10) 독점기업의 한계수입곡선의 기울기는 수요곡선 기울기의 2배가 된다고 한다. TR을 Q로 미분하여 확인해 보라.

11) 후생손실(deadweight loss)은 경제에서 균형이 최적 상태가 아닐 때 발생하는 효율성 상실분을 의미한다. 사중손실 또는 자중손실이라고도 한다.

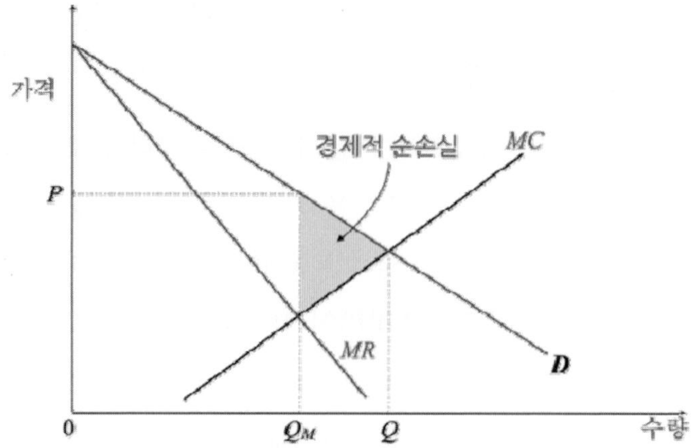

그림 2.10 독점의 비효율성

적인데, 대개의 산림소유자들은 시장 교섭력이 약하여 벌목공 임금 또는 장비 가격에 영향을 미치지 못한다. 이러한 환경에서 한계요소비용(MFC)은 생산자가 생산요소 구입에 지불하는 가격, 한계 요소의 가치(VMF)와 같다(MFC=VMF). 생산요소 시장에서 공급자 또는 구입자가 요소 가격에 영향을 미칠 수 있다면 이 조건은 유지되지 않는다. 토지와 임목 시장의 구매독점, 노동조합의 반대, 소규모 토지소유자들의 대출 제한 등이 그 사례이다.

이상의 논의를 요약하면 시장경제에서 사회적 효율성의 조건은 다음과 같다.

<2.19> $$MSB = VMP = MRP = MFC = VMF = MSC$$

MSB = 사회적 한계편익
VMP = 한계생산물의 가치
MRP = 요소의 한계수입생산
MFC = 한계요소비용
VMF = 한계요소의 가치
MSC = 사회적 한계비용

효율적 시장의 전제 조건

위 식은 사회적 후생을 최대화하기 위하여 시장경제에서 충족해야 하는 엄격한 조건을 보여준다. 이를 달성하려면 어떤 전제 조건이 유지되어야 하는데, 생산자와 소비자의 완전한 지식, 생산자들이 투입과 산출을 완전히 통제할 수 있는 제도적 장치, 외부성 부재, 시간선호의 이자율에 대한 시장과 사회의 수렴, 소득의 공평한 분배이다. 또한 생산의 기술적 관계에도 의존하는데, 투입과 산출의 분리가능성, 규모에 대한 산출 감소, 모든 생산요소의 수확 체감 등이다.

분할가능한 투입과 산출

자원을 최적으로 배분하려면 생산 결정에서 한계 단위로 조정할 수 있어야 하는데, 이는 모든 투입재와 산출물이 고도로 분할가능하다는 것을 의미한다. 그러나 산림경영에서 투입재 사용의 단위는 자연 여건에 제약받는다. 임업의 경영 단위는 유역일 수도 있고 또는 임도망으로 구분된 면적일 수 있는데, 거의 분할하지 못한다. 게다가 천연림의 특성을 유지하려면 상당한 면적이 필요하다. 시장경제 이론은 이산적이고 분할가능하고 동질적이고 이동가능한 투입재를 전제하지만, 산림·산지는 대개 이질적이고 이동불가하며 다목적이고 때때로 분할가능하지 않다. 생산자들이 한계 단위로 조정하기 어렵다.

투입재의 통제

효율적인 시장이 되려면 개별 생산자가 투입과 산출을 완전히 통제할 수 있어야 한다. 생산자들은 필요한 투입재를 구할 수 있고, 그것을 가장 효율적으로 이용할 수 있고, 생산한 재화와 서비스를 가장 유리한 방법으로 처분할 수 있으며, 자기 행동의 편익과 비용을 완전히 창출할 수 있어야 한다.

그러나 산림경영자가 가장 유리한 방법으로 자원을 통제하는 경우는 드물다. 공유재산 체제에서 생산자들은 같은 자연자원을 이용하는 다른 이용자들의 간섭에서 자유롭지 못하다. 임야의 소유가 종중(宗中)에 속하는 경우도 많은데, 이용하거나 처분할 때 공동소유자의 허락을 받아야 한다. 때로는 소유와 무관하게 마을 주민의 동의를 받아야 하는 경우도 있다. 이러한 여건에서 생산자들은 자원을 잘 관리하고 보전할 인센티브를 갖지 못하는데 그 편익이 대부분 다른 사람에게 가기 때문이다. 생산자들이 자원에 배타적 권리를 가졌어도 정부의 강한 규제는 생산자들의 자유로운 이용을 어렵게 한다.

시장경제의 이론은 모든 생산요소에서 잘 정의된 사적 소유제도에 의존하지만 산림자원의 사적 소유권은 제한되는 경우가 많다. 사적 소유권을 제한하는 것은 공공의 목적 때문이기도 한데, 그것이 소유자와 사업자의 인센티브를 왜곡하고 시장의 효율적 성과를 방해한다.

최적의 시간 선호

산림계획은 장기에 걸쳐 수익을 창출하는 투자를 평가해야 한다. 다른 시기에 발생하는 가치를 비교하는 열쇠는 이자율인데, 미래가치와 비교하여 현재가치를 선호하는 정도를 측정한다. 시장이 시간에 따라 자원을 잘 배분하도록 하려면 시장 이자율이 사회의 시간 선호를 반영해야 한다.

그러나 모든 사람들이 자본시장에 동등하게 접근하는 것은 아니며, 시장 이자율이 사회적 시간 선호율을 따르는 것도 아니다. 예를 들어 영세 산림소유자들이 대기업보다 높은 대출이자를 부담해야 한다면 그들의 투자 의사는 낮을 것이고 높은 이자율로 할인하려 할 것이다.

외부성 부재

생산을 결정하는 사람이 자기 행동의 모든 비용과 편익을 고려할 때 시장 시스템은 효율적으로 작동한다. 그러나 많은 산림 활동은 생산자의 의사결정에 포함되지 않는 긍정적 또는 부정적 영향, 즉 외부경제와 외부불경제를 포함한다. 이러한 영향은 시장 거래에 포함되지 않는다.

완전한 지식

시장이 모든 자원을 효율적으로 배분하도록 하려면 경제주체들의 행동과 정보가 완벽하게 알려진다는 전제에서 가능하다. 그러나 현실의 지식은 언제나 불확실하거나 잘못되고 이는 자원의 잘못된 배분을 초래한다. 게다가 현재뿐만 아니라 미래의 생산과 요소 시장에 대한 완전한 정보를 가져야 한다. 즉, 시장 또는 기술적 불확실성이 없어야 한다.

임업에서 불확실성은 특히 중요한데, 의사결정이 장기 계획과 전망에 기초하기 때문이다. 의사결정에는 미래 자원공급, 임목의 생장률, 자연 손실, 재해, 기술변화에 대한 불확실성을 크게 내포하고 있다. 아무리 철저히 조사하여도 그 노력에 비용이 소요되고 불확실성을 완전히 제거할 수는 없다.

파레토 효율과 사회후생함수

효율적 생산이란 낭비가 없는 생산이다. 투입을 늘리지 않는 한 산출을 더 늘릴 수 없는 상태, 혹은 산출을 줄이지 않는다는 조건에서 더 이상 투입을 줄일 수 없는 상태를 말한다. 바람직한 사회 상황을 판단할 때 다른 사람의 효용을 낮추지 않고 누군가의 효용을 개선하는 것은 바람직한 일이다. 이런 사고를 제창한 사람이 빌프레도 파레토(V. Pareto)이다.

시장은 사람들이 거래를 통해서 파레토 개선으로 이행하도록 한다. 모든 사람을 더 만족시킬 수 있다면 계속해서 거래가 진행되고, 모든 사람을 더 좋게 할 수 없다면 더 이상 거래가 진행되지 않는다. 최종적으로 더 이상 개선할 수 없는 상태를 '파레토 최적'이라 한다. 시장에서 사람들은 가격이라는 시그널에 따라 자기의 이익을 최대화하려고 한다. 따라서 시장 균형은 파레토 최적의 상황이 된다. 이것을 '후생경제학의 제1정리'라고 한다.12)

사회의 바람직함을 생각할 때 파레토 효율뿐만 아니라 평등성 또는 형평성도 중요하다. 후생경제학의 기본 정리는 파레토 효율을 보증하는 것이지 평등성에 도달하는 것은 아니라는 점에 유의해야 한다.

조금 다른 관점에서 살펴보자. 여기에서는 사회후생, 사회적인 바람직함을 생각한다. 그리고 생산과 배분 상태를 살펴본다.13)

사회후생을 생각할 때 주어진 자원을 가지고 어떻게 생산할 것인가, 또 생산된 산물 혹은 생산요소를 어떻게 배분할 것인가 생각한다. 기본적으로 자원을 어떻게 사용할 것인가의 문제이지만, 결국 누가 이득을 얻느냐의 문제이기 때문에 소득분배의 문제이기도 하다.

시장경제 체제는 개별 소비자와 개별 생산자가 가격에 따라 스스로 선택한다는 것을 전제로 한다. 사회적인 바람직함을 생각할 때 개인 선택을 기준으로 해도 좋은가. 예를 들어 담배나 술의 소비를 개인 선택에 맡겨도 좋은가. 담배는 되지만 마리화나는 안 된다든가, 승인받지 않은 약을 사용해서는 안 된다든가, 고액의 도박은 안 된다는 정도까지 가면 각 개인의 선호에 완전히 맡길 수 없는 측면도 있다. 모든 사람들이 자신의 노후를 충실히

12) 역으로 어떤 파레토 최적도 시장 메커니즘에 의해 달성될 수 있는데, 이를 '후생경제학의 제2정리'라고 한다.

13) 분배와 배분이라는 단어는 경제학에서 자주 사용한다. 소득분배(income distribution)는 소득이 어떻게 분포하고 얼마나 평등한가를 생각할 때 사용한다. 자원배분(resource allocation)은 자원이 어떻게 쓰이는지 생각할 때 사용한다.

대비하지 못한다고 판단하여 국가가 이를 책임지는 국민연금제도도 그러하다. 이러한 것을 부권주의(paternalism, 또는 온정적 간섭주의) 판단이라 한다. 즉, 아버지가 자식의 일에 간섭하는 것과 같은 의미의 규제를 뜻하는데, 그것은 권위에서 비롯할 수도 있고 부성애에서 비롯할 수도 있다.

그렇지만 일반적으로 각자 생산한 것을 어떻게 사용할 것인가의 문제는 개인의 판단에 맡기는 것이 가장 바람직하다. n명의 개인으로 구성된 사회에서 각 개인은 집을 짓거나, 무엇을 소비하여 효용을 얻는다. 개인 효용을 값으로 표현할 수 있는 개인효용함수 $U_1, \cdots, U_n$의 존재를 가정하자. 개인의 효용에 따라 사회의 바람직함이 결정된다고 보아 사회후생함수 $W = W(U_1, \cdots, U_n)$을 생각할 수 있다. 각 개인이 원하는 것을 스스로 결정하고 그것을 기초로 생각하므로 개인주의 사회후생함수이다.

사회후생함수도 사상가에 따라 여러 형태가 있다. 존 롤스(John Rawls)는 '그 사회에서 가장 낮은 수준의 사람이 더 좋은 상태로 되지 않으면 사회가 좋아졌다고 할 수 없다'라고 생각했다. 롤스형 사회후생함수는 가장 가난한 사람의 후생을 기준으로 한다고 볼 수 있다.

<2.20> $$W = \min(U_1, \cdots, U_n)$$

자주 나오는 것이 제레미 벤담(Jeremy Bentham)의 공리주의(Utilitarian) 사회후생함수이다. '최대 다수의 최대 행복'이라 표현하는데, '모든 사람의 만족도를 더하여 그것을 최대로 하는 것이 사회를 더 좋게 한다'는 것이다. 공리주의 사회후생함수라면 다른 사람의 효용을 줄이지 않고 누군가의 효용을 높이면 당연히 합이 늘어나고, 파레토 개선으로 사회후생함수를 증대시킬 수 있다.

<2.21> $$W = U_1 + \cdots + U_n$$

여러 개념이 혼재하는 가운데 모든 사회구성원의 특정한 선호체계를 균등하게 반영하는 사회후생함수를 찾고 싶을 것이다. 애로우(K. Arrow)는 바람직하다고 생각하는 특징을 두루 갖춘 사회후생함수는 존재할 수 없다고 입증하였다. 이를 '불가능성 정리'라고 한다.

시장실패

후생경제학의 기본 정리는 완전경쟁의 시장균형이 파레토 최적을 유도한다는 것이다. 이는 '완전한' 시장경제의 조건에서만 그러하다. 그 조건들은 결코 실현되지 않으며, 현실의 시장은 항상 불완전하다. 이러한 불완전한 상황때문에 시장이 스스로 사회적으로 최적의 자원 배분을 이루지 못하는 상태가 발생한다. 이를 '시장실패(market failure)'라고 한다.

시장실패의 가능성에도 불구하고 완전한 시장경제 모델을 상정하는 것은 여전히 중요하다. 현실 시장의 불완전함이 어디에서 비롯되는지 이해하고 개선 방향을 찾을 수 있기 때문이다. 시장실패로 자원배분의 비효율성이 나타날 때, 이를 적절히 교정함으로써 효율성을 개선하고 사회후생을 증진시키는 것이 중요한 정책과제이다. 이러한 점에서 정부의 시장 개입이 정당화되어 왔다.

시장실패가 발생하는 원인에는 독과점, 공공재, 외부효과의 발생, 시장정보의 불완전성과 거래비용의 증가 등이 있다. 산림 부문에서 생산물과 투입재 시장이 완전하지 못하도록 방해하는 요소는 매우 많다. 생산자 수가 너무 적어 제대로 된 경쟁을 확보할 수 없거나, 공급자의 규모와 시장 지배력이 가격을 왜곡할 수도 있다. 반대로 구매자 수가 매우 적은 수요독점(monopsony)의 경우도 있다. 잘못된 재산권, 시장 정보와 지식의 부족, 시간 선호에 대한 시장 이자율과 사회적 이자율의 격차 등이 시장 시스템을 불완전하게 만든다. 산림경제학에서 특히 중요하게 여기는 시장 실패는 외부성과 공공재이다.

외부성

외부성(externality)은 한 사람의 행위가 제3자의 후생에 영향을 미치는 현상을 말한다. 다른 사람에 미치는 영향을 생각하지 않고 자신에게 가장 유리한 선택을 하는 것이 시장경제의 원칙이다. 그러나 이러한 외부성이 존재한다면 개인의 선택이 사회적 최적으로 귀결되지 않고 시장의 실패가 나타난다.

예를 들어 산림소유자는 임목 생산을 목적으로 산림을 경영하는데 의도하지 않았지만 아름다운 경관과 맑은 공기 등 다양한 공익 기능을 제공한다. 아까시나무 또는 밤나무를 심었다면 꽃으로 인해 근처 양봉업자에 도움을 줄 수 있다. 마찬가지로 다른 사람에게 보상없이 손실을 초래하는 경우가 있는데, 예를 들면 조림지의 나무들에서 꽃가루가 비산하여 도시 사람들에게 눈병과 비염을 일으키기도 한다. 또는 임목수확 과정에서 토사를 유출하여 하천의 수질을 저하시켜 하류의 어업인이 손실을 입을 수도 있고, 심하면 산사태를 초래하여 주택을 덮치기도 한다. 벌목업자는 임목을 수확하면서 하류의 어업인이나 마을 주민에게 미칠 수 있는 피해를 크게 고려하지 않는다.

생산자들은 양(+)의 외부성(외부경제)을 생산하거나 음(-)의 외부성(외부불경제)을 줄여서 얻는 이득이 없기 때문에 의사결정에 이를 고려할 인센티브를 갖지 않는다. 생산자들은 사회적으로 효율적인 수준보다 더 적은 양(+)의 외부성을 생산하고, 더 많은 음(-)의 외부성을 생산한다. 이러한 효과는 산림관리에서 점점 더 중요해지는데, 산림환경, 생물다양성, 기후변화, 경관·휴양 가치 등 산림이 제공하는 외부효과에 관심이 높기 때문이다.

어떤 재화의 생산이 외부효과를 야기하는 경우 정부는 그 재화의 생산에 보조금을 주거나 세금을 부과함으로써 그 재화의 가격을 조절하고 생산을 장려하거나 억제할 수 있다. 또는 직접 규제의 수단을 사용하기도 한다. 산림정책은 대개 과도한 임목생산을 직접 규제하는 한편으로 임업 보조금을 지급하여 일정 수준의 생산을 유지하려고 한다. 그러나 정부 보조금이나 규제는 공짜가 아니며 반드시 효과적인 것도 아니다.

공공재

또 다른 시장실패는 공공재(public goods)이다. 이는 일단 공급하면 그 재화에 대가를 지불하지 않는 사람도 소비할 수 있고 그들의 소비를 막을 방법이 없다. 이러한 특성을 비배제성(nonexcludability)이라 한다. 또, 어떤 사람이 그 재화를 소비하여도 다른 사람이 소비할 수 있는 양이 줄어들지 않는다. 이를 비경합성(nonrivalness)이라 한다. 국방, 소방, 경찰, 가로등, 등대, 공원, 재난경보, 기초과학 연구, 빈곤구제 정책 등이 대표 사례이다.

이러한 서비스를 시장에서 거래하는 것은 불가능하다. 서비스에 따라 가격을 부과하는 경우에 일부 주민은 자신은 필요없다고 하면서 비용 부담을 회피하려고 한다. 비용을 지불하지 않아도 소비에서 배제되지 않는다는 것을 아는 사람이라면 굳이 대가를 지불하려 하지 않을 것이다. 이를 무임승차자(free rider)라고 한다. 이 때문에 민간기업이 공공재를 공급하는 것은 거의 불가능하다. 이것이 공공재에 의한 시장의 실패이다. 따라서 공공재의 공급 비용은 전원이 강제로 부담하는, 즉 세금으로 조달하는 것이 일반적이다.

산림 분야의 공공재에는 아름다운 경관, 맑은 공기, 멸종위기종의 보호, 유전자원 등이 있다. 그러나 이것들도 사적 요소를 가진다. 예를 들어 국립공원은 아름다운 경관, 학술적 가치, 맑은 공기의 형태로 공공재를 제공하지만, 캠핑과 휴양 기회 등은 사적재가 될 수 있다.

경제학에서 공공재인가 사적재인가는 그 재화를 공공기관이 생산하는가 여부로 구분하지 않는다. 공공기관도 사적재를 제공할 수 있으며(예를 들면 농작물재해보험, 자연휴양림 숙소), 민간기업이 공공재를 제공할 수도 있다(유튜브 방송). 또 공공재가 사적재보다 더 중요하다는 것은 더욱 아니다. 재화의 기술적 특징에 따라 구별할 뿐이다.

재화의 기술적 특징, 배제가능성과 경합성을 기준으로 경제에 존재하는 다양한 재화를 구분해 볼 수 있다. 개인 소비이면서 다른 사람의 이용을 배제할 수 있다면 이는 사적재(private goods)라고 한다. 음식을 먹거나 옷을 입는 경우가 여기에 해당한다. 가격을 지불한 사람만 그 재화를 살 수 있고, 구입하면 그 재화의 편익을 혼자 누린다. 이와 달리 공동으로 소비하면서 타인의 소비를 배제할 수 없는 경우가 전형적인 공공재이다.

놀이공원처럼 공동 소비이면서 배제가능한 것도 있다. 학교 강의도 여기에 해당한다. 영화관도 그러하다. 돈을 낸 사람은 들어갈 수 있지만 그렇지 못한 사람은 들어갈 수 없다.

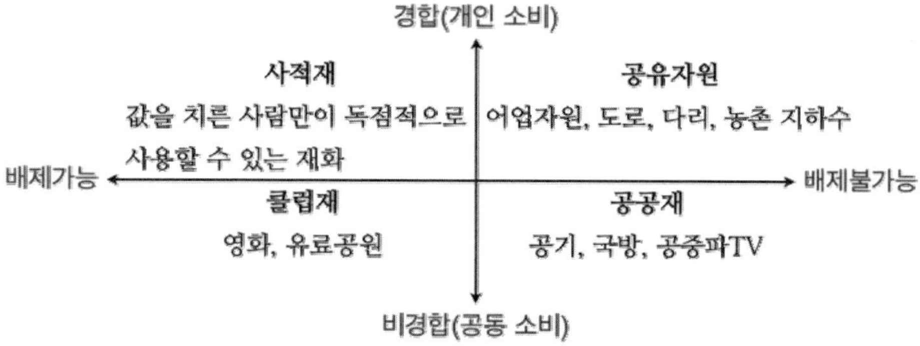

그림 2.11 재화의 네 가지 유형

높은 배제성을 지니지만 소비에서 경합성은 낮다. 이를 클럽재(club goods)라고 한다.

나머지 하나는 소비에서 경합성은 있지만 배제성이 없는 재화인데, 공유자원(common property resources)이라 한다. 배제할 수 없기 때문에 누구나 이용할 수 있다. 누구나 이용하기 때문에 혼잡이 생기고 점점 질이 낮아진다. 이 경우에는 개인이 아니라 마을과 같이 소수로 구성된 집단에게 소유권이 부여된 자원이 많다. 바닷속 물고기, 농촌의 지하수 자원, 마을이 공동 소유한 산림도 여기에 해당한다. 많은 나라에서 산림자원을 마을이나 부족이 공동으로 소유하는 경우가 많은데 공유자원의 적절한 관리는 개발도상국의 산림보전과 경제발전에서 중요한 이슈이다.

기타 시장실패

또 다른 시장실패 요인에는 시장지배력과 세대간 자원배분의 문제 등이 있다. 우선 시장지배력은 한(혹은 소수) 사람이나 기업이 가격에 과도한 영향을 미칠 수 있는 능력을 말한다. 예를 들어 독점, 독점적 경쟁, 과점과 같은 불완전경쟁은 비효율적인 자원배분을 가져온다. 보통 임목이나 농림산물 시장은 완전경쟁에 가까운 것으로 알려져 있다. 그러나 산림부문에는 다양한 공공사업이 많은데 지자체 단위에서 보면 사업자의 수가 많지 않다. 사업자들의 담합이나 내부 거래 등의 가능성은 항상 존재한다. 이렇게 결정된 가격은 정상적 시장의 가격과 다를 것이고, 자원배분을 왜곡한다.

다음은 세대간 자원배분의 문제이다. 장래 어느 정도의 재화를 생산해야 하는가에 대한 판단인데, 이를 미래재(future goods)라고 한다. 현 세대의 사람들이 자신의 소비에만 관심을 두고 미래재를 고려하지 않으면 세상은 오래가지 않아 멸망할 것이다. 특히 지하자원과 같이 비재생자원을 한 세대가 탕진해서는 안되며 다음 세대와 공평하게 나누어야 한다. 산림자원은 재생자원으로 여겨지지만 과도하게 이용하면 다음 세대의 이용을 줄이게 된다.

그러나 미래 세대가 현재의 시장에 참가하여 거래를 할 수는 없기 때문에 시장의 힘으로 이 문제를 해결할 수는 없다. 세대간 자원 배분에 정부의 역할이 필요하지만 아직 태어나지 않은 사람들의 이익을 위해 정부가 노력해야 하는 어려움이 있다. 공익임지를 지정하여 이용을 제한하는 산림환경 보전정책은 바로 미래 세대를 고려한 정책의 일환이라 할 수 있다.

참고문헌

그레고리 맨큐. (2021). 맨큐의 경제학 9e. (김경환·김종석 옮김). CENGAGE.

김석현. (2012). "농산물 공급." 한국농업경제학회(편). 농업경제학. 율곡출판사.

김영식. (1995). 생산경제학. 박영사.

김태균. (2012). "농산물 수요." 한국농업경제학회(편). 농업경제학. 율곡출판사.

권오상. (2019). 생산경제학. 박영사.

민경국. (2014). 경제사상사 여행. 21세기북스.

一方井誠治. (2018). コア·テキスト 環境経済学. 新世社.

Zhang, D. & P. Pearse. (2011). Forest Economics. UBC Press.

제 3 장

산림 투자 분석과 평가

산림경영에서 시기의 결정은 매우 중요하다. 언제 간벌하고 언제 방제를 해야 할까? 언제 임목을 수확해야 할까? 임목을 얼마나 오래 키워야 할까? 시기에 따라 육림, 보호, 수확 등 할 일이 아주 많다. 한편, 정부도 다양한 사업을 하는데, 임도를 확충하거나 자연휴양림을 조성한다. 문제는 편익과 비용의 발생시기가 다르다는 것이다. 이러한 사업의 편익과 비용을 비교하고 최대 순편익을 가져오는 계획을 결정하기 위해 다른 시기에 발생하는 편익과 비용을 일관되게 평가하는 방법이 필요하다. 서로 다른 시기에 발생하는 가치를 잇는 연결고리는 '이자율'이다.

복리 계산, 할인, 현재가

시간과 이자의 역할

사람들은 보통 미래 언젠가의 100원보다 지금의 100원에 더 높은 가치를 부여한다. 사람들이 미래 가치보다 현재 가치를 중시하는 데는 두 가지 이유가 있다.

첫째, 자본에도 기회비용이 있다. 자본은 다양한 용도에 사용하여 수입을 창출할 수 있다. 주식에 투자하거나 은행에 예치하는 것이 그 예이다. 시간에 따른 자본의 기회비용은 이자율로 측정된다. 현금을 항아리에 담아 보관한다면 주식에 투자하거나 은행에 예치하여 얻을 수 있는 수익 기회를 포기하는 것이고 그것이 기회비용이다. 임목을 수확하지 않고 계속 보유한다면, 그 행위의 기회비용은 소유자가 임목을 유동화하여 다른 데 투자하여 얻을 수 있는 수익이다.

둘째, 시간 선호(time preference)이다. 이는 사람들이 미래 소비보다 현재 소비를 선호하는 정도이다. 장래에 대한 불확실성과 소비의 한계효용 체감 등의 이유로 사람들은 본래 장래보다 현재를 선호한다. 저축을 하는 사람은 소비의 욕구를 미룬 것에 대한 보상을 바란다. 이자는 그에 대한 보상이다.

이 외에도 이자에는 두 가지 기능이 더 있다. 하나는 위험과 실패의 확률을 설명하는 것이다. 투자자는 위험을 감수한 것에 보상을 받는데, 이자율의 차이는 경제적 모험의 위험도를 반영한다. 주식시장에 'high risk, high return'이라는 말이 있다. 투자의 위험도가 높으면 실패 가능성도 높다는 것이고 투자자가 원하는 이자율도 높아지며 성공하였을 때 받는 보상도 크다.

이자의 또 다른 기능은 물가변동에서 생기는 화폐가치의 변화를 바로잡는 것이다. 인플레이션으로 화폐가치가 연간 2% 팽창한다면 5%의 실질수익률을 바라는 투자자는 적어도 7%의 명목수익률을 보장하는 투자기회를 찾는다.

시장 이자율은 자본을 빌리는 데 지불하는 가격이다. 투자자들은 자본 비용을 초과하는 수익률을 올릴 수 있는 사업에 투자할 자금을 원한다. 따라서 이자는 투자의 보수이고 동시에 저축의 보상이다. 이자율이 내려가면 이자율 이상으로 수익을 낼 수 있는 부문이 늘어나 투자가 활발해지고 전체적으로 자금의 효율성을 높인다.

자본 시장이 효과적으로 작동한다면 시장 이자율 이상의 보수를 주는 사업은 수행될 수 있고 시장 이자율 이하의 보수를 주는 사업은 수행되지 못한다. 이자율은 자본이 가장 생산적인 용도에 배분되도록 한다. 게다가, 이자는 다른 시기 사이에서도 자원을 효율적으로 배분하는 역할을 한다.

복리계산

오늘의 투자는 미래에 얼마의 수익을 가져오는지 알고 싶다. 간단한 예로 100만 원을 이자율 5%의 예금에 넣으면 1년 뒤에 105만 원이 된다. 2년 예치하면 첫 해 말의 105만 원이 둘째 해에도 역시 5%의 이자로 증가하여 105(1 + 0.05) = $100(1 + 0.05)^2$ = 110.25만 원이 된다. 3년 예치하면 다시 이자가 추가되어 $100(1 + 0.05)^3$ = 115.76만 원이 된다. 이를 복리계산(compounding)이라 한다. 원금 V_0를 i의 이자율로 n년 은행계좌에 넣어둔다면 장래가치 V_n은 다음과 같이 쓸 수 있다.[14)]

<3.1> $$V_n = V_0(1+i)^n$$

할인

반대로 미래의 가치가 현재 얼마의 가치를 가지는가 알고 싶다면, <식 3.1>을 뒤집어 n년 뒤의 금액 V_n의 현재가치 V_0를 구할 수 있다. 이를 할인(discount)이라 한다.

<3.2> $$V_0 = \frac{V_n}{(1+i)^n}$$

$1/(1+i)^n$ 은 이자율 i에서 n년 뒤의 금액 V_n을 현재가치로 바꾼다는 의미에서 할인인자라고 한다. 이를 이용하여 40년 후에 받는 300만 원의 현재가치를 계산할 수 있다. 할인율을 5%로 하면 $V_0 = 300/(1.05)^{40} = 42.6$만 원이다.

어떤 산림경영계획을 평가할 때 조림 비용과 매년 관리비, 간벌 수입, 최종 수확의 주벌 수입을 고려한다. 초기의 식재 비용이 C_p이고 n년 뒤 주벌수확에서 순수입 V_n을 창출한다면 이 계획의 순현재가를 계산할 수 있다. 예를 들어 식재 비용(C_p)이 450만 원이고, 생장기간(n)은 30년, 주벌수확의 가치(V_n)가 4,500만 원, 할인율(i)이 5%라면 투자의 순현재가는 다음과 같다.

14) '70의 법칙'이라는 것이 있다. 복리의 이율로 어떤 금액의 가치가 2배로 증가하는 데 걸리는 시간을 간단히 구할 수 있다. 예를 들어 100만 원을 10%의 이자율로 200만 원으로 만드는 데 걸리는 시간은 70÷10=7년이고, 5%의 이자율이라면 70÷5=14년 걸린다는 것이다. 또, 10년 뒤에 원금을 두배로 불리고 싶다면 7%의 수익률로 투자하라는 것이다.

<3.3> $$V_0 = \frac{V_n}{(1+i)^n} - C_p = \frac{4,500}{(1.05)^{30}} - 450 = 591$$

할인율이 0이라면 할인 인자는 1이 되고 매년의 값을 더하는 것으로 충분하다. 할인율이 높으면 분모의 값이 커지므로 현재가치의 합계는 점점 작아진다. 그래서 할인은 먼 장래에 순편익을 발생시키는 계획을 불리하게 만든다.

무한 연수입의 현재가

산림경영은 때때로 정기 연수입을 무한히 생산하며 관리비도 매년 투입된다. 예를 들어 어떤 임지에서 송이를 채취하여 매년 100만 원의 수익을 얻을 수 있다면 이 수입의 현재가치는 얼마인가. 매년 같은 금액을 무한히 받는다면 각각의 현재가를 모두 합하여 구할 수도 있다. 무한등비수열의 합 공식을 떠올려 보자.

<3.4> $$V_0 = \frac{a}{1+i} + \frac{a}{(1+i)^2} + \cdots + \frac{a}{(1+i)^{\infty}} = \frac{a}{i}$$

충남의 어느 임가는 임야 1ha를 임차하여 밤을 생산한다. 토지 임차료로서 1년에 50만 원을 토지소유자에게 지불한다. 일시불로 임야를 매수하고 싶다면 합리적인 매수가는 얼마인가?

원금을 예치했을 때 연간 어느 정도의 이자가 나오는가 또는 토지에서 어느 정도 수익이 나오는가, 이를 플로우(flow)라고 한다. 원금 또는 토지는 스톡(stock)이다. 이자율을 알면 스톡에 대응하는 플로우를 산출할 수 있고, 반대로 플로우를 스톡으로 바꿀 수 있다. 후자를 자본화(capitalization)라고 한다.

유한 연수입의 현재가

매년 발생하는 수익이 일정 기간, 즉 n년으로 한정된다면 n까지의 기하급수 공식을 적용한다.

<3.5> $$V_0 = \frac{a}{1+i} + \frac{a}{(1+i)^2} + \cdots + \frac{a}{(1+i)^n} = \frac{a[(1+i)^n - 1]}{i(1+i)^n}$$

이는 일정 기간 매년 발생하는 비용 또는 수익의 현재가를 계산할 때 유용하다. 예를 들어 10년(n) 동안 연 이자율(i) 5%로 1억 원의 대출(V_0)을 얻으면 매년 갚아야 하는 원리금(a)은 대략 1,295만 원이다.

주기적인 급수의 현재가

산림경영은 나무를 심고 가꾸어 수확하는 활동의 무한 반복이다. 일정 주기로 발생하는 미래 수입 또는 비용을 현재가로 평가할 필요가 있다. 시간 간격이 T년이고 T년마다 순수입 V_T 를 얻고 그것을 무한 반복한다면 V_0는 다음과 같다.

<3.6> $$V_0 = \frac{V_T}{(1+i)^T} + \frac{V_T}{(1+i)^{2T}} + \cdots + \frac{V_T}{(1+i)^{\infty}} = \frac{V_T}{(1+i)^T - 1}$$

어떤 임지에서 40년에 300만 원의 주벌 수입이 창출되고 이후 40년마다 무한 반복된다면 5% 이자율로 계산한 현재 가치는 49.67만 원이다. 이 결과와 <식 3.2>의 결과를 보면 두 번째 이후의 수확이 현재가에 기여하는 정도가 크지 않음을 알 수 있다. 이자율이 높을수록 그 크기는 더 작아진다.

주기 이자율

지금까지 1년을 주기로 복리 계산과 할인을 설명하였다. 그러나 가치는 어떤 주기로도 복리 계산되고 할인될 수 있다. 예를 들어 은행 계좌의 이자는 분기 단위로 계산되어 원금에 더해진다. 주택담보대출 또는 연금보험료는 대체로 월 단위로 납부한다. 주기적으로(일, 월, 분기) 지불하는 이자율은 다음 식을 이용하여 연간 이자율로 전환할 수 있다.

<3.7> $$(1+i_p)^p = 1+i$$

여기에서 i_p는 주기 이자율, p는 1년에서 주기의 수, i는 연간 이자율이다. 예를 들어 연리(年利) 5%를 월리(月利)로 바꾸면 $i_m = \sqrt[12]{1+0.05}-1$, 즉 0.41%이다.

연속 복리

이자율이 주어졌을 때 복리화 주기가 짧을수록 누적량에 미치는 영향이 커진다. <식 3.7>의 p가 무한히 커지면 $(1+i/p)^p$은 e^i로 수렴하는데, 여기에서 $e=2.71828..$이다. e는 원금 1원에서 연간 100%의 이자율이 연속적으로 산입될 때 불어나는 연말의 자산가치로 볼 수 있다.

원금이 A이고 이자율이 r이라면 t년 후 자산가치는 Ae^{rt}이다. 경제학 문헌들은 대체로 연속 이자율을 이용하며, 이산 이자율은 회계학과 재정학에서 많이 사용한다. 연속 복리는 연간 복리보다 높은 값을 보이는데, 연간 이자율(i)과 연속 이자율(r)은 다음과 같이 전환할 수 있다.

<3.8> $$(1+i)^t = e^{rt}$$

어떤 할인이나 복리계산 또는 성장 분석을 연간(이산) 또는 연속 형태로 할 수 있다. 이하에서 이산 이자율에는 i를, 동등한 연속 이자율에는 r을 사용한다.

투자분석의 기준

투자분석은 투자의 수익과 비용을 비교하는 것이다. 수익과 비용은 서로 다른 시점에 발생한다. 수익과 비용을 모두 동일 시점에서 비교하고 최대 순수익을 창출하는 것이 가장 효율적인 투자이다.

경제적으로 타당한 여러 사업에서 어느 것을 선택할 것인가? 모든 사업이 서로 독립적이고 자금 사정이 넉넉하다면, 모든 사업을 할 수 있다. 그러나 대개 이용할 수 있는 자원은 제한되며, 하나의 사업이 다른 사업을 대신할 수도 있으므로 바람직한 사업을 선택하는 기준이 필요하다. 다음 투자를 생각해 보자.

- 조림: 임지 40ha에서 임목을 수확하고 이후 천연갱신할 것인지, 인공조림할 것인지 선택해야 한다. 천연갱신에는 비용이 들지 않지만 50년 후 열등 수종으로 $360m^3$/ha이 되고 그 가치는 15만 원/m^3이다. 조림에는 400만 원/ha의 비용이 필요하며 50년 후 $470m^3$/ha의 임목을 생산하고 그 가치는 25만 원/m^3이다.
- 간벌: 40ha의 15년생 중령림을 간벌한다. 230만 원/ha의 비용을 지출하지만 50년생 주벌에서 우량재 생산량이 ha당 $190m^3$에서 $275m^3$으로 증가하고 목재 품질이 좋아져 임목가격은 m^3당 18만 원에서 23만 원으로 오른다.
- 해충방제: 100ha의 산림을 20년 뒤 수확할 예정이다. 예상 수확량은 $300m^3$/ha이고 임목가격은 16만 원/m^3이다. 그러나 해충 피해가 예상되어 즉시 방제하지 않으면 임목의 25%가 손상된다. 살충제 살포에는 300만 원/ha의 비용이 소요된다.

순현재가(순편익)

순편익은 순현재가(NPV; Net Present Value)라고도 하는데 미래의 편익과 비용의 차이를 현재 시점으로 할인한 것이다.

<3.9> $$NPV=\sum_{t=0}^{n}\frac{B_t}{(1+r)^t}-\sum_{t=0}^{n}\frac{C_t}{(1+r)^t}$$

산림소유자는 임지에서 더 높은 수익을 거두는 경영방법을 생각한다. 임목을 생산할 것인가, 산림작물을 식재할 것인가, 원래대로 보전할 것인가 결정해야 한다. 각각의 순편익을 비교하여 가장 높은 순편익을 창출하는 대안을 선택한다. 조림을 하는 데 천연갱신과 인공조림을 비교해 보자.

투자의 순편익은 인공조림의 순수입 V_p과 천연갱신의 순수입 V_g의 차이이다. 3%의 할인율을 이용하면 순편익은 다음과 같다.

$$V_p = \frac{40 \times 470 \times 25}{(1.03)^{50}} - (40 \times 400) = 91,210$$

$$V_g = \frac{40 \times 360 \times 15}{(1.03)^{50}} = 49,271$$

$$V_0 = V_p - V_g = 91,210 - 49,271 = 41,939$$

이 사례에서 조림은 천연갱신보다 유리한 선택이다. 실제로 천연림의 벌기가 50년이라면 인공림의 벌기는 더 짧을 것이고 인공조림이 더 유리하다.

편익/비용 비율

편익/비용(B/C) 비율은 비용당 편익 또는 자금 지출의 효율성을 평가하며, 1보다 큰 사업은 일단 수용할 수 있다.

<3.10> $$\frac{B}{C} = \frac{\sum_{t=0}^{n} B_t/(1+r)^t}{\sum_{t=0}^{n} C_t/(1+r)^t}$$

인공조림 비용이 1억 6,000만 원이고 천연갱신의 편익을 초과하는 예상 편익이 4억 1,939만 원라고 하였는데, B/C 비율은 41,939/16,000=2.62이다.

할인율 3%에서 간벌의 순현재가는 다음과 같다.

$$V_0 = \frac{40 \times 275 \times 23 - 40 \times 190 \times 18}{(1+0.03)^{35}} - (40 \times 230) = 32,096$$

이 사업도 경제적으로 타당하지만, 조림보다 적은 순편익을 제시한다. 간벌의 B/C비율은 41,296/9,200=4.49이며, 조림의 B/C 비율보다 높다.

B/C 비율은 여러 사업에서 우선 순위를 결정하는 기준의 하나이다. 모든 사업을 최적 규모로 설계할 수 있다면 B/C 비율에 따라 우선 순위를 결정할 수 있다. 그러나 B/C 비율

순위가 순편익 순위와 일치하는 경우는 드물다.

내부수익률(IRR)

투자자는 종종 투자의 수익률에만 관심을 두며 내부수익률(internal rate of return: IRR)에 따라 우선 순위를 결정한다. 투자자가 요구하는 최저 이자율(허들 레이트)과 비교하여 내부수익률이 낮다면 그 사업은 기각된다. 내부수익률이 그보다 크거나 같으면 그 사업은 투자 대상이 된다.

내부수익률은 편익의 현재가와 비용의 현재가를 같게 하는 이자율이다. 이자율을 고려하지 않아도 되고 높은 수익률을 제시하는 사업을 선택하면 된다.

<3.11> $$\sum_{t=0}^{n}\frac{B_t}{(1+IRR)^t}-\sum_{t=0}^{n}\frac{C_t}{(1+IRR)^t}=0$$

내부수익률은 초기 투자가 투자기간에 최종 편익의 가치까지 성장하는 비율이다. 이 방법은 모든 비용을 설명한 다음 잔차로서 자본 수익을 다룬다. 어떤 사업의 내부수익률이 은행 예금이자보다 낮다면 사업을 포기하고 은행에 예치하는 편이 낫다.

앞에서 다룬 조림 사업의 순편익은 다음과 같다.

$$V_0=\frac{(40\times470\times25)-(40\times360\times15)}{(1+i)^{50}}-(40\times400)$$

편익과 비용이 같아지는(또는 $V_0=0$) 할인율 i를 계산하면 $i=5.69\%$이다. 이는 1억 6,000만 원이 50년 성장하여 25억 4,000만 원이 되는 성장률이다.

이 방법은 초기 투자와 최후 수입을 다루는 사업에만 적절하다. 조금 일찍 수입을 창출하고 나중에 비용을 발생시키는 사업에 적용하면 더 바람직하게 보인다. 그리고 현금흐름(cash flow)이 시간에 따라 양(+)에서 음(-)으로 바뀌는 경우 계산이 복잡해지거나 때로는 결정할 수 없는 경우도 있다.

기준의 비교

해충 방제사업의 편익은 해충 피해를 입지 않고 20년 뒤에 무사히 수확하게 되는 25%의 현재가치이다. 사업의 순편익은 할인율 3%에서 다음과 같다.

$$V_0 = \frac{100 \times 300 \times 16 \times 0.25}{(1+0.03)^{20}} - (100 \times 300) = 36,441$$

이 사업의 편익/비용 비율은 $66,441/30,000 = 2.21$이고, 내부수익률은 $[(1+i)^{20} = 120,000/30,000$의 $i = 7.18\%$이다.

<표 3.1>는 앞서 다루었던 사례에 세 가지 평가기준을 적용한 결과를 비교한 것이다. 모든 사업이 경제적으로 타당하고 비용을 초과하여 수입을 창출하지만, 각 기준에서 순위는 다르다. 각 기준의 차이를 이해하고 적절히 이용하는 것이 중요하다. 투자 분석은 사업 규모의 비분리성 때문에 더 어려워진다. 조림 또는 간벌은 사업 규모를 적절히 조정할 수 있지만, 해충방제 사업을 임지의 절반에만 실시하는 것은 실용적이지 않다.

순현재가 기준은 어떤 고정 요소(예를 들면 토지)에서 최대 수익을 찾는 데 흔히 이용되며 대형 프로젝트에 적합하다. 간벌사업의 면적을 2배로 늘리면, 순현재가도 2배가 되고 순현재가 기준의 순위는 3위에서 1위로 오르지만, 내부수익률이나 편익/비용 비율은 달라지지 않는다. 예산 제약이 있다면 한계편익과 한계비용이 같아질 때까지 투자를 확대하지 못할 수도 있다. 이럴 때는 다른 기준, 예를 들면 편익/비용 비율을 적용해야 한다.

게다가 순현재가 또는 편익/비용 비율은 이자율에 민감하다. 이자율이 높으면 수익을 빨리 창출하고 비용 투입이 늦은 사업이 유리하다. 고정된 예산에서 수입 최대화를 추구하는 투자자는 내부수익률로 사업 순위를 선택한다.

표 3.1 평가 기준을 활용한 투자 프로젝트의 비교

	조림	간벌	해충방제
순현재가치(NPV)	41,939	32,096	36,441
편익/비용비율(B/C)	2.62	4.49	2.21
내부수익률(IRR)	5.69%	7.52%	7.18%

표 3.2 비용-편익 분석의 판단 기준

분석기법	장점	단점
편익/비용 비율 (B/C)	• 이해 용이, 사업규모 고려 가능	• 상호배타적 대안 선택의 오류 발생 가능
순현재가치 (NPV)	• 대안 선택에서 명확한 기준 제시 • 장래 발생 편익의 현재가치 제시	• 이해의 어려움 • 대안 우선순위 결정시 오류 발생
내부수익률 (IRR)	• 사업의 수익성 측정 가능 • 타 대안과 비교가 용이 • 평가과정과 결과 이해가 용이	• 사업의 절대적 규모 미고려 • 몇 개의 내부수익률이 동시에 도출될 가능성

자료: 한국개발연구원(2008)

이러한 기준들은 시간 범위에서 다른 가정을 전제한다. 순현재가와 편익/비용 비율은 수입이 할인율로 재투자된다고 가정하며 내부수익률은 수입이 사업 이자율로 재투자된다고 가정한다. 이는 임업에서 중요한데 임업의 시간 범위가 매우 길기 때문이다.

이 분석들은 조세를 포함하지 않거나 또는 조세가 빠져나갔다고 가정하여 계산한다. 조세를 명시적으로 고려하고 싶으면 조세를 비용 항목으로 처리하여 세전과 세후 수익률을 계산할 수 있다.

손익분기점

임업 투자를 계획할 때 손익분기점도 중요한 지표이다. 손익분기점이란 일정 기간에 발생하는 총수익과 투입된 비용이 같아질 때의 매출액 또는 판매수량을 말한다. 손익분기점을 구할 때 비용은 고정비용(fixed costs)과 변동비용(variable costs)으로 구분한다. 고정비는 매출의 변화와 관계없이 발생하는 비용(임대료, 인건비, 감가상각비, 이자비용 등)인데, 생산이 없어도 발생한다. 변동비는 매출의 증감에 따라 변동하는 비용(원가, 직접재료비 등)이다.

간단한 예제를 살펴보자. 어느 제재업자가 원목을 1본 12,000원에 구입하여 각재로 만들어 개당 20,000원에 판매한다고 하자. 생산설비 고정비는 500,000원/월로 한다. 손익분기점 매출액은 얼마인가?

각재의 월 생산량을 x(개)라고 하면 변동비는 12,000×x(원/월), 고정비는 500,000(원/월)이 된다. 즉 비용의 총액은 12,000×x+500,000(원/월)이다. 매출액은 20,000×x(원/월)이므로 이 사업이 흑자가 되는 부등식은 다음과 같다.

$$20{,}000 \times x \geqq 12{,}000 \times x + 500{,}000 \text{ (원/월)}$$

이를 풀면 $x \geqq 62.5$ (개/월)이다. 각재 1개의 한계이익 8,000원으로 고정비용 500,000원을 나누어도 구할 수 있다. 즉, 500,000÷(20,000-12,000)=62.5(개/월)이다. 손익분기점 매출액은 20,000×62.5=1,250,000 (원/월)이다.

투자분석에 필요한 자료

투자분석을 하는 데 갖추어야 하는 자료에는 순현금흐름, 초기 투자비용, 투자(사업) 기간, 할인율, 잔존가치(terminal value)가 있다.

투자는 여러 가지 자산의 형태를 취하지만 결국 재화와 서비스에 편입되어 판매되고 현금 수입을 수반한다. 이 과정에서 매년 발생하는 현금의 실질적 이동을 현금흐름이라 한다. 현금흐름은 생산물 판매와 투자활동에서 유입되는 현금과 운영비, 자본 지출, 소득세, 부채 비용 등으로 유출되는 현금으로 구성한다. 현금흐름은 손익계산서의 순이익에 감가상각 비용을 더하여 구한다. 현금 흐름은 주로 명목가치로 표현되기 때문에 인플레이션을 포함해야 한다.

초기 투자비용은 신규 투자비용에서 대체자산의 잔존가치를 빼어 구한다. 그리고, 투자 기간은 자본이 정상적으로 활동하는 기간을 말한다.

할인율은 투자자의 기회비용으로서 무위험 할인율, 인플레이션, 위험 프리미엄으로 구성된다. 자산의 수익성을 평가하고자 할 때는 할인율로서 자산수익률을 이용한다. 자본시장 접근이 쉽지 않은 농림업과 중소기업에서는 순소득을 자본으로 나눈 자본수익률을 사용하기도 한다.

고정자산은 감가상각이 발생하며 사업이 끝난 뒤에 잔존가치가 존재하기 때문에 이를 고려해야 한다. 토지는 감가상각이 없는 자산으로서 자본이익이 발생하므로 투자분석에서 자본이익과 함께 그에 대한 세금도 고려해야 한다.

이자율, 인플레이션, 위험, 불확실성

투자를 평가할 때 이자율은 매우 중요하다. 그러나 올바른 이자율을 선택하는 것은 어려운 문제이다. 현실 금융시장에서 이자율은 다양하게 나타나는데, 자본의 실질 수익뿐만 아니라 위험, 물가인상률, 조세 체계의 변동, 시장의 불완전성을 반영한다. 그리고 이자율은 늘 변동하기 때문에 구체적인 사업에 적용할 기회비용을 결정하기 어렵고 사회적 할인율을 구하는 것은 더욱 어렵다.

시장 이자율과 시간 선호의 비율

물가상승, 단기 교란, 위험의 왜곡에서 벗어나 자본의 기회비용을 고려하는 방법은 장기 정부채권의 평균 수익률을 사용하는 것이다. 정부채권은 사실상 위험이 없는 것으로 간주된다. 정부가 파산하여 채무를 이행하지 못할 가능성은 거의 없기 때문이다.[15] 이 때문에 정부채권의 수익률은 위험이 없는 자본의 기회비용을 나타낸다.

사회 전체의 이해에 봉사하는 할인율, 시간 선호의 사회적 이자율이 현실 시장의 이자율과 어떤 관계에 있느냐 하는 것은 여전히 논란에 있다. 폭넓은 논쟁에도 불구하고 사회적 이자율을 파악하기는 어렵다. 일반적으로 합의되는 것은 사회적 이자율이 시장 이자율보다 낮다는 것이고, 임업 투자처럼 세대간 투자를 해야할 때 이용해야 한다는 것이다. 정부와 사유림 소유자는 자금을 빌릴 수 있는 이자율 또는 투자로 벌 수 있는 수익률을 자본의 기회비용으로 이용한다.

산림사업의 투자기간은 매우 길기 때문에 이자율(할인율)에 민감하게 반응한다. KDI는 대형 국책사업의 예비 타당성 분석을 실시할 때 할인율로서 4.5%(2022년)를 적용한다. 미국 정부는 국유림 경영의 임업투자를 평가할 때 실질이자율 4%를 사용하는 경우가 많고, 대형 산림경영체는 그보다 높은 10% 정도의 할인율을 채용한다(Tillman, 1985). 온건한 이자율은 사업의 사회적 편익뿐만 아니라 낮은 위험성으로 정당화된다. 민간 투자자는 상대적으로

15) 전혀 없는 것은 아니다. 경제상황이 혼란하여 채무이행이 어려운 국가들은 일시적으로 모라토리움(moratorium, 채무지불유예)을 선언하기도 한다.

높은 이자율을 이용하는데 부분적으로 높은 위험 허용도를 반영한다.

인플레이션

인플레이션이란 재화의 가격이 오르는 것, 달리 말하면 돈의 가치가 하락하는 것이다. 100원 짜리 물건이 150원이 되면 물가가 50% 상승한 것이다. 그러므로 서로 다른 시기에 발생하는 편익과 비용을 비교하려면 인플레이션을 감안해 보정해야 한다. 임업은 긴 시간을 다루기 때문에 미미한 인플레이션도 큰 영향을 미친다.

'불변가격'은 다른 시점에 발생하는 편익과 비용을 어느 특정 시점의 화폐가치로 표현하는 것이다. 다른 연도에 발생한 가치를 물가지수로 나누어 인플레이션의 영향을 제거할 수 있다. 예를 들어 물가상승률이 3%일 때 금년의 가격지수가 100이라면 내년의 물가지수는 103이고, 25년 후의 물가지수는 209이다. 당해년의 가격(명목가격)을 물가지수로 나누면 불변가격으로 바뀐다. 모든 가격을 불변가격으로 표시하면 재화의 상대적 가격을 알게 된다. 그것은 실질 구매력을 의미한다. 다른 용어를 쓰기도 하는데, 명목가격(nominal price)과 경상가격(current price)은 인플레이션 효과를 제거하지 않은 절대적 가격이고, 불변가격(constant price)과 실질가격(real price)은 인플레이션 효과를 제거한 후의 가격이다.

대표적인 물가지수는 소비자물가지수인데, 가계의 소비지출에서 비중이 큰 재화와 서비스 품목의 가격을 조사하여 변동을 표시한다. 소비자물가지수는 최종 소비재의 가격에서 물가상승률을 보정하는 데 적절하다. 그러나 목재처럼 산업 생산에 투입하는 중간제품의 가격에서는 생산자물가지수가 더 적합하다. 이는 기업들이 구입하는 재화와 서비스 품목의 비용을 나타내는 지표이다. 물가 수준을 나타내는 또 다른 지표로서 GDP 디플레이터가 있는데, 이는 명목 GDP를 실질 GDP로 나눈 수치다. 조사대상 품목과 가중치 부여 방식에서 다른 물가지수와 차이가 있다.

불확실성과 위험

미래는 언제나 다소 불확실하며 먼 미래로 갈수록 더욱 불확실하다. 임업 프로젝트에서 미래 비용과 수입은 매우 불확실한데, 그 사업에 수십 년이 소요되는 경우 특히 그러하다.

우선 투입과 산출의 상대가격은 시간과 함께 변화한다. 숲의 생장과 변화에 대한 우리의 지식은 늘 불충분하다. 기상 변화와 산불, 해충, 전쟁 등 예기치 못한 사건이 발생할 수도 있다. 그리고 기술과 소비자 선호의 변화도 예상하기 어렵다.

위험(risk)과 불확실성(uncertainty)은 구분해야 한다. 위험은 확률분포를 이용하여 발생 빈도와 그 크기를 측정할 수 있는 것이며 불확실성은 통계로 측정하기 어려운 경우이다. 예를 들어 미래의 목재가격은 불확실하다. 반대로 산불의 위험은 과거의 데이터를 이용하여 통계적으로 추정할 수 있다. 그리고 위험을 분산시켜 약화할 수 있는데, 보험은 위험을 관리하는 대표적인 제도이다.

불확실성을 다루는 하나의 방법은 순편익의 범위를 추정하는 것이다. 만일 성과가 나타날 가능성에 대해 미확정의 정보만을 가지고 있다면 '순편익이 a원에서 b원 사이에 있다'라고 정성적으로 표현할 수도 있다. 발생 확률을 알 수 있다면 '순편익이 c원에서 d원 사이에 90%의 확률로 존재한다'라고 통계적 결론을 제시할 수도 있다.

일반적으로 투자자는 위험 회피적(risk-averse)이다. 두 사업의 기대 수익은 동등하지만 위험 수준이 다르다면 투자자들은 덜 위험한 쪽을 선호한다. 투자자들은 위험도가 높은 투자에 더 높은 수익을 요구한다. 위험은 프로젝트에 추가적 비용 요인이 되는데, 이를 위험 프리미엄이라 한다.

위험 프리미엄

투자계획을 평가할 때 순현재가치법은 미래 현금흐름의 확실성을 전제로 한다. 그러나 미래 현금흐름에 불확실성이 존재한다면 그에 대한 위험의 대가를 할인율에 더해 주어야 한다.

적절한 위험 프리미엄을 결정할 때 투자자의 기대 수익 $E(R)$에서 시작한다. 이는 투자자에게 동일한 만족을 주는 소득, 확실성 등가(CEQ ; certainty equivaluent)와 비교할 수 있다. 확실성 등가는 무위험 이자율(i_f)로 얻는 소득액을 가리킨다. 동일한 투자기간에서 두 대안의 현재가를 같게 하여 위험조정할인율(k)을 구한다.

<3.12> $$\frac{CEQ}{(1+i_f)^n} = \frac{E(R)}{(1+k)^n}$$

투자에서 위험과 기대수익 사이에 트레이드 오프가 존재한다. 일반적으로 주식은 정부채권 또는 회사채보다 높은 위험과 높은 수익률을 가진다. 금융학은 이 관계를 다양한 자본자산 가격결정 모형(Capital Asset Pricing Model)으로 다룬다.

회수기간

일부 투자자들은 투자비용을 회수할 만큼의 수익을 창출하는 데 어느 정도의 기간이 소요되는가를 중시한다. 즉, 투자에서 얻은 현금 수익과 초기 투입 비용이 같아지는 손익분기점의 시기다. 회수기간(payback period)이 빠른 투자계획을 선호한다.

회수기간을 정하는 것이 미래 비용과 수익의 불확실성을 명시적으로 고려하는 것은 아니지만 투자의 위험을 어느 정도 줄일 수는 있다. 그러나 회수기간 이후의 현금흐름을 무시하기 때문에 투자의 수익성을 정확히 알 수는 없다. 일부 개발도상국에서 투자자들은 더 짧은 회수기간을 원하는데, 사업 자체의 위험때문이 아니라 정치 환경에 불확실성이 높기 때문이다.

결정 트리

불확실성을 포함하는 의사결정을 조직하는 하나의 방법은 이른바 '결정 트리(decision tree)'이다. 이는 여러 가지 가능한 대안들과 그것이 가진 다양한 불확실성, 그리고 그 결과들을 체계적으로 구조화하는 데 도움이 되다. 과거의 경험 데이터에서 규칙을 찾아내고 이를 이용하여 해결책을 찾고자 한다.

<그림 3.1>는 해충 방제 사업의 예상 결과를 도표화한 것이다. 윗가지는 방제를 실시했을 때 예상 가능한 결과이다. 방제를 실시해도 해충의 침입은 있을 수 있다. 해충 침입이 있다면 방제 활동은 성공과 실패로 갈릴 것이다. 아랫가지는 방제 활동을 하지 않았는데 해충 침입이 있을 때와 없을 때의 결과이다.

나뭇가지의 끝점에 가능한 결과(j)의 총비용(C_j)을 제시하였다. 살충제를 살포했는데 해충 침입이 없다면 헛수고를 한 것이고 손실은 3,500만 원이다. 그리고 살포하여 해충 침입을 막았어도 손실은 같다. 그러나 살포를 했는데도 기대한 효과를 거두지 못하면 비용은

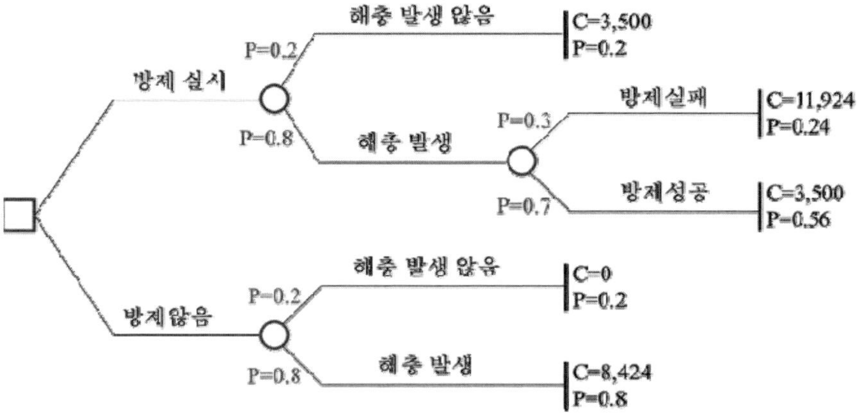

그림 3.1 해충 방제 사업의 결정 트리

살포 비용과 임목 손실을 합하여 3,500+ 8,424 = 11,924만 원이다. 살충제를 살포하지 않고 해충 피해를 입는다면 임목 손실 8,424만 원의 비용이 발생한다.

사건(j)이 발생하는 확률(P_j)을 가지마다 표시한다. 각 단계에서 확률의 합은 1.0이다. 최종 결과의 확률은 중간단계 확률의 곱이다. 기대 비용 $E(C)$는 각 결과(C_j)에 발생 확률(P_j)을 곱하고 더한 것이다.

<3.13> $$E(C) = \sum_{j=1}^{n} P_j C_j$$

이 사례에서 방제 활동의 기대비용은 다음과 같다.

$$0.2 \times 3,500 + 0.8 \times 0.3 \times 11,924 + 0.8 \times 0.7 \times 3,500 = 5,522$$

무살포의 기대 비용은 다음과 같다.

$$0.2 \times 0 + 0.8 \times 8,424 = 6,740$$

무살포의 기대 비용이 살포의 기대 비용을 초과한다. 기대 손실 최소화 기준(또는 기대값의 최대화)을 적용하면 방제가 바람직하다.

위험을 대하는 태도에 따라 다른 규칙을 채용할 수 있다. 그중의 하나는 'minimax' 기준인데, 최악의 사태를 피하는 방안을 선택한다. 사례에서 살포의 최대 손실은 11,922만 원이지만 무살포의 최대 손실은 8,424만 원이므로, 이에 따르면 무살포를 선택한다.

비용편익분석

비용편익분석은, 어느 사업을 실시할 것인가 여부를 그 사업이 가져오는 사회적 편익(B)에서 그 사회적 비용(C)을 뺀 것, 즉 사회적 순편익(NB)이 정(+)인가로 판단하는 것이다.

$$NB = B - C > 0$$

개발사업을 추진할 때 환경영향평가를 하고 심각한 환경훼손이 발생하지 않도록 미리 조치를 강구한 다음에 해야 한다. 그러나 아무리 기술적으로 잘 대응해도 자연환경에 전혀 영향을 미치지 않고 어떤 사업을 진행하는 것은 거의 불가능하다. 그렇게 남겨지는 어떤 영향을 화폐가치로 환산하여 분석에 포함할 필요가 있다.

공공투자의 비용편익분석

비용편익분석은 사업 자금의 다양한 이용을 놓고 의사결정자가 우선순위를 정하거나 이용 방법을 결정하는 데 도움을 주기 위해 널리 활용된다. 비용편익분석은 공공과 민간 모두에서 활용되지만, 공공부문의 비용편익분석은 다음과 같은 점에서 차이가 있다.

첫째, 정부 사업의 편익과 비용은 단순히 세입의 증감이 아니라 사회구성원 전체의 후생 증감으로 정의하므로, 수익 창출에 관심을 두는 민간 사업보다 넓고 광범위한 결과에 관심을 둔다. 게다가 정부는 어떤 활동이 초래하는 금전적인 증감뿐만 아니라 비금전적 요소도 함께 고려해야 한다. 따라서 공공투자의 우선 순위를 정하는 기준으로 편익/비용 비율이 더 적절하다.

둘째, 정부 사업에 소요된 자원과 그러한 사업에서 도출되는 편익의 가치평가가 민간과 다르다. 어느 숲에서 일어난 행위가 이웃 토지소유자 또는 숲에 간접적 이해관계가 있는 사람들에게 편익과 비용을 초래할 수 있다. 민간 투자자들은 이러한 외부성 문제를 흔히 무시하지만 공공사업의 분석에서는 반드시 포함해야 한다.

셋째, 정부는 기업과 달리 여러 가지 서로 다른 정책목표와 수단들을 갖기 때문에, 서로 다른 목표들에 정부가 어떤 태도를 취하는가는 사업의 편익과 비용 계산에서 기본적인 문제점으로 작용한다.

넷째, 비용과 편익을 누리는 개인 또는 집단을 정의하는 데 대상 집단(reference group)의 문제를 살펴야 한다. 예를 들어 임업 사업의 편익은 지역 주민에게 돌아가지만 그 비용을 지역 밖의 납세자들이 부담하는 경우도 있다. 지역 사회의 관점에서 평가하면 순편익이 발생하는 경우도 전국 관점에서 평가하면 비용이 편익을 초과하는 경우도 있다.

편익과 비용 식별

비용편익분석의 절차는 실현가능하고 상호배타적인 비교 대안의 식별, 사업 수명의 결정, 각 대안의 편익과 비용 추정, 할인율의 선택, 타당성 판단, 대안의 비교, 민감도 분석, 적정 대안의 선택 등과 같은 단계로 진행된다. <그림 3.2>는 이러한 사고를 바탕으로 편익비용분석을 하는 절차이다.

계획 기간의 각 사업 대안들과 관련된 편익과 비용들은 가능하다면 화폐 가치로 계량화하는 것이 바람직하다. 비용편익분석에서 비용과 편익을 추정하는 방법을 간략하게 살펴보면 다음과 같다.

먼저 비용의 추정에는 미래에 발생할 비용만 계상한다. 이전 소득(transfer payment)이나 기존의 투자 비용인 매몰비용(sunk cost)[16]을 제외하여 이중계산을 피하고 객관성을 유지하는 것이 중요하다. 정책분석에서 비용은 원가 개념이 아니라, 기회비용으로 평가해야 한다. 또한 비용은 자원의 투입에 따른 진정한 가치, 즉 완전경쟁시장에서 형성되는 것으로 여겨지는 잠재가격(shadow price)으로 평가한다. 그러한 비용의 계측이 쉬운 것은 아니다.

16) 매몰비용은 이미 지출해서 회수할 수 없는 비용을 말한다. 이미 엎질러진 물이므로 잊어버리는 것이 상책이다. 그러나 놓친 고기가 더 커 보이는 것이 사람의 마음이기도 하다.

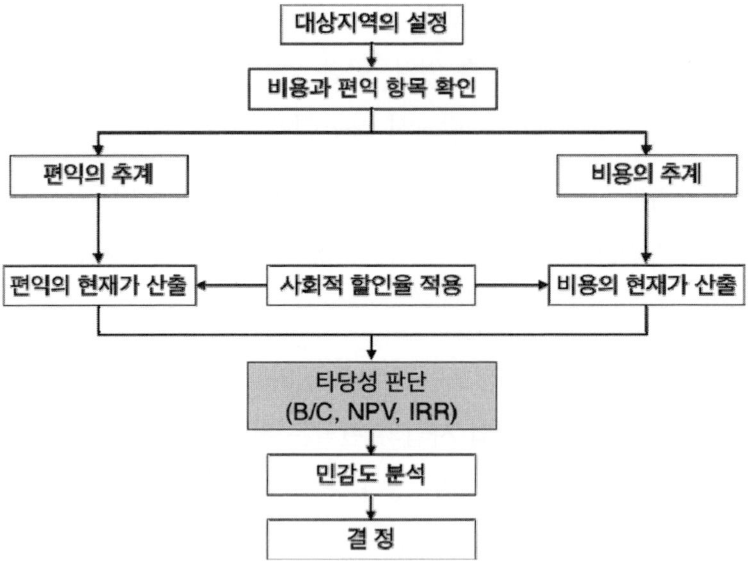

그림 3.2 비용편익분석의 절차

편익 추정에는 직접적인 편익뿐만 아니라 간접적인 편익도 고려한다. 특히 비용을 부담하지 않으면서 누리게 되는 간접편익도 고려하지만, 상대가격의 변화때문에 발생하는 화폐적 편익과 비용은 분석에서 제외해야 한다. 또, 조세수입 또는 시설의 입장료 수입은 사회적으로 보면 어느 한 사람의 주머니에서 다른 사람의 주머니로 돈이 옮겨간 것에 불과하다. 이것은 사회적 편익으로 포함하지 않는다.

곽태원 외(2006)은 선행의 비용편익분석 사례를 분석하고 두 가지 점에서 문제점을 안고 있다고 지적하였다. 하나는 비용과 편익 개념을 올바르게 이해하지 못하고 있다는 것이다. 예를 들면 매몰비용을 포함시키지 말아야 함에도 비용에 포함한다든가 비용이나 편익을 이중으로 계산하는 문제가 빈번하다고 하였다. 다른 하나는 환경비용을 가상평가법으로 추정한다는 것이다. 개발사업은 여러 측면에서 환경비용을 발생시킬 수 있는데 가상평가법은 큰 범위의 환경비용을 추정하기 때문에 어떤 부분에서 얼마 만큼의 비용이 초래하는지 알 수 없다는 것이다. 개발사업에서 발생하는 오염을 사전에 예방하고자 한다면 항목별로 환경비용을 추정해야 한다고 지적한다.

비용효과성 분석

비용효과 분석은, 목적에는 합의하지만 그것의 달성 방법에 합의되지 않은 상황에서 유효하다. 비용효과 분석은 목적을 화폐 단위로 설정하지 않고 물리적인 효과로 표현한다. 멸종위기종의 보호, 어느 수준의 산림복원, 어느 수준의 토양침식의 감소 등을 사례로서 들 수 있다. 다만 비용효과 분석은 어떤 목적이 가치있는가를 가르쳐 주지 않으며 목적의 가치와 사업 실시로 사용하는 자원의 가치를 비교하지 않는다. 이 때문에 사업 자체가 필요한가 아닌가, 조금 넓은 관점까지 분석의 틀을 넓혀 볼 필요가 있다.

어떤 목적을 달성하는 데 산림계획자의 입장에서 산림의 비가격 편익의 가치를 추정하는 대신에 다른 방법으로 그 편익을 제공하는 데 소요되는 비용을 비교하여도 충분하다. 이러한 접근은 계획하는 사업의 목적이 어떤 지역에 어떤 양의 낚시, 사냥 또는 캠핑 기회를 생산하는 것일 때 편리한 방법이다. 비용효과성 분석은 편익의 가치를 제시하지 않는다. 이미 결정된 산림경영의 목표를 달성하는 다양한 방법의 비용을 비교하고, 최소 비용의 수단을 선택하는 것이다.

산림평가

산림평가란 산림을 구성하는 임지와 입목의 화폐가치를 평정하는 것을 말한다. 여기에는 나무가 수확할 만큼 충분히 성숙하지 않은 경우도 포함한다. 그러한 산림의 현재가를 어떻게 결정할까.

산림의 가치평가 또는 감정평가에는 몇 가지 방법이 있다.[17] 산림청은 국유 임산물을 매각할 때 시장가역산법을 적용하여 예정 입목가격을 산출한다. 또, 한국감정원은 「감정평가에 관한 규칙」에 따라 입목의 평가는 거래사례 비교법에 의하되, 소경목림에는 비용가법을 적용한다. 일본에서는 산림보험에서 입목을 평가할 때 시장가역산법, 글라저법, 비용가법을

17) 가치평가(valuation)는 자산에 대한 투자자의 가치를 찾는 과정이고, 감정평가(appraisal)는 자산의 시장 가치, 매각하기 위해 내놓았을 때 기대되는 가격을 찾는 과정이다. 사실 두 단어는 서로 혼동되어 사용한다.

적용한다. 미국에서는 성숙림에는 시장가역산법을, 미성숙임분에는 비용가법과 소득분석법을 절충하여 적용한다.

시장가역산법

이는 수확하여 시장에 출하한 목재의 가치에서 벌채·운반 비용을 제외하여 계산한다. 원목의 시장가격에서 거슬러 올라 산정하는 방식이다. 구매자의 관점에서 성숙 입목의 가격(stumpage price)은 목재 가격에서 수확비용을 빼고 남은 잔차이다. 물론 실제 입목가격은 구매자와 판매자의 거래로 형성된다.[18)]

입목가의 감정평가 절차는 다양하지만 공통 요소가 있다. 첫째, 산림조사를 통해 각 수종의 재적과 이용 가능한 원목의 등급을 추정한다. 둘째, 목제품의 가격에서 원목의 범주별 재적(m^3)당 판매가격을 구한다. 셋째, 입목의 단위 수확 비용, 즉 벌목, 반출, 운반 등의 비용을 추정하여 판매가격에서 뺀다. 넷째, 벌목사업자의 이윤과 기타 관리비용을 추가로 뺀다. 즉, 시장 원목가격(A)에서 벌출·운반비용(B)과 사업자 이윤(R)을 뺀 가격으으로 입목가치(X)를 평가한다.

<3.14> $$X = A - (B + R)$$

벌목업자의 사업자 이윤(R)은 사업기간(l)에 사용한 입목구입자금(X)과 사업비(B)에 지불하는 이자(p)와 기대이윤(r)으로 구성된다.

$$R = (X + B) \cdot (lp + r)$$

분석의 편의를 위해 평가대상 산림의 단위재적당 입목가격(x)을 구한다. 입목가격에 입목재적(v)을 곱하여 입목금액을 구할 수 있다($X = xv$). 또, 생산원목의 이용재적(m)을 이용하면 $A = am$, $B = bm$이다. 여기에서 a는 원목의 시장가격, b는 원목의 단위생산비이다. 입목재적(v)과 이용재적(m)의 관계는 조재율(f)로 나타내는데, $f = m/v$이다. 정리하

18) 자원경제학에서 자연자원의 현지 가격을 '자원 렌트'라고 한다. 자연의 역할을 그대로 이용할 수 있는 상태에 대한 가격이다. 채굴하기 전 지하자원의 가격을 말한다. 임업에서는 입목가격이라 하고 광업에서는 로열티 레이트라고 한다.

면 다음과 같다.

<3.15> $$x = f \cdot \left(\frac{a}{1+lp+r} - b\right), \;\; X = v \cdot x$$

입목의 감정평가 절차는 복잡하고 임목 상태와 작업 조건, 현재의 비용, 가격 등 많은 자료가 필요하다. 위험도, 감가상각, 사업자의 합리적 수익 등도 고려해야 한다. 그래서 행정 비용이 커지는 경향이 있고 감정평가 결과에 논쟁을 부르기도 한다.

거래 사례 비교법(매매가법)

거래 사례 비교법은 평가 대상의 입목과 비슷한 성질을 가지는 입목이 최근 거래된 사례를 참조하여 평가액을 결정하는 방법이다. 이 방법을 사용할 때 산림의 특성, 예를 들면 임령, 수종, 식재 밀도, 묘목 상태, 성장 상태, 임지의 위치, 면적, 토지생산성(지위지수), 그리고 고부가가치 이용가능성 등을 통제해야 한다. 문제는 입목의 거래가 그다지 활발하지 않아 비교 가능한 임분의 거래 사례 정보를 구하기 어렵다는 것이다.

비용가법

특정 시점의 입목가치를 그 때까지 산림을 육성하는 데 소요된 비용에 할인율을 적용하여 후가합계로 평가하는 방법이다. 이 방법은 일반적으로 입목가의 최저한도액이며 유령림에 적용하여 투하자본을 보상한다는 생각에 기초한다. 임분이 어릴수록 복리화된 비용을 이용한 추정 가치의 정확도는 높아진다.

소득분석법

미성숙 임분의 가치는 임목의 예상된 미래 수입을 현재 임령으로 할인한 것과 같다. 소나무를 조림하고 30년 후에 제재용재로 수확하려고 한다. 3% 수익률을 기대하는 투자자에게 8년생 임분의 가치는 얼마인가? 30년에 ha당 190m^{3}을 생산한다고 가정한다. 예상 임목가격은 18만 원/m^{3}이다. 할인소득법을 이용하면 8년생 임분의 가치는 3,420/1.03$^{30-8}$, 즉 1,785

만 원이다. 이를 수식으로 표현하면 다음과 같다.

<3.16> $$A_k = \frac{P(T)f(T)}{(1+i)^{T-k}}$$

$P(T)$는 수확기 임령 T의 입목가, $f(T)$는 임령 T의 임목 재적, i는 할인율, k는 미성숙 임목의 현재 임령이다.

임분이 성숙할수록 할인소득법의 추정치는 더 정확하다. 비용가법과 마찬가지로 토지에 묶인 자금의 비용은 계산에 포함하지 않으므로 임목과 토지를 함께 평가할 때 나지(裸地)의 가치를 추가한다.

수확 계획을 달리 한다면(예를 들면 다른 벌기령) 여러 개의 할인된 값을 가질 수 있다. 예를 들어 10년생 소나무 임분을 평가할 때 펄프용재로서 판매 가능한 15년생 임목 수확의 가치를 이용할 수도 있고, 제재용재로서 판매 가능한 30년생의 임목 수확 가치를 이용할 수도 있다. 어떤 값을 이용하느냐에 따라 미성숙 임분의 가치는 크게 달라질 수 있다. 합리적인 산림경영자는 최선의 경영계획으로 얻을 수 있는 미래 소득의 현재가 이하로 매각하지는 않을 것이다.

내부수익률법

앞의 소나무림 가치평가에서 조림비를 ha당 650만 원이라 하면 비용가법을 적용했을 때 823만 원이 된다. 소득분석법에서는 1,785만 원이었다. 두 방법의 차이는 미성숙 임분을 가치평가하는 데 불일치가 있음을 보여 준다.

이 문제는 내부수익률법으로 평가함으로써 해결할 수 있다. 내부수익률을 다음과 같이 계산한다.

$$\sqrt[30]{\frac{3,420}{650}} - 1 = 0.0569$$

내부수익률 5.69%를 적용하여 미성숙 임분가치를 평가하면 복리화된 비용가(비용가법)

와 할인된 미래 수입(소득분석법)은 같아지고(1,012만 원), 편의는 완전히 제거된다. 이 값에서 구매자와 판매자 모두 5.69%의 수익을 얻는다.

임분이 조성된 다음의 가치(0년의 650만 원)와 내부수익률을 적용하여 산출한 성숙 임분의 가치(30년생의 3,420만 원)를 연결하면 미성숙 임분의 가치는 부드러운 지수 곡선을 따르며 임령에 따라 증가한다.

글라저법

글라저(Glaser)법은 10년 이상의 중령림의 가치를 평가하는 데 주로 사용한다. 초년도 조림·육림비를 기점으로 하고 벌기령 수확을 종점으로 하는 입목가의 곡선식을 통계적으로 규명한 것이다.

<3.17> $$A_k = (A_u - C_{10}) \times \frac{(k-10)^2}{(u-10)^2} + C_{10}$$

A_k : 평가시점의 입목가 평가액
A_u : 주벌시의 입목가 평가액
C_{10} : 조림부터 10년간 투입된 조림·육림 비용의 후가합계
k : 평가시점의 수령 u : 벌기령

이 식은 이자율을 사용하지 않아 분석자의 자의성이 개입되지 않고 계산이 간단하다. 원가와 수익을 절충한다는 장점도 있다. 이 방법은 독일과 일본에서 중령림 가치를 평가할 때 자주 사용한다.

천연림에서는 조림비가 없으므로 수령 k년의 임목가치를 다음과 같이 쓰는데 이를 마르티나이트(Martineit)의 산림이용가법이라 한다.

<3.18> $$A_k = A_u \times \frac{k^2}{u^2}$$

할인율의 선택과 세대간 공평성

일반적으로 장기 사업의 편익·비용을 분석할 때 장래의 편익과 비용을 할인하여 현재가치로 바꾸어 순편익을 산출한다. 이 할인율이 논란을 가져온다.

할인은 가까운 시기에 발생하는 순편익보다 장래의 순편익에 더 적은 가치를 부여한다. 따라서 할인은 현 세대의 입장을 반영한다. 이것은 미래 세대에 공평한가. 또, 할인을 반환경적이라고 생각하는 사람도 많다. 이것은 타당한가.

할인을 비판하는 이유는 할인이 현재의 경제 활동으로 유발되는 장래의 손해를 가볍게 여긴다는 것이다. 예를 들어 어느 지역에 기후변화로 예상되는 장래의 환경피해가 500년 후에 1000억 원이라 하자. 그리고 그것을 방지하기 위해 현 시점에서 100억 원의 지출이 필요하다고 하자. 만일 장래의 환경피해를 5%의 할인율로 할인하면 현재가치는 87.2억 원이다. 지출이 피해액을 초과하므로 그 대책은 경제적으로 타당하지 않다. 그렇게 되면 현 세대가 100억 원을 지출하지 않아 장래 세대가 1000억 원의 피해를 입는 사태가 발생한다.

사업의 영향이 장기에 미칠 때 높은 할인율을 적용하면 현재가치가 아주 낮아지기 때문에 이런 일이 생긴다. 높은 할인율로 사업의 타당성을 평가하면 미래 세대의 편익을 거의 고려하지 않게 된다. 그러한 경우에 할인율을 제로(0) 또는 아주 낮은 값으로 해야 한다고 말할 수 있다.

그렇다면 제로 할인율을 적용하면 문제가 해결되는가. 예를 들어 50년 후에 1000억 원의 피해가 생기는데 현재 시점에 대책을 마련하는 데 999억 원의 지출이 필요하다고 하면 그 대책은 해야 한다고 말할 수 있다. 그러나 이 경우 현 세대는 혜택을 거의 누리지 않음에도 999억 원의 부담을 감수해야 한다. 이렇듯 장기 사업을 평가할 때 낮은 할인율을 적용하는 것은, 한편으로 현 세대에 과도한 부담을 지운다고 볼 수 있다.

현 세대의 관점에서 장래의 편익과 비용을 할인하는 것은 합리적이다. 다만 미래 세대의 입장을 생각하면 이 문제는 쉽지 않다. 할인은 미래 세대를 희생하여 현 세대의 후생을 개선하는 경향이 있는가. 우리 앞 세대가 더 낮은 할인율로 의사결정을 하였다면 우리의 생활은 더 나아졌을까. 미래 세대는 현 세대의 할인에 동의할까.

높은 할인율이 항상 반환경적이라고 할 수는 없다. 댐 건설사업을 생각해 보자. 당장에 큰 비용이 발생하지만 수자원 이용의 편익은 나중에 천천히 발생한다. 낮은 할인율을 적용하면 장래 편익을 크게 할인하지 않으므로 편익이 높게 나타난다. 댐 건설사업은 경제적으로 타당하다. 이처럼 낮은 할인율이 개발을 촉진할 수도 있다.

현 세대가 자연자원의 장기 생산성을 감소시키는 이용방법을 채용하여 자신의 생활을 더 좋게 할 수 있을까. 70세 은퇴를 꿈꾸는 62세의 농업인을 생각해 보자. 농업인은 남은 기간에 토지를 최대로 착취하고 싶을 수도 있다. 농업인은 8년 후 토지를 어떻게 처분할까. 매각하기로 한다. 토지를 높은 집약도로 이용하여 지력을 소모하면 토지 가격은 내려갈 것이다. 농업인은 당장의 수입을 늘리는 것과 8년 후 높은 토지 가격을 받는 것 사이의 트레이드 오프를 마주한다. 토지 매각은 그것을 다음 세대에 넘기는 것이므로 세대간 트레이드 오프로 볼 수도 있다. 농업인은 8년간 소득과 훗날 토지 판매금액 합계의 현재가치를 계산한다. 할인이 없다면 농업인은 훗날 일어날 일을 지금 생각하지 않을 것이다. 자산 가치가 미래 세대에 이전된다면 양(+)의 할인이 미래 세대를 배려한다고 이해할 수 있다. 물론 이는 시장이 한다.

다만 할인이 미래 세대를 배려한다고 하여도 현재 이용의 부정적 영향이 먼 장래에 나타나므로 사람들이 그것을 깨닫지 못할 수도 있지 않을까. 낮은 할인율을 사용해도 매우 먼 장래에 발생하는 결과의 현재 가치는 매우 낮으므로 현 세대는 장래에 나타나는 부정적 영향을 신경쓰지 않을지도 모른다.

지속가능성

먼 미래 세대의 이익과 현 세대의 이익 사이에서 밸런스를 취하는 문제를 다룰 때 '지속가능성'의 개념을 빈번히 사용한다. 이러한 생각은 유엔 환경개발위원회의 1987년 보고서 『Our Common Future』에 담겨 있다. 위원회는 '지속가능한 개발'을 제시했는데, 현 시점에서 생활 수준이 매우 낮은 지역에서 경제발전이 필요하다는 것을 인식하고 있다. 물론 개발은 '지속가능한' 것이어야 한다는 입장이다. 유엔 산림원칙성명은 "산림자원과 산지는 현 세대와 미래 세대의 사회적, 경제적, 생태적, 문화적, 정신적 수요에 부합하도록 지속가능하게 관리되어야 한다"라고 명시한다.

지속가능성은 자원·환경 정책뿐만 아니라 경제성장의 논의에서도 핵심 개념이 되었다. 지속가능한 발전은 '미래 세대의 필요를 충족하기 위한 능력을 저해하지 않고 현재 세대의 필요를 충족시키는 발전'이다. 즉 미래 세대의 상황이 현재 세대의 상황보다 나빠지지 않도록 해야 한다는 것이다.

어떤 점에서 나빠질까. 지속가능성이 물리적인 의미의 공급, 혹은 자연자원의 이용가능성을 의미한다고 해 보자. '강한 지속가능성'이다. 자연자본은 인간 후생의 궁극적인 원천이므로 그 무엇으로도 대체할 수 없다는 생각이다. 즉 미래 세대도 현존하는 수량만큼의 자연자원 공급량을 가져야 한다는 것이다. 재생가능한 자원이라면 이 조건을 충족할 수도 있다. 그러나 고갈성 자원의 경우 지속가능성을 물리적인 의미로 정의하면 곤란해진다. 현재의 아무리 적은 채굴량도 반드시 장래의 이용가능성을 감소시키기 때문이다. 이러한 생각에 기초하여 인류의 경제성장이 한계에 직면했다고 주장한다.

특정 자연자원에 한정하지 않고 자연자원의 총량을 유지하는 것으로 지속가능성을 이해한다면 실행 가능할 수도 있다. 어떤 자연자원의 부존량이 감소하더라도 다른 자연자원의 공급을 증대시켜 보완할 수 있다. 예를 들어 석탄 혹은 어떤 자원의 채굴에 상응하여 산림의 보호 면적을 늘리는 형태이다.

그러나 이것도 쉽지 않은데, '교환'의 비율을 알아야 한다. 석탄 1톤을 채굴하였다면 그에 상응하여 얼마의 숲을 확보해야 할까. 물리적 단위보다 화폐 단위로 생각하는 편이 좋겠다. 그래야 비교하고 집계할 수 있기 때문이다. 자연자원의 총가치를 유지하기 위해 개발을 억제할 수도 있다. 그렇지만 자연의 생명유지 메카니즘을 포함하여 다양한 가치를 우리가 모두 알 수 있을까?

이와 달리 '약한 지속가능성'은 자연자본도 인간 복지를 결정하는 여러 요인의 하나이고, 자연자본을 다른 생산자본, 특히 인적 자본과 인공 자본으로도 대체할 수 있다는 생각이다. 인적 자본은 보통 경험, 훈련, 교육의 결과로 나타나는 인간의 능력이다. 인공 자본은 기계와 건물같은 것만이 아니라 경제 시스템의 생산성 향상을 위한 온갖 인프라를 포함한다. 고갈성

표 3.3 지속가능성의 여러 개념

약한 지속가능성 (기술중심주의)		강한 지속가능성 (생태중심주의)	
매우 약한 지속가능성	약한 지속가능성	강한 지속가능성	매우 강한 지속가능성
기술중심주의	협조적 기술중심주의	공동체주의	생태근본주의
경제성장 지상주의	수정된 경제성장	정상상태의 경제	자연착취를 최소화하는 규제경제
자연자본과 인공자본은 대체가능한 관계		자연자본과 인공자본은 관계는 항상 보완관계	
자연 개발에 의한 성장 우선	자연의 보전 및 관리	자연환경의 보호	강한 자연보호 (원생적 자연의 미)

자료: Turner et al. (1994), 三俣 · 斎藤(2022)

자원을 이용하더라도 그만큼의 가치를 다른 자연자원 혹은 다른 생산자본에 투자한다면 지속가능하다는 것이다. 재생가능한 자원에서 이 문제는 그다지 심각하지 않다. 이 경우 지속가능성은 미래 세대의 지속적 이용가능성을 의미한다.

대부분의 주류 경제학자들은 자원 고갈로 인한 경제성장의 제약을 크게 염려하지 않는다. 기술진보를 통해 자원 제약을 극복할 수 있다고 주장한다. 과거보다 자연자원의 이용 방식도 많이 개선되었다. 자동차의 연비가 높아지고 주택의 단열 성능도 좋아졌다. 자원의 재사용으로 고갈성 자원의 소비가 줄었다. 과거에는 전화선에 구리를 사용하였지만 지금은 모래를 원료로 하는 광섬유 케이블을 이용한다. 종이 제조에서 폐지 사용의 비율이 높아지고 목재를 이용한 플라스틱도 개발된다. 이러한 기술진보 덕분에 과거에 필수적이던 자연자원이 이제는 그리 중요하지 않게 된 것이다.

인류는 오랫동안 자연의 회복 능력 범위 안에서 문명을 발전시켜 왔다. 하지만 화석연료의 발견과 산업혁명 등 과학기술의 발전으로 자연에 직접 의지하지 않고도 생활할 수 있게 되었다. 자연의 굴레에서 벗어나고 그것이 또 새로운 성장의 동력이 되었다.

그러나 과학기술의 발전이 인간을 자연의 제약에서 해방시켰다고 하지만 그것은 현대의 기후변화 문제로 이어진다. 산림면적은 크게 감소하고 야생동식물의 멸종 등 생물다양성도 크게 훼손되었다. 자연에 의지하던 때는 자연의 제약에서 생존의 지속가능성을 보장받았다.

인류는 18세기 이후 산업혁명, 과학혁명, 시장제도의 발전에 의해 번영을 이어왔지만 자연의 자정 능력 또는 자연이 보장하는 지속가능성에 의존하지 않고 스스로 자신의 지속가능성을 확보해야 하는 지경에 이른 것은 아닌가 생각한다.

참고문헌

곽태원 · 김홍균. (2006). "석회석광산 개발사업의 비용-편익분석". 자원 · 환경경제연구 15(4): 713-740.

민경택. (2019). "입목가평가를 통한 임업의 수익성 분석". 한국산림과학회지 108(3): 405-417.

보험연구원. (2014). 임산물재해보험 확대 · 개편 방안 연구. 산림청.

전상경. (2018). 정책분석의 정치경제(제5판). 박영사.

한국개발연구원. (2008). 예비타당성조사 수행을 위한 일반지침 수정 · 보완 연구(제5판).

三俣学 · 斎藤暖生. (2022). 森の経済学. 日本評論社.

Fields, B.C. (2008). Natural Resource Economics: An Introduction. Waveland Pr Inc.

Tillman, D.A. (1985). Forest Products: Advanced Technologies and Economic Analyses. Academic Press.

Turner, R.K., D. Pearce, and I. Bateman. (1994). Environmental Economics: An Elementary Introduction. The Johns Hopkins University Press.

Zhang, D. and P. Pearse. (2011). Forest Economics. UBC Press.

제 4 장
임산물 시장 분석

산림에서 다양한 재화와 서비스가 생산되지만 목재는 가장 중요한 임산물이다. 산업사회에서 임업은 산업용 원료로서 목재를 공급하는 산업으로 시작하여 발전하였다. 이 장에서는 주요 임산물의 하나로서 목재 시장을 살펴본다.

산림 관리에서 목재시장의 변화를 관찰하는 것은 중요하다. 숲을 소유한 국가 또는 개인이 목재를 생산하고 판매하기 때문이다. 목재수요는 임목수확과 임목축적에 영향을 미치고 목재공급은 임목축적의 제한을 받는다.

수요와 공급, 가격 균형

공급의 법칙

제품의 가격이 오르면 기업은 한계비용곡선을 따라 오른쪽으로 올라가며 한계수입과 한계비용이 같도록 생산을 늘린다. 따라서 경쟁시장에서 기업의 공급곡선은 우상향한다. 이것이 공급의 법칙이다. 다른 조건이 동일하다고 가정하면, 어느 재화와 서비스의 가격이 오르면 기업은 더 많이 생산하려 한다. 공급곡선은 특정 기간에 어느 가격에서 기업과 산업이 공급할 재화의 양을 나타낸다.

경제학은 '다른 조건은 동일하다(ceteris paribus)'는 가정을 자주 사용하는데, 이는 분석

대상 외의 변수들을 고정한다는 것을 의미한다. 그러나 현실 세계에서 이들은 고정되지 않는다. 따라서 '공급'이라는 말을 사용할 때, 무엇이 고정되고 무엇이 고정되지 않는지 생각해야 한다. 여기에서는 공급에 초점을 두기 때문에 고정되는 변수는 모두 공급 관련 변수들이고, 가격의 변화는 수요에 영향을 미치는 것, 예를 들면 소득의 변화, 대체재, 소비자 기호의 변화 등에서 비롯된다. 마찬가지로 수요에 초점을 둔다면 가격 변화는 공급에 영향을 미치는 것, 예를 들면 투입재의 가격 변화, 기술 변화, 새로운 원료의 발견 등에서 비롯된다. 생산과정을 어지럽히는 인위적 또는 자연적 사건들도 역시 공급 요인이다.

가격 변화는 공급량을 변화시키는데, 이는 공급곡선 위의 이동으로 나타난다. 생산비용에 영향을 미치는 다른 요소의 변화도 공급을 변화시키는데, 이는 공급곡선을 좌우로 이동시킨다.

목재 공급을 다룰 때 이들 가격 이외의 요인을 특별히 주목해야 한다. 제품 가격이 오르면 생산자들은 즉각 생산을 늘릴 수 있다. 그러나 오늘 임목을 수확하면 가까운 미래에 임목을 이용할 수 없다. 물론 나무들은 계속 자라지만 가까운 미래에 임목공급의 여력은 줄어든다. 오늘의 수확을 늘리고 내일의 수확을 줄이는 것 또는 그 반대의 경우에서 어느 정도가 가장 효율적인가 결정해야 한다.

수요의 법칙

소비자들은 제품 가격이 내려가면 더 많은 양을 수요한다. 또, 생산자들은 투입재 가격이 내려가면 더 많은 투입재를 수요한다. 이것이 수요의 법칙이다. 다른 조건이 동일할 때, 어떤 재화와 서비스의 가격이 내려가면 그 수요량은 더 많아진다. 이는 우하향하는 수요곡선으로 표현된다.

수요 분석에서 고정된다고 가정하는 조건은 구매자의 소득, 대체재의 가격, 구매자의 기호 등이다. 시장 수요는 가격 예상에 반응한다. 가격이 오를 것으로 생각하면 수요자들은 현재 가격에서 더 많이 사려고 한다. 가격의 변화는 수요곡선을 따라 수요량을 변화시키고 다른 요소의 변화는 수요곡선을 이동시킨다.

가격 균형

수요와 공급의 상호작용은 균형가격 p와 그에 따른 균형 공급량 q를 결정한다. 수요가 늘어나면 수요곡선은 위로 이동하고 새로운 시장균형은 가격을 올리고 생산량을 증대시킨다. 생산비용이 내려가면 공급곡선은 아래로 이동하고 생산량은 증가하지만 가격은 내려간다.

가격 결정에 관해서 고전학파는 공급을, 제번스(W. Jevons)의 한계효용설은 수요를 강조했다. 이와 달리 마샬(A. Marshall)은 가격이 효용(수요)에 의해 지배되는가, 생산비용(공급)에 의해 지배되는가를 논하는 것은, 한 장의 종이를 자르는 것이 가위의 윗날인가 아랫날인가를 논하는 것과 같다고 설명하고, 수요와 공급 쌍방이 가격을 결정한다고 주장하였다. 한편, 마르크스 경제학은 상품의 가치를 낳는 것이 노동의 양이라고 보는 '노동가치설'을 내세운다. 이것 역시 가격 결정에서 공급의 역할을 중시하는 견해이다.

재화의 가치는 수요자들이 그것에 지불하고자 하는 금액의 합이다. <그림 4.1>에서 보면 점 e 왼쪽의 수요곡선 아래 부분, 즉 $\square 0deq$이다. 그러나 구매자가 지불하는 금액은 p이다. 가격선과 수요곡선 사이의 면적($\triangle ped$)은 소비자 잉여(consumer's surplus)로서, 소비자가 기꺼이 지불하려는 가격(reservation price)과 실제 지불한 가격의 차이이다.

공급자의 생산비용은 $\square 0seq$이다. 생산자가 수취하는 판매금액($\square 0peq$)과 생산비용의 차액, $\triangle pes$는 생산자 잉여(producer's surplus)이다.

생산 활동의 순가치는 소비자가 누리는 총가치에서 그 재화를 공급하는 데 필요한 생산자

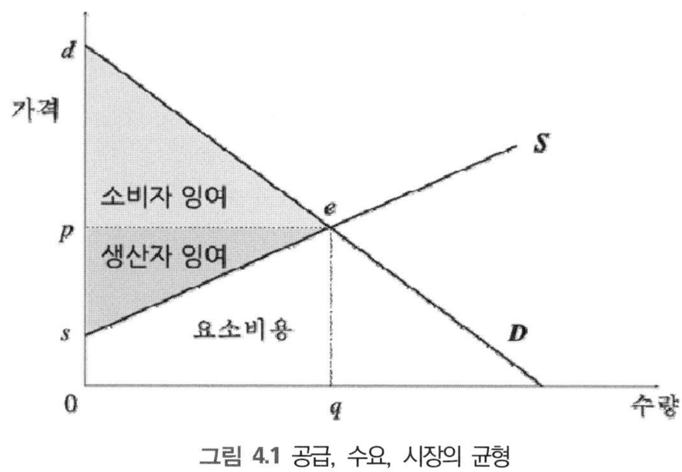

그림 4.1 공급, 수요, 시장의 균형

의 총비용을 뺀 값, 생산자 잉여와 소비자 잉여의 합(총잉여)이다. 이를 사회적 순편익(net social benefit) 또는 사회적 후생(social welfare)이라 한다. 생산이 사회에 가져다 주는 순편익이다. 자원배분이 총잉여를 최대화할 때 효율적(efficient)이라 한다. 여기에서 '가치 > 가격 > 원가'의 부등식을 알 수 있다.

수요·공급의 탄력성

어떤 사건이 시장에 미치는 영향을 분석할 때 수요·공급 그래프를 이용한다. 이 때 다음과 같은 3단계로 접근한다. 첫째, 그 사건으로 수요곡선이 이동하는지, 공급곡선이 이동하는지 아니면 두 곡선이 동시에 이동하는지 살핀다. 둘째, 그 곡선이 어느 방향으로 이동하는지 살핀다. 셋째, 새로운 균형과 최초의 균형을 비교한다. 두 균형에서 사회적 순편익의 크기를 비교하는데, 그 크기는 수요곡선과 공급곡선의 상대적 기울기(탄력성)에 따른다.

수요의 탄력성

탄력성(elaciticity)은 반응도를 말하는데, 기업과 가계가 변화에 얼마나 민감하게 반응하는가를 나타낸다. 이는 단위와 독립적이고 자료 분석을 단순화하며 다른 분석과 비교할 때 도움된다.

예를 들어 가격 변화에 대한 수요의 반응을 수요의 가격 탄력성(E_d)이라 한다. 이는 가격이 1% 변화할 때 수요량은 몇 % 변화하는가를 나타낸다.

<4.1> $$E_d = \frac{dQ}{Q} / \frac{dP}{P} = \frac{dQ}{dP} \cdot \frac{P}{Q} = \frac{d\ln Q}{d\ln P}$$

가격이 5% 증가하였을 때 수요량이 5% 감소한다면 수요 탄력성은 1이다 ($E_d = -0.05 \div 0.05 = -1$). 수요 탄력성은 수요곡선의 각 점에서 다른데, 균형가격에서 구한 탄력성을 대표값으로 한다.

이 값이 1보다 작으면 비탄력적이라 하고, 1보다 크면 탄력적이라 한다. 극단적으로 이 값이 0이면 가격이 변해도 수요가 전혀 변화하지 않음을 의미하며, 무한대(∞)이면 가격이 조금만 변해도 그 제품의 수요가 전부 사라지는 것을 의미한다. 탄력성은 대개 그 사이에 있다. 생산자가 제품 가격을 변화시킬 때 또는 정부가 세율을 조정하거나 공공요금을 변화시킬 때 수요의 탄력성을 고려해야 한다.

농사가 풍작이어도 가격이 하락하여 농가의 수입이 오히려 저하하는 일이 있다. 이러한 일이 나타나는 것은 가격이 내려가도 그것에 비해 수요가 증가하지 않기 때문이다. 배추 가격이 절반이 되었다고 해서 사람들이 평소보다 두 배의 양을 먹지는 않는다. 보통의 재화는 가격이 내려가면 공급이 줄고 그 결과 가격이 다시 상승한다. 그러나 대개의 농산물은 일단 생산되면 보관에도 비용이 들고 신선도를 잃으면 팔 수도 없다. 그냥 싸게 팔아버리거나 트랙터로 밭을 갈아엎는 수밖에 없다. 이처럼 제품의 수요가 가격에 비탄력적이라면 가격 인하는 매출을 늘리지 못한다.

농가의 조수입(TR)은 가격과 생산량의 곱, $TR = P \times Q$이다. 이를 생산량으로 미분해 보자.

$$\frac{dTR}{dQ} = \frac{d(P \cdot Q)}{dQ} = \frac{dP}{dQ} \cdot Q + P = P\left(\frac{dP}{dQ} \cdot \frac{Q}{P} + 1\right) = P\left(1 + \frac{1}{E_d}\right)$$

수요의 가격 탄력성은 음(-)의 값을 가진다. E_d의 크기에 따라 소득변화가 양(+)인지 음(-)인지 결정되는데, 농산물 수요의 가격 탄력성은 대체로 비탄력적이어서 1보다 작다. 생산량 증가에 대한 조수입의 변화는 음(-)으로 나타날 수 있다.[19] 수요곡선과 공급곡선의 그래프를 그려서 생산량 증가가 생산자 잉여에 미치는 영향을 확인해 보기 바란다. 한편, 농업기술의 발전은 대개 생산량을 증대시킨다. 생산량의 증대는 오히려 농업인의 수입을 감소시킬 수 있다. 이것으로 농업기술 발전과 함께 농업인의 수가 점차 감소하는 현상을 이해할 수 있다.

---

19) 대개의 농산물 수요가 가격에 비탄력적이기 때문에 공급관리정책이 가격상승을 유도하여 궁극적으로 농가 소득을 지지할 수 있다. 이러한 정책에는 휴경제도와 생산통제가 있다.

수요의 가격 탄력성 크기를 결정하는 요인은 무엇일까? 첫째, 대체재의 존재 여부이다. 대체재가 많으면 그 상품의 가격 변화에 유연하게 반응할 수 있다. 어떤 음료수 가격이 오르면 소비자들은 다른 종류의 음료수를 구매할 수 있다. 따라서, 음료수의 가격 변화에 소비자들은 매우 융통성있게 대응할 수 있고 탄력성은 크다고 할 수 있다. 둘째, 상품 가격이 구매자 소득에서 차지하는 비중이다. 예를 들어, 설탕을 사는 데 쓰는 지출은 가계 소득에서 비중이 낮다. 설탕 가격이 두 배로 오른다고 해도 구입량을 크게 줄이지 않는다. 이와 달리 자동차 수요는 상대적으로 탄력적인데, 자동차 구입에 지출하는 금액이 소득에서 차지하는 비중이 매우 높기 때문이다. 마지막으로, 시간의 길이이다. 가격 변화에 소비자가 적응하는 데 일정한 시간이 필요하다. 휘발유값이 오른다고 해서 당장 사용량을 줄이기는 어렵다. 그러나 시간이 길다면 목재펠릿보일러로 바꾸어 대응할 수도 있을 것이다.

다음으로 수요의 소득 탄력성을 생각해 보자. 소득 탄력성(ξ)은 소득이 1% 변화할 때 수요량은 몇 % 변화하는가를 나타낸다.

<4.2> $$\xi = \frac{dQ}{Q} / \frac{dY}{Y} = \frac{dQ}{dY} \cdot \frac{Y}{Q} = \frac{d\ln Q}{d\ln Y}$$

일반 재화는 소득이 늘어나면 수요가 증가한다. 이를 '보통재'라고 한다. 소득이 증가해도 수요량이 크게 변하지 않는 재화도 있는데, 쌀처럼 꼭 필요한 것이 이에 해당한다. 화장지도 그럴 수 있다. 소득이 늘어도 화장지를 잔뜩 사용하지는 않는다. 이것을 '필수재'라고 한다. 소득이 증대하면 수요가 그 이상으로 증대하는 것을 '사치재'라고 한다. 사치품이 이에 해당한다. 소득이 증대하면 수요가 줄어드는 것도 있는데, 이러한 재화를 '열등재'라고 한다.

소득이 오르면 버스를 덜 이용하고 승용차를 이용할 것이다. 교통수단으로서 버스는 열등재라고 볼 수 있다. 장작과 숯은 어떠한가? 1960년대 농촌에서 조리와 난방에 널리 사용하였다. 그런데 연료원이 가스와 석유로 바뀌었는데 소득이 증가했기 때문으로 생각할 수 있다. 산림의 공익기능에 대한 수요 증가도 소득 증가에서 비롯된다고 봐도 좋을 것이다. 종이는 어떨까? 종이업계 관계자들은 '종이는 문화의 바로미터이고, 종이 수요의 소득탄력성은 거의 1이다'라고 말한다. 디지털 시대에도 그럴까? 1인당 쌀 소비량이 점점 줄어든다고 하는데 그렇다면 쌀은 열등재인가?

수요의 교차가격 탄력성은 다른 재화의 가격 변화에 대한 수요량의 변화이다. 교차가격 탄력성(ϵ_c)은 다음과 같다.

<4.3>

$$\epsilon_c = \frac{dQ}{Q} / \frac{dP_y}{P_y} = \frac{dQ}{dP_y} \cdot \frac{P_y}{Q} = \frac{d\ln Q}{d\ln P_y}$$

y재의 가격(P_y)이 상승할 때 y재 수요를 줄이고 대신 x재 수요를 늘리는 경우 두 재화는 '대체재'라고 한다. 예를 들어 돼지고기 가격이 오르면 닭고기 수요가 늘어난다. 맥주가 비싸지면 소주 수요가 늘어난다. 반대로 P_y가 상승할 때 y재 수요를 줄이고 x재 수요도 같이 줄이는 경우 두 재화는 '보완재'라고 한다. 바늘 가는 데 실 가는 것과 같다. 예를 들어 석유 가격이 오르면 여행 수요가 줄어든다. 커피 값이 오르면 설탕 수요가 줄어들고 사탕수수와 사탕무 수요도 줄어든다. 텔레비전과 독서는 어떤 관계일까?

공급의 가격탄력성

공급의 가격탄력성(E_s)은 가격이 변할 때 공급량이 얼마나 변하는지 나타내는 지표이다. 공급량의 변화율을 가격의 변화율로 나누어 구한다.

<4.4>

$$E_s = \frac{dQ_S}{Q_S} / \frac{dP}{P} = \frac{dQ_S}{dP} \cdot \frac{P}{Q_S} = \frac{d\ln Q_S}{d\ln P}$$

완전경쟁에서 공급곡선은 수평으로 나타나고 공급 탄력성은 무한대이다. 어느 생산자가 가격을 조금 인상하면 아무것도 판매하지 못한다.

공급의 가격탄력성은 공급자들이 생산량을 얼마나 신축적으로 조절할 수 있는가에 따라 좌우된다. 예를 들어 토지는 추가로 생산하는 것이 불가능하기 때문에 공급이 비탄력적이다. 반면에 공산품은 공장의 조업시간을 조정하여 생산량을 조절할 수 있어 가격에 탄력적으로 대응할 수 있다.

대부분의 시장에서 공급의 가격탄력성을 결정하는 중요한 변수는 분석 대상 기간이다.

단기 공급곡선은 생산에 소요되는 물리적 자본을 변화시키기에 너무 짧은 기간의 가격 변화에 제품 공급량이 어떻게 반응하는가를 보여준다. 단기에 생산자는 가변투입재(노동, 연료, 원료)를 바꾸면서 기존 자본설비의 이용 강도를 조정하여 산출량을 바꿀 수 있다. 즉, 생산자는 고정비용을 바꿀 수 없을 때 한계수입이 한계가변비용과 같아지는 지점에서 생산수준을 선택한다. 단기 공급곡선은 시장에 참가하는 생산자들의 단기 한계비용곡선의 합이다. 단기 공급곡선은 가격에 상대적으로 비탄력적이다.

대체로 단기보다 장기의 공급이 탄력적이다. 단기적으로는 기업이 생산을 늘리거나 줄이기 위해 공장 규모를 변경하기 어렵기 때문에 공급량이 가격 변화에 그다지 민감하지 않다. 그러나 충분한 시간이 있다면 기업은 공장을 증설하거나 기존 공장을 폐쇄할 수 있으며 기업이 진입·퇴출할 수도 있다. 따라서 장기에서 공급량이 가격 변화에 상당히 민감하게 반응한다.

가격신축성

비슷한 개념으로 가격신축성(price flexibility)이 있다. 농산물 또는 단기임산물의 공급량 변동이 가격에 미치는 영향을 계측하는 값이다. 밤이나 대추처럼 가을에 일단 생산되면 다음 해까지 생산량이 증가될 수 없어 공급량에 따라 가격이 결정되는 구조가 된다. 여기에서 Q_S는 공급량이다.

<4.5>

$$\eta = \frac{dP}{P} / \frac{dQ_S}{Q_S} = \frac{dP}{dQ_S} \cdot \frac{Q_S}{P} = \frac{d\ln P}{d\ln Q_S}$$

탄력성의 응용

탄력성 개념은 정책 분석에 폭넓게 응용된다. 관세 인하, 환경규제, 산림인증, 연구개발, 기술 변화, 소득 증대 등으로 수요와 공급이 이동할 때 후생의 증대와 손실을 계측하는 데 많이 응용된다. 여기에는 다양한 모델을 이용하는데, 예를 들면 균형대체모형(equilibrium displacement model)도 그 하나이다. 분석 대상 산업의 수급구조와 생산구조

등을 각각 함수의 일반 형태로 표현하고 이를 전미분하여 탄성치 형태로 변환한 다음 시뮬레이션 분석을 진행하는 모형이다. 외부 충격에 따른 시장 가격과 거래량 등의 변화를 비례 변화로 계측할 수 있다.

생산기술을 분석할 때 투입요소의 대체 탄력성을 흔히 분석한다. 노동 비용이 상승함에 따라 목제품 가공에서 자본이 노동을 대체하는데, 그 관계를 분석한다. 나중에 임목축적 탄력성을 살펴보는데, 이는 단기 목재공급을 분석할 때 중요한 개념이다. 무역 분석에서 보는 아밍턴 탄력성도 있다.

목재제품의 수요와 공급

목재시장

목재시장은 가공 단계에 따라 크게 3개 그룹의 제품으로 구분하는데, 입목, 원목, 목재제품이다.

입목(stumpage)은 토지에 서 있는 나무이다. 산림소유자는 입목을 직접 수확하거나 또는 원목생산업자에 판매한다. 입목 판매액이 조림·육림의 성과, 산림경영의 수익이라 할 수 있다. 원목(logs)은 입목을 베어 쓰러뜨린 통나무이다. 원목은 에너지로 사용되기도 하고 목재가공업체로 보내져 목재산업의 원료로서 목재(timber, lumber)가 된다. 목재제품(wood products)은 목재를 가공하여 만든 다양한 제품이다. 1차 가공 목재제품에는 제재목, 합판, OSB, 섬유판, 파티클보드, 펄프, 목재펠릿, 종이·판지 등이 있다. 목재제품은 또 다른 산업에서 원료로 사용하여 2차 가공된다. 예를 들면 가구 제조업, 출판업, 신문, 주택, 건축·토목, 위생용품, 에너지 등이다. 따라서 원목과 목재의 수요와 공급은 해당 제품의 시장 요인뿐만 아니라 최종 소비재의 시장 동향에 따라 달라진다.

각각의 주요 제품과 중간 제품마다 구별되는 산업과 시장이 있고 고유의 수요 및 공급관계를 갖는다. 그러나 어떤 경우 목재산업이 통합되어 중간재 시장을 분리할 수 없는 경우도 있다. 예를 들어 외국의 대형 목재기업들은 직접 소유한 기업림에서 스스로 임목을 수확하여

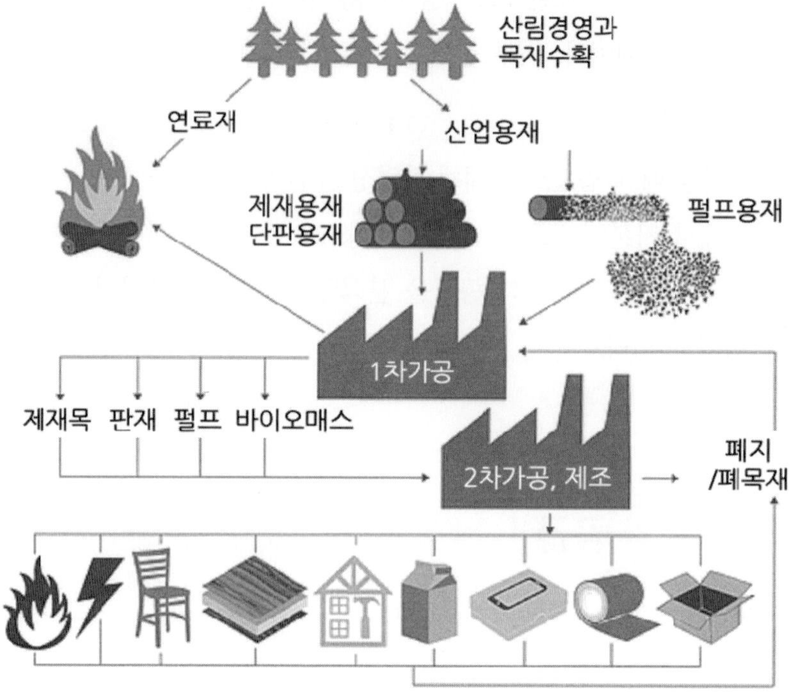

그림 **4.2** 산림과 목재제품

자료: WWF (2012)

제품을 제조함으로써 중간재 시장을 제거하기도 한다. 이를 '수직적 통합(vertical integration)'이라 한다.

우리나라의 목재·목재제품 수급의 변화를 보면 수입 원목 공급량은 점차 감소하고 국내 원목 공급은 크게 늘었다가 다시 감소하였다. 목재·목재제품 소비에서 국산 원목의 비중은 16%이다. 우리나라 목재제품 소비의 상당 부분을 외국 산림에 의존한다. 국산 원목은 대개 펄프·보드 산업의 원료로 사용된다. 목재를 많이 소비하는 부문은 펄프공업이며 38.8%를 차지한다. 그 다음이 제재업이다. 펄프용 목재소비도 감소 경향에 있으며 바이오매스용 소비가 크게 증가하였다. 바이오매스 소비는 대부분 제품 수입으로 충당한다.

원단위 분석

목재제품의 수요를 분석하는 방법에는 먼저 원단위 접근(use-factor approach)이 있다.

표 4.1 우리나라 목재수급의 변화 (단위: $1000m^3$)

	2010년			2015년			2020년		
	국산 원목	수입 원목	제품 수입	국산 원목	수입 원목	제품 수입	국산 원목	수입 원목	제품 수입
제재용	429	3,788	1,209	1,013	3,218	2,156	564	2,546	2,115
합판용	-	393	2,560	5	427	2,822	-	117	1,757
펄프용	892	-	11,574	973	-	9,663	904	-	9,165
보드용	1,611	46	1,653	1,849	132	2,127	1,239	6	1,417
바이오매스용	29	-	-	373	-	2,791	553	-	4,887
기타	754	-	2,674	701	-	2,348	1,187	-	1,468
계	3,715	4,227	19,670	4,914	3,777	21,907	4,447	2,669	20,809

자료: 산림청

제재품과 합판 등은 건축에 사용된다. 건축량을 건축면적으로 나타내고, 면적(m^2)당 목재를 얼마나 사용하는지, 이것을 건축면적당 목재사용 원단위(原單位)라고 한다. 이것을 알면 건축면적과 목재수요를 연결할 수 있다.

목재사용 원단위를 조사하는 방법은 크게 두 가지이다. 첫째, 실제 건축현장에 가서 목재 사용량을 조사한다. 둘째, 연간 건축면적의 통계를 이용한다. 최수임 외(2011)에 의하면 목재사용 원단위는 목조건축에서 대체로 $0.2m^3/m^2$이다. 목조가 아닌 건물도 인테리어에 목재를 사용하는데, 아파트 $0.016m^3/m^2$, 단독주택 $0.028m^3/m^2$정도이다.

건축에서 목재 사용량은, t기의 건축량(B_t)에 목재 사용 원단위(α)를 곱하여 $\alpha \times B_t$로 나타낼 수 있다. 건축량은 건물면적(S_t)의 차이 $B_t = S_{t+1} - S_t$이므로 t기의 목재 수요량을 다음과 같이 쓸 수 있다(나가타, 2017).

<4.6> $$D_t = \alpha(S_{t+1} - S_t)$$

건물면적(S)의 수요는 소득(Y)으로 결정되는데, 이를 선형의 함수로 생각하면 $S_t = a + bY_t$가 되고, 목재 수요량은 다음과 같이 바꾸어 쓸 수 있다.

<4.7> $$D_t = \alpha \cdot b(Y_{t+1} - Y_t)$$

건축에 사용되는 목재수요는 소득보다 소득 증가분으로 정해진다고 할 수 있다. 그래서 다음과 같이 소득 증가율과 소득수준으로 분해할 수 있다.

<4.8> $$D_t = \alpha \cdot b(Y_{t+1} - Y_t) = \alpha \cdot b \cdot \Delta Y / Y \cdot Y$$

각 최종 부문의 목재사용 원단위를 추정하면, 각 부문의 목재 수요를 이해할 수 있다. 모든 부문의 최종 이용을 통합하면 목재의 총수요를 알 수 있다.

<4.9> $$D = \sum_{j=1}^{n} \alpha_j \cdot DI_j$$

여기에서 D는 총수요(국내 소비), α_j는 j부문의 목재사용 원단위, DI_j는 j부문의 수요 지표이다. 예를 들어 주택 신축(j)의 제재목 수요를 생각해 보자. α_j는 신축 주택에 쓰이는 제재목의 양이며, 제재목 가격, 대체재 가격, 신축주택 규모의 함수로 추정된다. DI_j는 당해 연도 신축 주택의 수량이며, 공공기관에서 추정한 값을 이용하거나 가구 소득, 이자율, 인구 변수의 함수로 추정한다. α_j와 DI_j의 곱은 j부문의 제재목 수요이다. 모든 부문(신축 주택, 리모델링, 산업용 등)을 합하면 제재목의 전체 수요를 알 수 있다.

원단위 접근법은 원목에서 제품으로 바뀌는 수율(conversion rate)을 이용하며 최종 제품의 수요 탄력성과 최종 제품 및 원목의 가격, 추정된 가공계수(β)에 기초한다. 예를 들면 제재용 원목 수요의 가격탄력성은 다음과 같다(Zhang & Pearse, 2011).

<4.10> $$E_{\log} = \frac{dQ_{\log}}{dP_{\log}} \cdot \frac{P_{\log}}{Q_{\log}} = \frac{E_{lumber} \cdot P_{\log}}{(1-\beta)P_{lumber}}$$

$$E_{lumber} = \frac{dQ_{lumber}}{dP_{lumber}} \cdot \frac{P_{lumber}}{Q_{lumber}}$$

여기에서 Q_{lumber}는 생산된 제재목의 양, $Q_{\log}$는 사용된 제재용 원목의 양, P_{lumber}는 제재목의 가격, $P_{\log}$는 제재용 원목의 가격을 가리킨다. 또, E_{lumber}는 제재목 수요의 가격탄력성, β는 원목과 제재목 사이의 가격 확산 비율이다.

이 방법은 제재목 제조의 투입재(원목과 기타 투입재) 이용 비율이 고정된다고 가정한다. 그러므로 제재목과 제재용 원목 사이의 가격 확산(m)은 고정량(α)과 고정 비율(β)의 조합, 즉 $m=\alpha+\beta P_{lumber}$ 이다. 제재목 가격은 다음과 같다.

<4.11> $$P_{lumber}=P_{\log}+\alpha+\beta P_{lumber}$$

<4.12> $$P_{\log}=-\alpha+(1-\beta)P_{lumber}$$

이 식을 이용하여 α와 β를 추정한다. 그리고 <식 4.12>를 미분하면 $dP_{\log}=(1-\beta)dP_{lumber}$가 된다. 제재목 제조에서 원목 이용 비율이 고정된다고 했으므로 $Q_{lumber}=\delta Q_{\log}$를 생각할 수 있는데, δ는 원목의 제재목 가공수율이다. 이 식을 미분하면 $dQ_{\log}=dQ_{lumber}/\delta$이 된다. 두 식을 이용하여 $dQ_{\log}/dP_{\log}$를 유도할 수 있다. 이를 이용하여 <식 4.10>을 도출할 수 있다.

계량경제 분석

종이와 목탄 등은 소비자가 직접 소비하는 제품이다. 이러한 목재제품의 수요는 소비자의 효용극대화 가정에 기초하여 추정할 수 있다. 소비자 효용은 각 제품의 소비에서 비롯되며 소비는 소득의 제한을 받는다.

<4.13> $$U=\max U(x_1,\ x_2,\ \cdots,x_n)$$
$$\text{s.t. } p_1x_1+\cdots+p_nx_n\le m$$

U는 효용수준, $x_1,\cdots,x_n$은 각 제품의 소비량, $p_1,\cdots,p_n$은 각 제품의 가격, m은 소비자 소득이다. 효용함수에서 유도하는 목재제품 수요(x_1)는 그 제품의 가격(p_1), 소비자의 소득(m), 연관된 다른 재화의 가격($p_2,\cdots,p_n$)의 영향을 받는다고 보고 추정한다.

<4.14> $$x_1=x_1(p_1,\cdots,p_n,m)$$

보통 국가 범위로 수요를 추정하므로 방정식 체계를 이용한다. 여기에는 두 가지 문제가 있는데, (1)자체 탄력성과 대체 탄력성이 모든 세부 시장에서 동일하다고 가정하며, (2)공통의 적절한 대체재를 선택하는 것이 어렵다.

일부 목재제품을 제외하면 대개의 목재는 소비자가 직접 소비하지 못한다. 목재가공업체의 1차 가공, 2차 가공을 거친다. 목재 수요는 나무로 만든 최종 제품의 수요에서 유도된다. 그러한 의미에서 목재 수요는 '유도 수요(derived demand)'이다. 예를 들어, 주택 수요는 제재목과 합판 수요를 창출하며, 이는 제재용재와 단판용재 수요를 창출하고, 그 수요는 입목 수요를 창출한다.

기업의 생산활동은 이윤함수 또는 비용함수로서 정의할 수 있는데, 이로부터 각 산업이 생산에 투입하는 요소로서 목재의 수요함수를 유도할 수 있다. 이렇게 유도되는 목재수요함수는 어느 제품을 생산하기 위해 사용되는 요소 수요(factor demand)이다.

제재업을 예로 들어 보자. 제재업의 이윤함수는 다음과 같이 정의할 수 있다.

<4.15> $$\pi(W,p) = p \cdot q(X(W,p)) - \sum w_{i,} x_i(W,p)$$

여기에서 p는 산출물 가격, X는 투입요소의 벡터 $(x_1,\cdots,x_n)$, W는 투입요소의 가격 벡터 $(w_1,\cdots,w_n)$ 을 나타낸다. 호텔링의 레마(Hotelling's lemma)에 의하면, 이윤함수를 요소가격으로 1차 편미분하여 요소 수요를 유도할 수 있다. 이에 따라 제재업의 원목 수요는 산출물 가격, 원목을 비롯한 투입요소 가격의 함수로 유도된다.

<4.16> $$\frac{\partial \pi(W,p)}{\partial w_i} = -x_i(W,p)$$

특정 목재제품의 공급을 추정할 때도 보통 호텔링의 레마를 따른다. 즉, 이윤함수를 산출물 가격으로 1차 편미분하여 산출물 공급함수를 유도할 수 있다. 예를 들어 제재업 이윤함수에서 제재목 공급함수를 유도할 수 있다.

<4.17> $$\frac{\partial \pi(W,p)}{\partial p} = q(W,p)$$

q는 제품 공급, p는 제품 가격, W는 다양한 투입재의 단위 비용 벡터이다. 투입재는 보통 목재, 자본(예를 들면 기계와 공장), 노동, 에너지이다. <식 4.17>는 보통의 재화와 서비스 공급함수와 비슷하다. 실증분석에서 제품 가격 변수의 기대 부호는 (+)이고, 비용 변수의 기대 부호는 명확하지 않다.

요소 수요함수를 비용함수로도 유도할 수 있다. 제재업의 비용함수는 다음과 같이 정의된다.

<4.18> $$C(W,q) = w_1 x_1(W,q) + \cdots + w_n x_n(W,q)$$

셰퍼드의 레마(Shephard's lemma)에 의하면, 비용함수를 투입 요소 가격으로 편미분하여 요소 수요함수를 유도할 수 있다. 원목의 수요는 모든 투입 요소의 가격과 최종 제품 산출량의 함수로 유도된다.

<4.19> $$\frac{\partial C(W,q)}{\partial w_i} = x_i(W,q)$$

비용함수 접근법으로 유도한 원목 수요함수와 이윤함수 접근법으로 유도한 원목 수요함수를 비교하면 변수 구성에 차이가 있음을 볼 수 있다. 수요함수에 사용한 변수에 따라 어떤 전제에서 출발했는지 알 수 있다. 이론적 근거없이 적당히 변수를 모아 추정한 것을 ad hoc 모델이라 한다.

원목은 제재용재, 펄프용재, 기타 용재 등으로 쓰인다. 각 산업에서 생산에 투입하는 원목의 유도수요를 모두 합한 것이 원목의 시장 수요이다.

개별 수요함수와 공급함수의 형태를 결정하고 나면 이들을 모아서 연립방정식 체계로 구성된 시장 균형 모델을 구축한다. 시장에서 균형가격은 수요와 공급의 함수로 결정된다. 가격을 외생(exogenous) 변수가 아니라 내생(endogenous) 변수로 다루게 된다. 가격은 수요의 영향도 받으므로 공급 함수는 종종 2단계 최소자승법(2SLS) 또는 3단계 최소자승법

(3SLS)으로 추정한다. 2SLS를 응용하면, 1단계에서 제품 가격변수를 수요 요소의 함수로 회귀하고, 이 결과에 기초하여 추정된 가격을 이용하여 2단계에서 공급함수를 추정한다. 추정된 가격은 수요 요소로 결정되기 때문에 수요가 제품 가격에 미치는 영향을 설명한다. 3SLS는 여러 개의 유사 제품들이 공통의 영향을 받는다고 보아 동시에 추정한다. 이러한 접근은 시장의 구조를 이해하는 데 도움된다.

우리나라 목재시장에 대한 계량경제 분석의 연구는 주린원 외(2007), 이상민 외(2008) 등이 있다. 이 연구들은 복수의 목재제품의 수요·공급 함수와 균형관계식으로 구성된 연립 방정식 체계를 구축하고 가격을 내생 변수로 다룬다는 점에서 의의가 있다.

목재제품 가격의 추정: 축약형

목재제품의 수요 추정과 공급 추정을 따로 설명하였다. 균형 가격(또는 수량)은 수요와 공급의 작용으로 결정되므로, 임산물의 가격 또는 수량을 공급과 수요 요소 모두를 포함하는 함수로 추정하는 것이 편리할 때가 있다. 그러한 함수를 수요와 공급의 축약형(reduced form)이라고 한다.

예를 들어, 목재펠릿의 가격 모델은 수요와 공급 함수를 결합하여 유도할 수 있다.

<4.20> $S_{WP} = f(P_{WP}$, 공급요인$)$

<4.21> $D_{WP} = f(P_{WP}$, 수요 요인, 정책 변수$)$

D_{WP}와 S_{WP}는 목재펠릿 수요와 공급이고, P_{WP}는 목재펠릿의 가격이다. 공급 요인에는 노동 비용, 에너지 비용, 바이오매스 또는 목재 비용, 자본 비용이 포함되고, 수요 요인에는 소득과 대체재(예를 들면 등유) 가격이 포함된다. 수요 방정식에 정책 변수를 포함하는데, 목재펠릿의 수요는 정부 보조금의 영향을 크게 받기 때문이다.

가격과 수량이 수요·공급 방정식의 상호작용으로 동시에 결정되므로 축약형으로 추정할 수 있다.

<4.22> $S_{WP}(P_{WP}$, 공급 요인$) = D_{WP}(P_{WP}$, 수요 요인, 정책 변수$)$

이를 우드펠릿의 가격에 대해 풀면 다음과 같다.

<4.23> $P_{WP} = f(\text{수요 요인, 공급 요인, 정책변수})$

실증분석에서 투입재 비용 또는 공급 요인의 부호는 (-)이 될 것이다. 수요 요소에서 소득과 정책 변수의 부호는 (+)이 될 것이다. 대체재 가격 변수의 부호는 (+)이 될 것이다. 축약형으로도 임목의 가격 또는 수량을 추정할 수 있다.

원목의 유도 수요

나무로 만든 최종 제품의 수요가 변화하면 목재의 수요도 변한다. 그러나 그 관계가 비례적으로 유지되는 것은 아니다. 여기에는 몇 가지 이유를 생각할 수 있다.

첫째, 합판용재, 제재용재, 펄프용재 등 각 제품의 상대가격 변화에 대응하여 여러 제품을 혼합하여 생산하는 것이 임목을 가장 잘 이용하는 것이다. 예를 들어, 소경재는 제재용재 또는 펄프칩으로 이용할 수 있는데 제재용재와 펄프의 상대 가치가 달라지면 달리 이용할 수 있다. 목질바이오매스의 에너지 이용은 새로운 소경재 수요를 창출하여 용재의 상대가격도 달라진다.

둘째, 주택 수요가 두 배가 되어도 목재 수요가 두 배로 되지는 않는데, 목재는 수많은 건축자재의 일부에 불과하며 다른 제품 수요가 변화하지 않는다면 목재 수요도 비례적으로 증가하지 않는다. 그리고 주택 수요가 두 배가 되면 주택건설에 쓰이는 모든 투입재 수요가 증가하여 가격을 인상시키는데, 그것이 비례적이지는 않다. 그 결과 투입재의 상대가격이 달라지고 투입재 사이에 대체가 발생하고 투입재 시장에 다르게 영향을 미친다.

셋째, 목재 수요와 최종 목제품 수요의 관계는 기술발전에 의해 변한다. 예전에는 선박, 주택, 스포츠용품, 에너지, 갱목, 전봇대 등의 소재가 대부분 나무였지만 지금은 그렇지 않다. 반면에 섬유, 우유곽, 종이컵, 다양한 화학제품, 목재펠릿, 바이오 플라스틱 등 새로운 나무제품들이 생겨났다. 이전에는 폐기물이던 제재 부산물과 톱밥, 저급 수종, 건축폐잔재 등을 지금은 펄프와 파티클보드, 목재펠릿 제조에 사용한다. 또, 기술 변화는 동일한 양의 완제품을 생산하는 데 필요한 목재 소비량을 줄인다. 예를 들어 제재와 합판의 수율이 달라졌다.

또, 정부는 종이를 생산할 때 일정량의 폐지를 포함하도록 요구한다. 이는 제조 과정에 투입되는 목재 원료의 수요를 감소시킨다.

입목의 수요

숲에 서 있는 입목의 수요는 어떨까. 입목 수요는 제품별 원목 수요에서 유도된다. 원목 생산에서 입목 외 다른 요소의 공급비용에는 벌목과 운반 비용이 있다. 원목 수요곡선에서 벌목과 운반 비용을 빼면 입목 수요가 된다.

실증분석에서 벌목업은 경쟁적이라 가정하는데, 진입장벽이 거의 없기 때문이다. 원목 생산에서 입목 외 모든 요소(벌목과 운반 비용)의 단기 공급곡선은 매우 탄력적 또는 수평으로 가정한다. 시간에 따라 투입요소의 가격이 변하기 때문에 벌목과 운반 비용도 달라진다. 그러나 대개 원목과 입목의 가격 차이는 벌목과 운반 비용에서 비롯한다.

가계생산함수

임목공급을 다룰 때 이윤최대화 이론은 기업림에서 적합하다. 그러나 세계 곳곳에서 개인 또는 가족이 소규모의 숲을 소유하고 경영하는 경우가 많다. 임목공급을 다룰 때 이러한 소유관계를 구분할 필요가 있는데, 산림소유의 목적이 다르고 시장의 조건과 정책에 달리 반응하기 때문이다.

소규모 산림소유자는 비목재 임산물을 소비하기 때문에 가계생산의 입장을 채용한다. 임업을 전업으로 하지 않는 가계는 임목수확도 일부 하지만 산림 자체의 효용도 누리고자 할 것이다. 가계는 임목수확과 어메니티(amenity)에서 유도된 효용을 최대화하는 것으로 의사결정한다.

가계생산함수(household production)는 가계의 효용극대화에서 유래하는데, 산림소유자는 주어진 소득을 제약조건으로 하여 재화와 서비스의 소비에서 얻는 효용을 극대화하기 위해 산림을 경영한다고 가정한다. 즉 임산물을 제외한 재화와 서비스의 소비액을 c라 하고, 입목 축적을 s라 하면, 산림소유자가 직면한 효용극대화 문제는 다음과 같이 수식화할 수 있다. 여기에서 $g(s_{-1})$는 전년도 입목축적량을 독립변수로 하는 생장함수, x는 입목의 판매량, m과 p는 각각 목재판매 이외의 소득과 입목가격이다.

<4.24> $$U = \max\ U(s,c)$$
$$\text{s.t.}\ \ s = s_{-1} + g(s_{-1}) - x$$
$$c = m + px$$

제약조건의 첫번째 식은 현재의 입목축적량이 전년도 입목축적량에 생장량을 더하고 임목수확량을 뺀 것과 같다는 것이다. 두번째 식은 가계의 소비액이 목재판매 이외에서 얻는 소득과 목재판매 소득의 합과 같다는 것을 의미한다. 이 문제의 1차 필요조건은 다음과 같이 s와 c사이의 한계대체율이 경제적 대체율과 같다는 의미의 균형조건이다.

$$\frac{\partial U/\partial s}{\partial U/\partial c} = p$$

이 조건에서 s와 c의 수요함수를 다음과 같이 유도할 수 있다.

<4.25> $$s = s^{*}(p, m, s_{-1})$$

<4.26> $$c = c^{*}(p, m, s_{-1})$$

여기에서 c는 임산물 이외의 재화와 서비스에 대한 수요함수이며, s는 입목축적량에 대한 수요이다. 목재의 공급함수는 입목축적량 제약조건에 따라 다음과 같이 유도된다.

<4.27> $$x = s_{-1} + g(s_{-1}) - s^{*}(p, m, s_{-1}) = x^{*}(p, m, s_{-1})$$

이 모델은 꾸준히 발전하여 목재와 비목재 산물(어메니티)의 결합생산을 다루거나 토지 소유자의 세대교차(overlapping generation) 문제를 다루게 되었다. 우리나라는 목재생산을 주요 목적으로 하지 않는 소규모 소유의 산주가 다수이므로 가계생산함수의 접근을 시도해 보는 것도 흥미로울 것이다.

시간에 따른 임목의 공급

'임목공급(timber supply)'은 일정 기간의 가격 변화에 따라 시장에 공급되는 임목의 양을 의미한다. 보통 임목가격이 상승하면 더 많은 양의 임목이 공급될 것이다.

단기 임목공급

단기에 임목공급의 물리적 자본은 임목축적과 벌목업의 자본투자로 구성된다. 따라서 단기 임목공급곡선은 다음과 같이 표현된다.

<4.28> $Q=f(p,I,Z)$

Q는 연간 임목수확량, p는 현재 임목가격, I는 현재 임목축적, Z는 임목공급에 영향을 미치는 기타 요소(이자율, 소유 특성 등)이다. 공급곡선은 보통 단기 임목 수요함수와 연관하여 추정한다. 임목의 공급탄력성을 다룬 실증연구를 보면 미국 남부 0.2~0.5, 미국 북서부와 캐나다 0.1~0.4이다(Zhang & Pearse, 2011).

임목은 천천히 자라기 때문에 축적 변수의 통계적 추정치를 구하기 어렵다. 그래서 우변의 축적 변수를 옮겨 공급 변수를 축적량에 대한 수확량 비율로 구성하여 설정하기도 한다.

<4.29> $Q/I=f(p,Z)$

이 때 축적의 공급 탄력성은 다음과 같은데, 이는 임목축적의 공급 탄력성을 1로 제한하는 것이다.

$$E_I=\frac{dQ}{dI}\cdot\frac{I}{Q}=f(p,Z)\cdot\frac{I}{Q}=1$$

북미의 연구에서 보고되는 임목축적의 공급 탄력성은 0.7~1.2이다(Zhang & Pearse, 2011). 그러나 우리나라에서 임목수확량은 임목축적 성장량에 크게 못 미치고, 전국 임목축적을 임목생산에 이용할 수 있는 것은 아니기 때문에 이러한 특성을 고려해야 한다.

장기 임목공급

단기와 장기의 구분 기준은 자본을 조절하는 데 소요되는 시간이다. 임업에서 장기는 보통 10여 년 이상이지만 속성수를 키우는 열대국가에서는 수년이기도 하다. 그러나 그 기간이 얼마이든 단기보다 장기에서 가격 변화에 유연하게 대응할 수 있다. 따라서 장기 공급곡선이 더 탄력적이다.

<그림 4.3>은 목재제품 수요의 증가에 대응하는 단기와 장기 조정을 보여준다. t_0기에 목재제품 시장의 균형점은 수요(D_0)와 공급(S_0)이 만나는 지점, a라고 하자. 갑작스럽게 건설경기가 좋아져 목재제품 수요가 D_{0-5}로 증가하였다. 수요가 증가하여도 공급이 신속하게 대응하지 못하므로 t_1기의 균형점은 b에서 결정된다. 단기에 공장의 수가 늘어나거나 생산 설비를 증설하기 어렵기 때문이다. 그러나 기업들이 생산설비에 투자하여 t_5기에 본격 가동하게 되면 공급은 S_5로 이동한다. t_5기의 균형은 c이다. 초기(b)보다 가격은 낮아지고 수량은 많아졌다. 따라서 a와 c를 연결하는 장기 공급곡선(S_{0-5})은 a와 b를 연결하는 단기

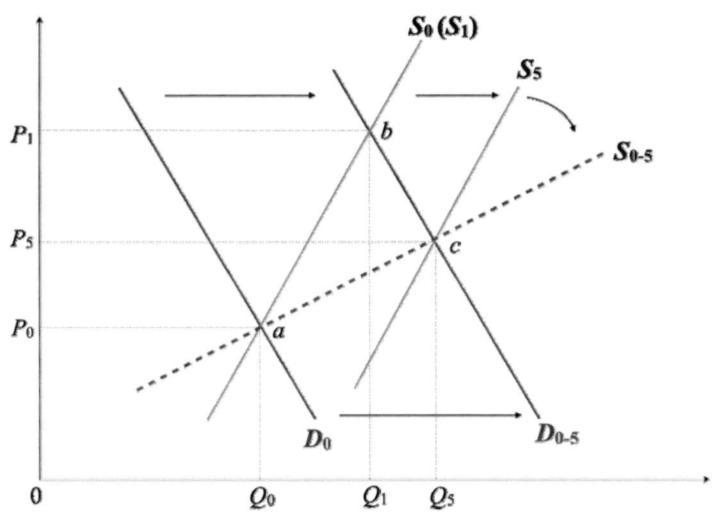

그림 4.3 수요변화와 장단기 공급

공급곡선(S_0)보다 편평하다.

보통의 공급곡선은 균형점의 궤적을 따라가는데, 생산자가 어느 기간의 가격 변화에 대응하여 공급하고자 하는 제품의 수량이다. 사실 시장은 균형점에 머무는 것이 아니라 균형점을 향해 끊임없이 조정되는 과정에 있는 경우가 많다. 생산의 변동은 시장의 변화에 적응하려는 생산자의 끊임없는 노력을 반영한다. 그러한 노력은 생산자들이 적응해야 하는 시간에 제약된다.

어떤 산업에서 가격 변화의 영향을 분석할 때 장기와 단기를 구분하는 것이 중요하다. 임목생산에서는 더 긴 장기를 고려해야 한다. 산림경영에서 임목생산을 늘리는 데 필요한 시간은 공장을 짓는 것보다 훨씬 길다.

목재가격이 오랫동안 높은 수준을 유지한다면 더 많은 토지를 임업에 이용할 것이며, 더 집약적으로 경영할 것이고 수년 후 목재 공급량이 증가할 것이다. 그러나 목재가격 변화에 대응하여 임목축적을 조정하려면 적어도 한 번의 수확기가 지나야 한다.

임목공급과 경제적 임목축적

앞에서 임목공급의 설명변수로서 임목축적(I)을 포함하였다. 그러나 모든 임목축적이 임목공급에 쓰이는 것은 아니다. 예를 들어 남산 위의 소나무가 아무리 훌륭하여도 목재공급에 쓰이지 않는다. 남산은 벌채가 허용되지 않는 보호구역이기 때문이다.

또, 어떤 임지의 임목은 경제 가치를 갖지 못한다. 임목의 수확·운반 비용이 목재 가치를 초과하는 경우이다. 정부 규제 또는 비정부 조치(산림인증, 국민신탁법에 의한 실천 협약 등) 때문에 목재를 자유롭게 이용하지 못할 수도 있다. 임목 공급에서 중요한 것은 이용할 수 있고 가치가 있는 임목축적의 비율이다.

임목축적을 가치의 관점에서 살펴보자. 임목은 수종, 경급, 재장 등에 따라 쓰임이 다르고 임목의 밀도, 지형, 접근성, 면적에 따라 수확의 방법과 비용이 달라진다. 가공공장까지 거리에 따른 운반비용은 임목 가격에 직접 영향을 미친다. 이러한 요인에 따라 각 임분은 고유의 단위 입목가를 갖게 된다.

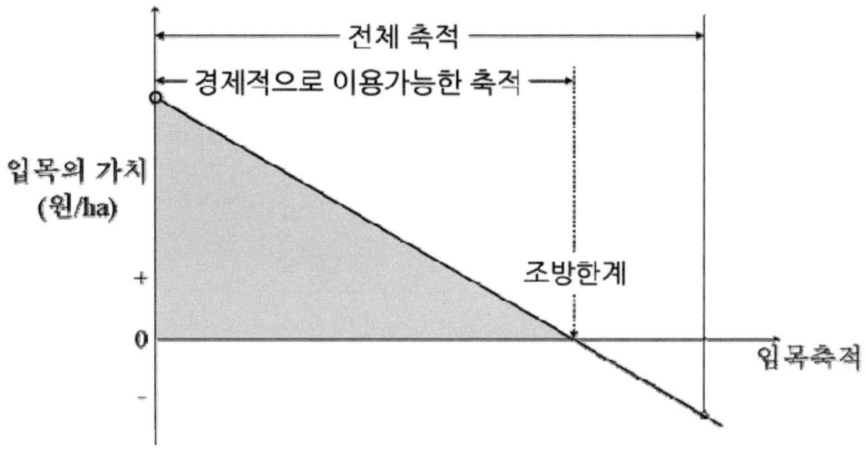

그림 4.4 임목의 순가치와 경제적으로 이용가능한 축적

수확기의 입목 가치를 평가하는 방법으로 시장가역산법을 설명하였는데, 이는 임목 판매가격과 수확·운반 비용의 차이로 측정한다. 이 방법으로 단위 면적의 입목 가치를 평가하고 그에 따라 임분을 정렬하면 <그림 4.4>과 같이 나타낼 수 있다. 곡선의 모양은 산림의 구조에 따라 달라지겠지만 우하향하는 모양으로 나타날 것이다.

입목가치가 0인 임분은 조방한계(extensive margin)에 있다. 경제적으로 이용 가능한 임목축적은 임목 가격의 함수이며 물리적 임목축적보다 적을 것이다.[20] 장기의 임목공급을 전망할 때, 목재 가격과 생산요소의 비용 그리고 기술변화에 따라 조방한계가 어떻게 이동할 것인가를 고려해야 한다. 조방한계는 정책에 따라 이동할 수 있다. 예를 들어 임도를 비롯한 산림경영의 인프라 확충, 정부 보조금 등은 조방한계를 확장한다.

<그림 4.4>의 곡선 아래 부분은 전체 산림축적의 입목가치인데, 그중에서 일부만 일상적으로 수확된다. 벌채와 자연 손실로 축적이 감소하면 곡선은 왼쪽으로 이동하며, 생장으로 축적이 증가하면 오른쪽으로 이동한다.

우리나라 산지의 지형과 임상을 고려하면 입목의 경제가치가 조방한계를 벗어나는 산지가 많을 것이다. 풍부한 산림을 가진 '산림국'이면서도 임업 생산이 낮은 이유이다. 또, 목재가격은 오르지 않는데 인건비 등 임목수확비용이 크게 오르는 상황을 생각하면 임업의 조방한

20) 미국에서 경제적 축적은 임지의 물리적 축적으로 간주되는데, 연간 에이커당 $20ft^3$(ha당 $1.43m^3$)를 생산할 수 있으며 법적·행정적 이유로 임목생산에서 제외되지 않는 임지로 정의된다.

계도 점점 당겨질 것이다.

이와 관련하여 우리나라 임업생산액에서 '순임목생장액'이 있는데, 이는 산에 서 있는 나무의 임목재적이 1년 동안 자란 양을 화폐가치로 환산한 것이다. 이것은 타당한가?

장기 임목공급 전망

장기 임목공급은 향후 수 십 년에 이용가능한 목재의 양을 의미하며, 앞으로 매년 공급될 것으로 예상하는 임목 재적이다. 임목공급 전망은 산림의 영급 구성, 생장률, 산림축적의 특성을 변수로 하여 추정하며 여기에 임목 수확 관련 정책을 포함하기도 한다. 산림자원의 장기성장을 전망할 때 감반률(Gentan probability)을 응용하기도 한다.[21]

이러한 공급 전망과 공급곡선의 개념을 구분해야 한다. 장기 임목공급의 전망은 가격보다 시간의 함수이다. 시간에 따라 임목이 성장하였을 때 공급 잠재력을 설명한다. 실제로 장기 임목공급 전망은 정책 또는 과거의 추세에 근거하는 경우가 많다. 뒤에서 설명하는 수확조절 공식으로 산출할 수도 있다. 그러한 의미에서 이 전망치는 임목생산의 상한으로 볼 수 있다.

현실 산림에서 이용 가능한 임목의 양은 고정되지 않는다. 시간을 생각하면 수확뿐만 아니라 산불, 병해충, 태풍, 고사 등으로 임목축적이 줄어든다. 또한 임목축적은 산림생장으로 증가하는데, 이는 육림 투자로 개선되기도 한다. 목재의 가격과 수확비용 등의 변화도 임업의 조방한계를 이동시킨다. 임도의 확장은 생산비에 영향을 미친다. 개벌에 대한 부정적 여론은 벌채 규제를 강화하고 임목생산을 위축시킨다.

실제 산림과 관련된 모든 변수를 고려하면 최적 수확패턴을 결정하는 문제는 상당히 복잡하다. 컴퓨터 기술이 발달하면서 장래의 산림생장과 생산을 자세히 평가할 수 있도록 동태 모델을 사용할 수 있게 되었다. 이러한 모델은 일부 변수의 장래 추세를 가정하는데, 이 가정이 현실을 제대로 반영하는가는 논란이 된다.

21) 감반율은 산림이 어느 영급에서 벌채되는 확률을 말하는데, 일본에서 지역 산림자원의 장기 성장을 전망할 때 응용한다.

목재의 수입 공급

이상에서 목재 수요를 모두 국내에서 공급하는 것으로 설명하였다. 그러나 우리나라는 목재 소비량의 상당 부분을 수입으로 공급한다. 국내 산림자원이 충분히 성숙하지 않았기 때문이기도 하고, 그동안 목재가공업이 수입재 가공으로 성장하였기 때문이기도 하다.

목재시장을 분석할 때 국산목재 시장과 수입목재(외재) 시장의 관계를 생각할 필요가 있다. 국산재 시장과 수입재 시장은 하나의 시장인가 아니면 별도의 시장인가. 사실 국내 목재시장에서 목재자급률이 16%에 지나지 않는 현실에서 두 시장이 분리되어 있다고 보기는 어렵다. 그러나 시장을 세분하면 달라질 수도 있다. 그 관점에 따라 목재와 목재제품의 가격을 내생변수로 다루느냐 외생변수로 다루느냐 선택하게 된다.

시장의 범위를 생각할 때 기본 원칙은 '일물일가(一物一價)의 법칙'이다. 같은 조건에서 같은 제품은 같은 가격으로 거래된다는 것인데, 두 재화 사이에 지속적으로 다른 가격이 형성된다면 두 재화의 공급자와 수요자들은 서로 다른 시장에 속한 것으로 본다. 개념은 명확하지만 실제 시장의 범위를 정하는 것은 쉽지 않다. 대안으로 '가격에 대한 영향력'이 미치는 영역을 시장으로 본다. 두 재화가 서로 대체재일 경우 그것은 같은 시장에 존재한다고 보는 것이다.

목재시장을 살펴보면 국내외 시장 조건이 바뀌어도 국산재 공급량은 크게 변하지 않는 경우가 있다.[22] 일반적으로 가격이 오르면 공급이 증가하기 때문에 국산재 공급곡선은 <그림 4.5>의 왼쪽과 같이 그릴 수 있다. <그림 4.5>의 가운데는 외재 공급곡선이다. 동급 국산재 제품의 가격이 낮으면 외재는 수입되지 않는다. 어느 정도의 가격이 되면 수입이 시작되는데, 이 가격을 '수입개시가격'이라 한다.

처음에는 국산재 목재가격이 수입개시가격보다 낮았을 것이다. 어느 정도 지나 수입개시가격이 되면 외재 수입이 시작된다. 그리고 충분히 높은 가격 p가 되면 국내 공급은 a, 외재공급은 b인 상태가 된다. 가격 p에서 전체 공급량은 $a+b$가 된다.

---

22) 일본의 목재시장을 다룬 피터 블랜든의 논리와 미야자키대학 유쿠다케 교수의 논의를 설명한다. 이는 우리나라 목재시장을 이해하는 데 참고가 된다. 자세한 것은 나가타(2017)을 참조바란다.

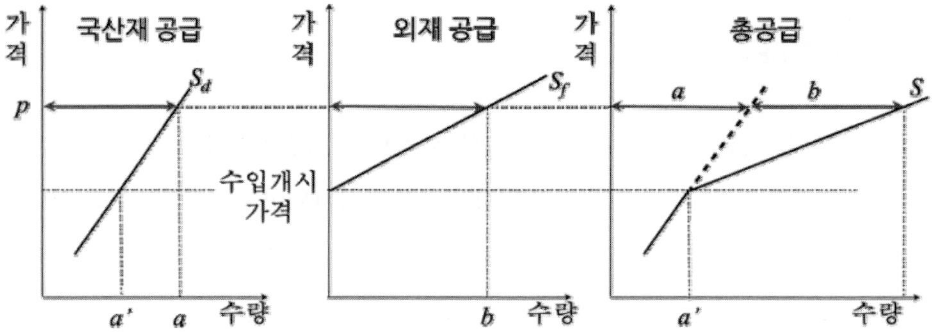

그림 4.5 국산재와 수입재의 공급곡선 (1)

두 그래프를 합하여 전체 공급곡선을 그릴 수 있다. <그림 4.5>의 오른쪽에는 국산재 공급과 외재 공급을 모두 포함한다. 가격이 수입개시가격보다 낮다면 국산재만 공급되고, 그 이상의 가격에서 외재는 얼마든지 들어온다.

무역이론에서 자주 언급되는 '소규모 개방 경제(small open economy)'를 가정해 보자. 우리나라는 국제 시장에서 작은 나라이기 때문에 얼마를 수요하더라도 국제 가격에 영향을 미칠 수 없다. 즉 주어진 국제가격으로 얼마든지 수입할 수 있다고 본다. 이 경우 국산재 공급은 보통의 공급곡선을 따르지만 외재의 공급곡선은 수평이 된다<그림 4.6>. 외재 공급의 가격탄력성은 무한대이다. 국산재 공급은 가격에 영향을 미치지 못한다. 외재가 충분히 공급되고 난 후 약간의 갭을 메꿀 뿐이다.

소규모 개방경제의 가정이 충족된다면 국산재 공급은 수요와 관계없다. 국내 수요를 충족시키는 국외 공급원이 충분히 있기 때문이다. 그러나 목재제품을 세분하면 우리나라도

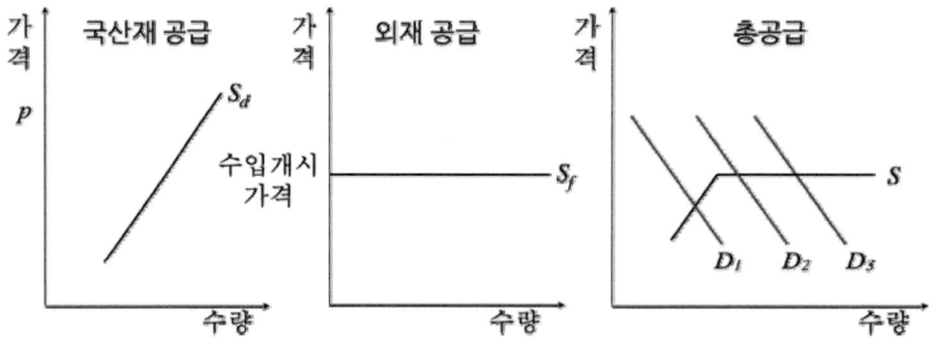

그림 4.6 국산재와 수입재의 공급곡선 (2)

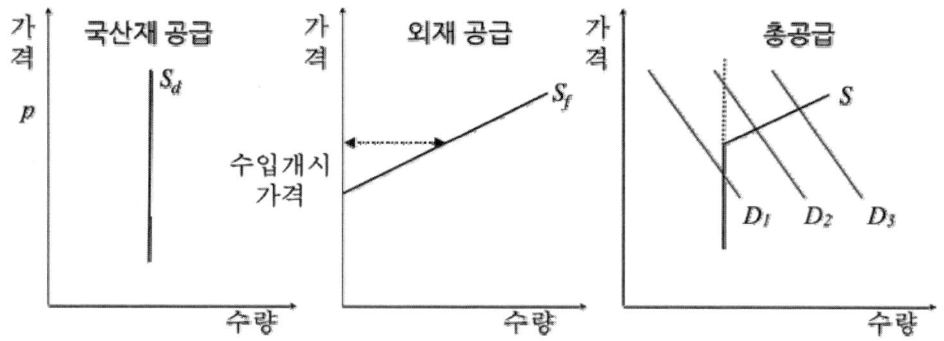

그림 4.7 국산재와 수입재의 공급곡선 (3)

국제시장에서 비교적 큰손으로 움직이는 경우가 있다. 이럴 때 소규모 개방경제의 가정은 적절한가?

또 다른 논리는 국산재 공급의 가격탄력성이 0이라는 가설이다. 가격 변화의 영향을 전혀 받지 않는다는 것이다. 그 이유로서 ①정부의 계획적 생산, ②고용 유지 등을 생각할 수 있다. 산림벌채는 조림과 연동되고 조림은 정부 예산으로 수행하기 때문에 목재가격 변동에 상관없이 예산 집행을 유지하려 한다고 생각할 수 있다. 또 민간 원목생산업자와 국유림도 작업단을 운영하는데, 노동자 일자리를 유지하기 위해 일정한 사업량을 유지하려 한다.

국산재 공급이 가격에 비탄력적이면, 공급곡선은 수직에 가깝게 그려진다<그림 4.7>. 외재 공급은 일반적인 공급곡선으로 그려진다. 그리고 이들을 가로로 더하여 총공급곡선을 구할 수 있다.

또 다른 접근으로 목재 수출국의 초과공급모델을 이용하는 경우도 있다(주린원 등, 1993). 이에 대한 엄밀한 이론은 없다. 어느 나라의 수출은 균형가격 p에서 생산량(q_s)이 자국 소비량(q_d)을 초과함으로써 나타나는 초과공급량($ES = q_s - q_d$)이라 정의한다. 따라서 목재 수입공급함수는 수출국의 목재 수요와 공급에 영향을 주는 인자들로 표현할 수 있다.

<4.30> $$ES_i = S_i(p, u_{x,i}) - D_i(p, v_{x,i}) = ES_i(p,\ u_{x,i},\ v_{x,i})$$

산업연관분석

산업연관분석은 산업연관표를 이용하여 한 나라 전체 또는 일정 지역의 경제활동을 파악하는 것이다. 산업연관표는 일정 기간(통상 1년)에 각 산업이 생산하는 재화·서비스가 산업 상호 간 또는 산업과 수출이나 소비 등의 최종 수요 사이에 어떻게 분배되느냐, 거래 활동을 하나의 표로 정리한 것이다. 각 부문의 투입과 산출(수입)의 관계를 보여주기 때문에 투입산출표(Input-Output Table)라고도 한다.

산업연관표는 같은 수의 행(行)과 열(列)을 가진다. 행은 그 산업의 생산물이 어느 산업부문 또는 어느 최종 수요부문에 얼마나 판매되었는가를 표시하고, 열은 각 산업이 생산을 위하여 어떤 산업으로부터 얼마만큼의 원재료, 또는 노동을 구입하고 또 얼마만큼의 부가가치를 생산하였는가를 표시한다.

어떤 생산물의 생산에 소요되는 투입물이 항상 비례관계에 있다고 인정할 수 있는 산업부문을 내생부문(內生部門)이라 하고, 생산물을 최종적으로 사용하는 최종 수요부문과 원시적 투입부문을 외생부문이라 한다. 산업연관표와 국민소득의 관계를 보면, 부가가치부문의 행의 합계에 관세를 가산하면 국내총생산과 같고, 또 최종 수요부문의 열의 합계는 이에 대응하는 국내총지출과 같다. 한편 국내총지출에 간접세 및 보조금을 조정하면 요소비용에 의한 국내총생산을 산출할 수 있다.

목재는 2차, 3차 가공과 유통과정을 거쳐 소비자에게 전달된다. 그 과정에 다양한 업종이 참여한다. 따라서 목재의 물질흐름과 가치의 변화를 함께 추적할 필요가 있다. 임업과 목재가공업의 연관성을 높여 국산목재의 이용을 높이는 것이 중요하기 때문이다.

가치사슬분석

가치사슬(Value chain)은 마이클 포터(M. Porter, 1985)가 주창한 것인데, 기업 활동에서 부가가치가 창출되는 연쇄과정을 말한다. 부가가치 생성에 직간접적으로 관련되는 모든 활동, 기능, 프로세스의 연관성을 의미한다. 여기에서 부가가치란 생산과정에서 새로 더해지는 가치인데, 예를 들어 원목을 10만 원에 구입하여 15만 원짜리 제재목으로 가공하여 판매한다면 제재과정에서 5만 원의 부가가치를 창출한 것으로 볼 수 있다. 제품이 소비자에 전달되기까지 각 단계를 나누고 어느 단계에서 얼마만큼의 부가가치가 더해지는가를 분석하는 것은 흥미로운 과정이다.

가치사슬은 기업이 경쟁전략을 구상할 때 자신의 경쟁적 지위를 파악하고 개선 지점을 찾기 위해 사용하는 모형이다. 그 구조를 도식화한 것이 <그림 4.8>이다. 부가가치 창출 활동은 크게 주요 활동과 지원 활동으로 구분된다. 주요 활동에는 생산요소 투입, 생산, 선별·포장·저장·가공, 유통, 판매 등이 있고, 지원 활동에는 조직화 및 규모화, 마케팅, R&D, 정부정책 등이 있다. 이러한 활동을 분석함으로써 기업은 프로세스 혁신, 원가절감, 품질향상, 납기단축 등을 도출해낸다.

임업에서 가치사슬은 임업·임산업 경영과정의 부가가치 창출과 관련한 모든 직간접 활동을 포함한다. 특히 임산물은 일반 공산품과 달리 생산에서 가공 및 판매에 이르기까지 고려할 사항이 많다. 임산물의 가치사슬을 효율적으로 관리하려면 각 단계의 활동을 종합적으로 연계할 수 있어야 한다.

가치사슬의 각 단계를 생산부터 소비까지 수평으로 나열하면 재화는 왼쪽에서 오른쪽으

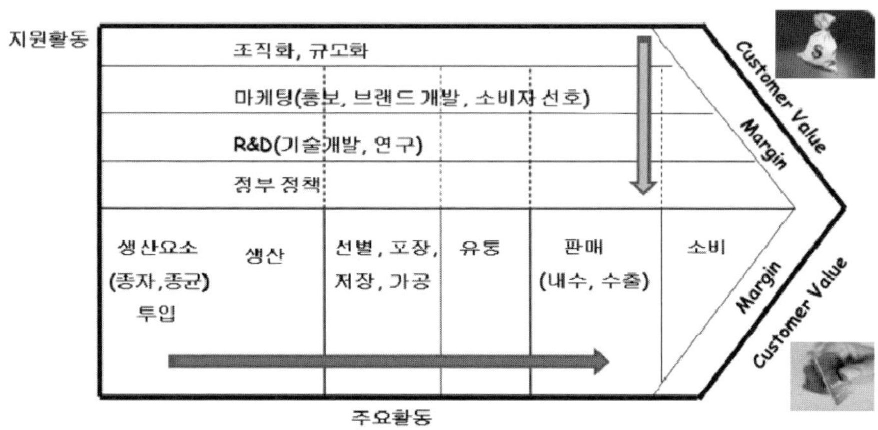

그림 4.8 가치사슬 분석

자료: 김연중 외(2010)

로 움직인다. 특정 단계의 오른쪽 부분이 전방산업(forward industry)이고 왼쪽 부분이 후방산업(backward industry)이다. 예를 들어 생산단계에서 전방산업은 선별·포장·저장·가공, 유통 등이고 후방 산업은 생산요소 투입 산업이다.

생산요소 투입부터 소비자 판매에 이르기까지 각 단계를 통합하여 효율성을 높이기도 한다. 전방 또는 후방산업과 통합하는 것을 수직통합(vertical integration)이라 하는데, 전방 또는 후방산업에 대한 통제력을 강화하기 위함이다. 시장 변화에 적극 대응하여 효과적으로 가치 증대를 달성할 수 있으므로 기업들은 수직 통합에 많은 노력을 기울인다. 예를 들어 미국의 대형 제재기업들은 대규모의 산림을 직접 경영하여 원목을 생산한다. 또, 농산촌의 6차산업화는 농림업 생산자가 가공, 판매, 체험 등을 겸하는 것으로서 일종의 전방통합으로 볼 수 있다.

글로벌 가치사슬이란 무엇일까? 가치사슬의 의미에 세계화의 개념을 결합한 것이다. 세계화가 진행되면서 기업들은 그들의 가치사슬을 세계로 확대한다. 다시 말해 가치사슬의 여러 활동을 다른 나라의 여러 기업과 긴밀한 분업 아래 수행한다. 산림의 보호가 글로벌 이슈가 되고 목재소비의 대부분을 외국에 의존하는 우리나라 입장에서 목재제품의 글로벌 가치사슬을 이해하는 것은 매우 중요하다.

참고문헌

김연중·박기환·서대석·한혜성. (2010). 주요 농산물의 가치사슬 분석과 성과제고 방안. R621 한국농촌경제연구원.

나가타 신. (2017). 임정학강의. (김세빈 외 옮김). 충남대학교출판문화원.

남경수 · 임희선 · 강민성 · 안병일. (2021). "국내 목재산업의 국가경제 기여도와 성장요인 분해 분석." 농촌경제 44(3): 53-74. 한국농촌경제연구원.

마이클 포터. (2008). 마이클 포터의 경쟁우위. 21세기북스.

민경택. (2020). "임업·목재산업의 산업연관분석." 한국산림과학회지 109(4): 521-531.

안병일 · 김의경 · 김형호 · 김동현. (2009). "기후변화가 국내 목재시장에 미치는 영향 분석." 농촌경제 32(5): 109-131. 한국농촌경제연구원.

이상민 · 장철수 · 김경덕. (2008). 목재의 수급 모형 구축 및 전망. R573 한국농촌경제연구원.

이요한 · 윤여창 · 민경택. (2006). "제재산업의 기술변화 분석." 한국임학회지 95(3): 268-273.

이정환 · 박준기 · 조재환. (1997). "쌀 소비 감소요인: 쌀은 열등재이기 때문에 소비가 감소하는가?" 농촌경제 20(3): 1-14. 한국농촌경제연구원.

주린원 · 정연관. (1993). "국내의 기존 목재시장 모델에 관한 이론적 고찰 및 앞으로의 연구방향." 임업경제 창간호 45-56.

주린원 · 이성연. (1998). "국내 임산물시장의 추세 예측을 위한 계량경제모델 개발." 산림과학논문집 58: 72-9.

주린원 외. (2007). 산림부문의 추세 및 장기 전망: 1970-2005-2050. 연구보고 07-19 국립산림과학원.

최수임 · 주린원. (2011). "우리나라 주택분야 내 목제품의 탄소저장량 추정." 한국임학회지 100(4): 708-714.

한국은행. (2014). 산업연관분석 해설. 한국은행.

WWF. (2012). Living Forest Reports. <https://wwf.panda.org>

Zhang, D. & P. Pearse. (2011). Forest Economics. UBC Press.

제 5 장

산림의 공익기능의 가치 평가

산림은 임목 외에도 다양한 생산물과 서비스를 생산한다. 산림의 경제재 생산 기능 외에 공공 복리에 기여하는 기능을 공익기능이라 한다. 여기에는 물과 맑은 공기, 휴양, 생물다양성, 경관에 이르기까지 매우 다양하다. 이러한 편익의 수요는 점점 증가하며 그 가치도 함께 증가하여 산림관리에 큰 영향을 미치게 되었다. 다음의 상황을 생각해 보자.

- DMZ에 가까운 지자체에서 두루미를 보호하는 데 상당한 자원의 투입을 제안한다. 주민들에게 미치는 비용과 편익에는 무엇이 있으며 그 크기는 얼마인가?
- 산림의 수원함양 기능을 유지하기 위해 원목생산업자가 대규모 개벌을 하지 못하도록 한다. 이러한 규제의 사회적 순편익은 얼마인가?
- 정부는 새로운 국립공원 지정을 검토한다. 국립공원 방문객에게 어떤 편익을 주는가? 또, 그 공원을 방문하지 않는 사람에게는 어떤 편익을 주는가?
- 천성산을 통과하는 고속철도 터널 공사를 한다. 이 개발때문에 이 산에 서식하는 도롱뇽 수천 마리가 사라질 수 있다. 도롱뇽이 사라지는 것의 사회적 비용은 얼마인가?
- 산림청은 어떤 오지 지역을 산림유전자보호림으로 지정하려고 한다. 거리가 멀어 실제 이 곳을 찾는 사람은 거의 없다. 이용자는 적지만 산림유전자보호림을 지정하였을 때 충분한 사회적 편익은 존재하는가?
- 국립산림과학원은 우리나라 산림의 공익기능의 가치를 259조 원(2020년)으로 평가하였다. 그 값은 합리적인가?

위와 같은 논란에는 항상 자연자원 보존과 관련한 가치의 중요성을 내세우는 주장이 있고, 한편으로 자연자원의 적극적 이용에 따른 경제적 가치 창출의 중요성을 강조하는 주장이 있다. 각자가 생각하는 가치를 중심에 두고 이야기한다. 이러한 물음에 답하기 위해 산림자원 보전을 통해 얻을 수 있는 가치 또는 산림 이용에서 얻는 서비스의 가치를 평가해야 한다. 문제는 이러한 서비스가 시장에서 거래되지 않아 가격 지표를 찾기 어렵다는 것이다.

비가격 가치

측정의 문제

'가치'라는 말은 철학적 또는 도덕적 관념을 내포한다. 가치의 개념 자체가 본질적으로 복잡하고 다차원적이며 동시에 개인의 상황과 가치관에 따라 달라지기 때문이다. 따라서 경제학에서 말하는 가치의 개념을 명확히 이해할 필요가 있다. 여기에서 언급하는 가치는 개인이 어떤 재화와 서비스에 느끼는 효용의 크기를 가리킨다.

산림이 제공하는 생산물과 서비스의 일부는 시장에서 거래되고 가격이 매겨진다. 예를 들어 국유림은 임목을 벌채할 권리를 원목생산업자에 판매하는데, 임목가격은 경쟁으로 결정된다. 이 경우 가격과 사회적 가치의 괴리를 가져오는 시장의 불완전성을 언급할 수도 있겠지만 임목의 가치를 평가하는 데 특별한 문제는 없다.

산림의 다른 가치들은 이용자들이 비용을 지불하지 않고 사용할 수 있다. 휴양, 경관, 대기정화, 어메니티, 홍수조절, 탄소고정 등의 서비스가 있다. 대가를 지불하지 않고 이용할 수 있는 임산물과 서비스의 종류와 범위는 나라마다 다른데, 산림조건이 다르고 재산권 제도가 다르기 때문이다.

산림의 일부 편익은 가격을 매기거나 판매할 수 없다. 기술적으로 가격을 정하거나 거래할 수 없기 때문이다. 예컨대, 산림경관을 개별 소비자에게 판매하기 어렵고 대가를 지불하지 않겠다는 사람들을 배제하기도 어렵다. 그런 점에서 산림경관은 공공재(public good)에 해당한다. 사용자 비용이 발생하지 않으며, 어떤 가격을 부여하면 소비를 효율적으로 할당하지 못하고 그것이 창출하는 가치를 줄이게 된다.

정치적인 이유도 있는데, 정책때문에 거래되지 않는 경우이다. 국립공원 입장은 무료이지만 가격 책정에 어려움이 있는 것은 아니다. 실제 일부 사찰은 문화재 관람의 명목으로 비용을 부과하기도 한다. 일부 지자체에서 산림공원 입장에 요금을 부과하는 경우도 있지만 그 요금은 산림자원 소비와 무관하다. 그것은 시장 가격이라기보다 주차장 관리와 같은 일종의 관리 비용이다. 자원의 이용 수준은 종종 가격이 아니라 입산금지 기간 등 규제 수단으로 통제된다.

어쨌든 산림자원이 소비자에게 부여하는 가치를 가리키는 가격이 존재하지 않는다면 다른 방법으로 그 가치를 계측해야 하는 문제가 생긴다. 이용자들이 가격을 지불하여 가치를 표현할 수 없는 상황에서 이들의 가치를 어떻게 추정할 것인가, 이것이 이 장의 과제이다.

가격이 존재하지 않는다는 것은 이들 서비스가 가치없음(valueless)을 뜻하는 것은 물론 아니다. 가격(price)으로 표현되지 않았을 뿐이다. 보통의 시장 지표가 없다면 수요에 관한 간접 증거를 이용한다. 실제 가격이 없더라도 소비자가 이들 재화와 서비스에 얼마를 지불할 의사가 있는가, 이를 추정하기 위해 정보를 모으고 분석하는 것이 문제이다.

비시장 재화의 가치평가가 어려운 것은 재화가 무형이기 때문은 아니다. 그림이나 음악, 문학에서 사람들이 누리는 즐거움도 무형이지만 그 가치는 가격으로 관찰할 수 있다. 산림의 공익기능의 가치를 평가하는 것이 어려운 것은 무형이기 때문이 아니라 가격이 형성되는 시장이 없기 때문이다.

시장에서 거래되지 않는 환경 가치를 측정하기 위해 개개인들에게 얼마만큼의 효용을 가져다 주는가를 알아내야 한다. 이와 같은 가치의 측정방식은 신고전파 후생경제이론에 기반을 둔다.

가치의 분류

신고전파 후생경제학 입장에서 가치는 개인이 특정 재화에 부여하는 중요성 또는 개인이 느끼는 편익의 크기로서 정의된다. 그런데 현실에서 산림의 가치를 살펴볼 때 인간의 이용형태에 따라 구분할 필요가 있다.

산림의 가치는 크게 이용가치(use value)와 비이용가치(non-use value)로 분류된다. 이용가치는 실제 산림을 직간접으로 이용함으로써 발현하는 가치이다. 예를 들어 산림에서 임목을 수확하거나 버섯류를 채취할 수 있으며 등산과 산림치유 등 휴양을 즐길 수 있다. 이것들은 모두 직접 가치를 발생시킨다. 뿐만 아니라 산림은 생태계 서비스로서 수원함양, 대기정화, 야생동물 서식처 제공 등의 편익을 제공하는데, 이는 간접 가치로서 측정할 필요가 있다. 사용가치로서 또 하나 고려해야 하는 것은 선택가치이다. 그러한 생태계 서비스를 이용한다는 옵션(선택지)을 남겨두고 싶다는 마음에서 비롯하는 가치이다. 반면에 비이용가치는 존재가치와 유산가치로 나눈다. 각각을 자세히 살펴보자.

- 선택가치(option value): 자원을 장래 언젠가 이용하고 싶은 사람들은 그 자원을 보호하거나 유지하는 데 지불의사액을 가질 수 있다. 휴양 활동에 참여하지 않는 사람도 휴양 기회에 가치를 부여한다. 적극적 소비자가 아닐지라도 자신과 자녀들을 위해 그 기회를 보존하는 데 기꺼이 지불하려 한다. 그러한 가치가 선택가치이다. 선택가치는 비가역적 결정을 내릴 때 중요하다. 예를 들어 댐 건설을 검토할 때 그로 인해 수몰되는 산림의 이용 가치 또는 심미적 가치에 더하여 선택가치도 고려해야 한다. 또, 특정 생물이 현재 유용하게 사용되지 않더라도 미래 기술개발 등으로 항암제 등의 원료로 사용될 가능성을 완전히 배제할 수 없기 때문에 이 생물종의 유용성에 관해 더 많은 정보를 얻을 때까지 이 생물종을 보존하는 것에 가치를 부여할 수 있다. 관련 자원이 유일하지 않거나 대체할 수 있다면 이 가치는 덜 중요해진다.
- 존재가치(existence value): 현재와 미래에 특정 자연자원이나 생태계를 직접 이용할 계획은 없어도 단지 자원의 존재를 유지하는 데 지불의사액이 있을 수 있다. 사람들은 광릉 딱다구리, 동강 할미꽃, 북극곰 등을 보존하는 데 돈을 낼 의사가 있다. 자신이 직접 볼 일이 없어도 그렇다.
- 유산가치(bequest value): 현 세대만이 아니라 미래 세대 사람들이 특정 자연자원이 존재하는 세계를 즐기도록 하는 지불의사액도 있다. 예를 들면 충분한 자연자원이 있는 세계에서 자손이 살 수 있도록 토지를 개발하지 않고 보호하는 것에 대한 지불의사액이다.

산림의 다면적 가치를 분리하는 것은 쉽지 않다. 산림의 가치는 아마 현재 이용의 가치,

선택가치, 보존가치의 혼합이며 이 모든 형태의 가치를 창출한다. 이러한 가치를 화폐로 정확히 평가하는 것은 쉽지 않다. 사실 국내외에서 수행한 가치평가 작업은 주로 존재가치에 집중되었다.

경제학은 인간의 가치, 생산과 소비뿐만 아니라 보전과 보호를 다룬다. 숲, 토지, 휴양림도 화폐 단위로 또는 인간의 입장에서 평가하며, 계속 보존하는 것의 순현재가치가 당장의 소비 가치보다 크다면 보전해야 한다. 그러나 일부 철학자와 보전 생물학자들은 모든 살아있는 유기체와 자연이 고유의 본질적 가치를 가진다고 보며, 이는 유용성 또는 가치를 바라보는 인간의 관점과 독립적이라고 본다. 어떤 사람들은 도덕적 바탕에서 보전과 보호를 강력히 주창한다. 그럼에도 자원의 가치를 경제적으로 분석하는 것은 자연자원의 현명한 이용과 보전에 관한 의사결정에 필요한 정보를 제공할 수 있다.

가치평가의 의의

산림자원은 다면적 가치를 지니는데, 직접 이용과 간접 이용에서 유래하는 가치에 더해, 선택가치와 존재가치라는 다양한 가치가 있는 것을 보았다. 그리고 이들 가치는 시장에서 정확하고 구체적으로 부여되어 있지 않다. 이를 화폐가치로 평가하여 시장 거래에 포함하려는 시도가 공익기능의 가치 평가이다. 이는 '돈만이 가치있다'라는 의미가 아니다. 희생해도 괜찮은 수량의 근저가 되는 개념으로서 이를 수치화하는 데 가장 편리한 지표가 돈이라는 의미이다. 환경보존 또는 개발로 높아지는 만족도를 후생 수준으로 측정하여 의사결정에 포함하려는 것이다.

그러나 이러한 생각에 의문을 가질 수 있다. 첫째, 누구의 후생 수준을 다루는가. 가치평가에 참여하지 못하는 다음 세대의 후생은 왜 무시하는가. 둘째, 다른 생물의 생존권을 생각하지 않고 인간중심주의 아닌가. 셋째, 사람들의 후생을 증진하는 것이 인간사회의 지속가능성과 일치하지 않을 수도 있지 않을까. 이러한 문제제기는 타당하지만 사실 명확히 답변하기도 어려운 문제이다.

그럼에도 공익가치의 화폐 척도를 구하는 것이 중요한 이유는 다음과 같다.

첫째, 금액의 표시는 1인 1표가 아니므로 대상이 되는 자연자원에 대한 선호의 강함을 나타낼 수 있다. 민주주의 사회는 다수결을 의사결정의 기준으로 삼지만 이것만으로는 충분하지 않다. 이 방식은 모든 사람이 자연자원에 동일한 가치를 부여한다고 가정하기 때문이다. 그러나 사람마다 선호의 강약이 다르고 이를 반영하는 데 화폐가치 평가는 좋은 접근이 된다.

둘째, 경제적 가치 평가로 도출된 결과를 놓고 논의를 시작할 수 있다. 어떤 개발 사업을 추진할 때 쟁점이 되는 것은 개발사업의 가치가 크냐 아니면 자연자원의 보존을 통해 얻는 가치가 크냐이다. 이때 통일된 기준으로 비교하지 않고 단지 중요성만을 내세우면 논쟁은 끝나지 않을 것이다. 따라서 화폐가치로 평가하는 일차적 의미는 서로 다른 가치를 비교하고 논의할 수 있는 자리를 마련한다는 데 있다. 이때도 화폐로 측정할 수 없는 이득과 손실도 있다는 것을 함께 생각하는 것은 매우 중요하다. 화폐가치 평가의 유효성과 한계를 인식하고 논의해야 한다.

셋째, 화폐가치 평가액이 충분히 큰 경우에 자연자원 보존의 근거가 된다. 평소 일반인들이 큰 관심을 두지 않던 여러 자연자원과 생태계의 중요성을 널리 알릴 수 있는 계기를 마련할 수 있다. 산림이나 야생동물이 제공하는 다양한 공익기능의 가치를 평가하여 알림으로써 산림생태계의 중요성과 보존의 필요성을 홍보할 수 있게 되었다.

넷째, 자연자원 개발의 비용편익분석에 응용할 수 있다. 예를 들어 어느 지자체에서 산림공원을 만들어 시민들에게 휴식처를 제공하고자 한다. 등산로를 정비하고 산 중턱에 전망대를 만들려면 예산이 필요하고 의회에 설명해야 한다. 시민들이 누리는 편익을 화폐가치로 제시한다면 훨씬 이해를 구하기 쉬울 것이다.

다섯째, 자연자원 관리에 응용할 수 있다. 예를 들어 여행비용법을 이용하면 어느 산림공원의 방문자 수요곡선을 구할 수 있다. 이를 이용하면 산림공원의 수용력에 맞추어 방문자 이용을 제한하는 방안을 마련할 수 있다.

산림의 비시장 재화와 서비스는 종종 정의하기 어렵고 가치를 측정하기도 어려우며, 때로는 감정적 반응을 불러오기도 한다. 그러한 편익의 가치를 평가할 때 편익의 특성, 수혜자, 가치평가 방법이 어떻게 이러한 가치를 도출하는지 자세히 밝히는 것이 중요하다.

가치의 측정으로서 소비자잉여

소비자잉여

사람들이 어떤 재화와 서비스에서 얻는 효용 또는 가치는 사람들의 지불의사에 반영된다. <그림 5.1>에서 DD'는 수요곡선이다. 어떤 재화가 가격 P에서 팔리면 구입량은 Q가 되고 구매자의 지불 금액은 □$OPEQ$이다. 그러나 소비자가 누리는 편익은 수요곡선 아래의 면적, □$OD'EQ$이다. 여기에서 △$PD'E$은 소비자가 실제 가격 P이상으로 지불할 의사를 나타낸다. 이를 소비자잉여(consumer surplus)라고 한다. 만일 어떤 상품을 공짜로 이용할 수 있다면 소비자가 얻는 전체 가치는 △$OD'D$이다.

소비자잉여가 존재하는 것은 수요곡선이 우하향하기 때문이다. 수요가 완전히 탄력적이라면 수요곡선은 가격 P에서 수평이 되고 소비자잉여는 존재하지 않는다. 또, 수량이 한계적이면 소비자잉여는 무시할 수 있다. 예를 들어 수많은 생산자 가운데 한 사람이 공급하는 수량의 가치 또는 수많은 토지 가운데 한 단위의 토지에서 공급하는 수량의 가치를 추정해야 한다면 그 변화는 소비자잉여 또는 균형가격을 크게 바꾸지 않을 것이다.

동등변화와 보상변화

특정 산림공원의 수요는 그 공원이 제공하는 휴양 경험의 수요에서 유도할 수 있다. 따라서 어떤 산림공원에서 휴양의 수요곡선은 <그림 5.1>과 같이 나타난다. 만약 무료로

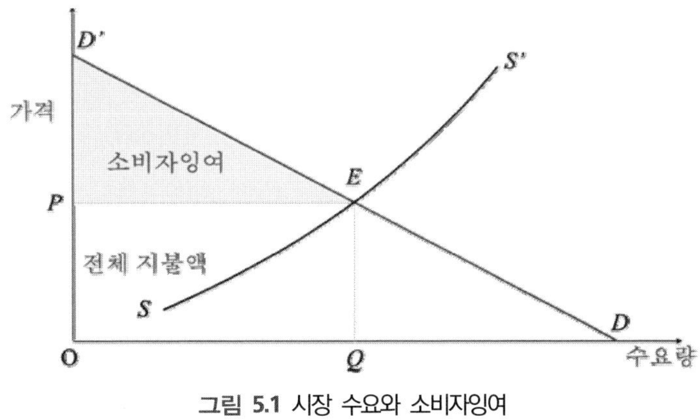

그림 5.1 시장 수요와 소비자잉여

접근할 수 있다면 D를 관찰할 수 있고, 이는 가격 0에서 수요되는 양이다.

또 다른 방법은 사람들에게 휴양을 못하게 할 수 있는 최소 보상 금액을 조사하는 것이다. 이 값이 소비자 소득에서 큰 영향을 받지 않는다면 결과는 비슷할 것이다. 그러나 소비자들은 소득에서 늘어난 돈보다 줄어드는 돈에 더 민감하게 반응한다. '소득효과' 때문에 최소 수용금액은 최대 지불의사액보다 작을 수 없고 일부 연구는 이 값이 훨씬 더 크다는 것을 보여준다.

이러한 방법으로 소비자잉여를 측정할 수 있다. 소비자가 어떤 재화에 지불한 값에 더하여 지불할 용의가 있는 최대값을 동등변화(EV; equivalent variation)라 하며, 재화를 소비하지 않게 하는 최소 수용 보상을 보상변화(CV; compensation variation)라 한다. 동등변화는 가격 변화로 인해 만족 수준에 변화가 나타날 때 그 변화된 만족을 변화되기 전의 가격을 기준으로 평가한다. 한편, 보상변화는 변화된 가격을 기준으로 평가한다. 이 개념은 보상수요곡선을 통해 정의된다.

어느 것이 더 적절한가는 재화의 특성 또는 재산권에 달려있다. 소비자가 원래의 이용에 권리를 가지고 있다면 보상변화가 더 적절하다. 한편 소비자들이 더 높은 수준의 이용을 원한다면 동등변화가 더 적절하다. 개인들이 재화를 구입해야 하거나 더 많은 것을 원한다면 적절한 측정은 동등변화, 즉 그들이 지불할 최대 금액이다. 사람들이 어떤 재화를 이미 가지고 있고 그것을 빼앗아야 한다면, 적절한 측정은 보상변화이다. 그것은 개인의 지출함수(expenditure function)에 근거한다.

소비자잉여의 직접적인 측정 방법

직접적 혹은 간접적인 시장 가격으로 비시장 재화와 서비스의 가치를 파악할 수 없는 경우에 지불의사액을 추정하는 특별한 방법이 있다. 단도직입적으로 직접 물어보는 것이다. 이를 진술선호법(stated preferences)이라고 한다.

가상평가법(Contingent Valuation Method)

뒤에서 보는 현시선호법 사례는 실제 시장에서 환경가치가 어떤 형태로 반영되어 직접 데이터를 구할 수 있는 경우이지만 실제 시장에서 자료를 전혀 구할 수 없는 경우가 많다. 이 때 가상평가법(CVM)을 이용한다. 이를 가상평가법이라 하는 것은 조건부 혹은 가상적 상황을 만들고 사람들의 평가를 묻기 때문이다. 마치 해당 자연자원의 시장이 존재하는 것처럼 질문한다.

CVM이 널리 알려진 계기는 1989년 원유수송선 엑손 발데즈호가 알래스카 해안에 좌초되어 발생한 원유 유출 사고이다. 당시 논쟁은 엑손에 청구할 보상액 산정의 문제였다. 보상을 검토하면서 미래의 사고를 예방하는 데 여러분이라면 얼마를 지불하겠습니까라는 질문으로 조사했던 것이 CVM을 대대적으로 응용한 최초 사례이다. 응답자가 직접 얼마라고 말하므로 알기 쉽지만 정말 솔직하게 답하는지 비판이 제기되었다. 그래서 미국 국립해양대기관리국(NOAA)은 전문가 패널을 구성하여 CVM의 타당성을 검토하였고 환경피해의 보상액을 결정하는 데 사용할 수 있다고 결론내렸다. 또, 패널은 주민의 사용가치 이외에도 환경의 존재가치나 미래의 유산가치 등 비사용가치를 피해액에 포함해야 한다는 가이드라인을 제안하였고 이는 CVM의 기본지침이 되었다.

단순하게 어떤 산림공원의 이용자를 생각해 보자. 공원에 연못이 있고, 입장료는 무료이다. 현재 상황에서 연 1회 이용하는 경우 입장료를 부과하면 최대 얼마까지 지불할 의사가 있는가 묻는다. 마찬가지로 연 2회 이용하는 경우의 입장료 지불의사액, 3회, 4회, …를 물어 <그림 5.2>의 곡선 D를 유도할 수 있다. 이것을 이 공원의 수요곡선이라고 볼 수 있다. 수요곡선 아래의 면적으로 이 산림공원의 이용자 가치를 평가할 수 있다.

현재 공원 연못의 수질이 나쁘고 이 때문에 경관도 좋지 않다. 연못 수질을 개선하면 경관이 좋아진다. 연못 수질 개선의 가상적 상황을 제시하고 동일한 설문조사를 실시하면 이용자의 지불의사액은 증가할 것으로 예상된다. 이를 그린 것이 D'이다. D와 D'의 차이로 연못 수질 개선의 편익을 측정할 수 있다. 실제는 무료로 이용하기 때문에 시장 데이터로 그 가치를 계측할 수 없지만 설문조사를 통해 환경개선의 가치를 계측할 수 있다.

이상의 설명은 마샬의 소비자잉여에 기초한 것인데, CVM은 직접적으로 환경재 개선에

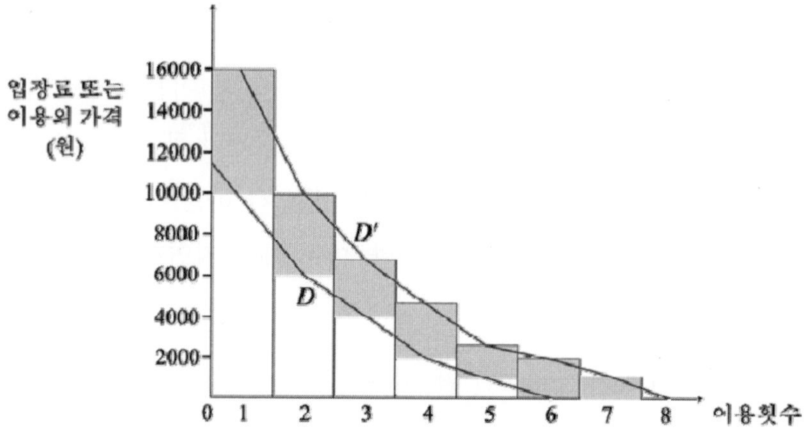

그림 5.2 가상평가법의 모델

대한 가치, 힉스(Hicks)의 보상잉여인 최대 지불의사를 이끌어낸다.

다음으로 환경재의 수량이나 질을 변화시키는 정책이 소비자 편익에 어떤 영향을 주는지 알고 싶을 수 있다. 어떤 소비자의 효용함수를 $U=U(q,G)$라고 하자. 여기에서 q는 환경의 수준을, G는 환경재 외 기타 재화에 대한 지출이다. 만약 환경 개선 사업을 통해 환경의 수준이 q^0에서 q^1으로 바뀐다면 그로 인해 달라지는 소비자의 후생을 어떻게 측정할 수 있을까. 여기에서 환경재 수준은 외생적으로 결정되기 때문에 환경재의 통상수요함수를 직접 추정할 수 없다.

외생적으로 결정되는 소비재가 정책 등의 영향으로 변화할 때 후생의 변화는 CV나 EV대신 보상잉여(CS; compensation surplus)나 동등잉여(ES; equivalent surpluss)로 정의된다. <그림 5.3>을 보자. 가로축은 환경수준을, 세로축은 소득수준을 가리킨다. U^0와 U^1은 환경수준과 소득의 무차별곡선이다. 소비자의 소득이 y일 때 소비자 예산선은 B^0이다. 원래의 환경 수준은 q^0이고 소비자의 선택은 a이고 이때 효용수준은 U^0이다. 소비자가 환경 수준을 선택할 수 없으므로 무차별곡선과 예산선은 접하지 않을 수도 있다.

환경이 개선되어 q^1을 이용할 수 있다면 소비자의 선택은 b로 바뀌고 효용수준은 U^1으로 증가한다. 좋아진 상태 q^1에서 원래의 효용 U^0를 얻게 하는 소비점은 C이고, 여기를 지나는 예산선이 세로축과 만나는 점은 y_C이다. 새로운 수준($q=q^1$)을 기준으로 원래의 효용수준을

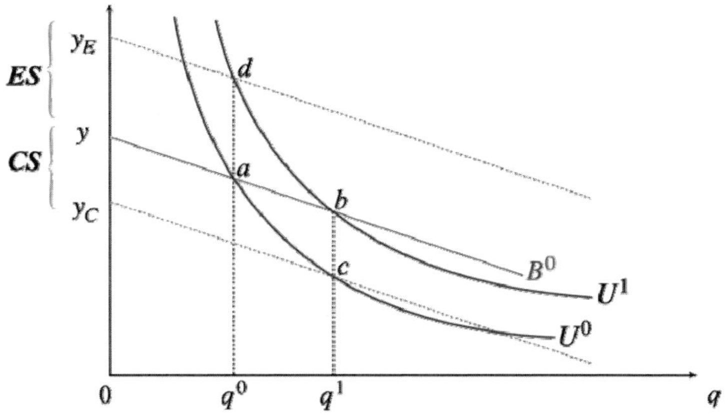

그림 5.3 동등잉여와 보상잉여

달성하기 위해 필요한 소득변화, 보상잉여 CS는 $y-y_C$이다. 한편, 원래의 환경수준 q^0에서 개발 후의 효용수준 U^1을 달성할 수 있게 하는 소비점은 d이고 여기를 지나는 예산선이 세로축과 만나는 점은 y_E이다. 따라서 동등잉여 ES는 y_E-y이다.

특정 지역의 경관 및 생물다양성 수준이 좋아져서 그 곳을 찾는 사람들이 증가할 경우 보상잉여는 처음의 효용수준을 유지하면서 개선된 경관 또는 생물다양성 수준을 얻기 위해 기꺼이 지불하려는 소비자의 최대지불의사이다. 반대로 혐오시설이 들어와 생물다양성 수준이 감소하거나 경관이 훼손될 때 CS는 소비자가 감소된 수준을 기꺼이 받아들이는 데 대한 보상수용의사(willingness to accept)가 된다. 지출함수를 정의하고 p를 사적재 가격의 초기값, q^0를 초기 환경질 수준, U^0를 초기 효용수준, y를 소득수준이라 하고, q^1을 달라진 환경수준이라 하면 CS와 ES는 각각 다음과 같이 정의된다.

<5.1> $$CS=e(p,q^0,U^0)-e(p,q^1,U^0)=y-e(p,q^1,U^0)=y-y_C$$

<5.2> $$ES=e(p,q^0,U^1)-e(p,q^1,U^1)=e(p,q^0,U^1)-y=y_E-y$$

만약 CS가 양이면 q^0보다 q^1을 선호하여 소비자는 초기 효용수준과 같아지는 점까지 지불하려 할 것이다. 보상잉여는 초기 환경질 수준의 효용수준을 유지하기 위한 지출에서 개선된 환경질 수준에서 초기 효용수준을 유지하기 위한 지출을 뺀 것으로 정의된다. 지출함

수를 정의하고 Q를 변하지 않는 다른 공공재의 수준, T를 응답자 특성으로 가정하면, CS를 다음과 같이 쓸 수 있다.

<5.3> $$CS = e(p, q^0, Q, U^0, T) - e(p, q^1, Q, U^0, T)$$

첫번째 지출함수는 y, 즉 응답자의 현재 소득이고, 두번째 지출함수는 p, q^1에서 U^0를 달성하기 위한 소득수준 y_C이 된다. 지불의사는 y와 y_C의 차이로 정의되고 이는 소득보상함수와 동등한 형태로 표현된다. 지불의사를 편익의 측정치로 사용하면 소득보상함수는 보통 다음과 같은 지불의사로 간주된다.

<5.4> $$WTP(q^1) = f(p, q^1, q^0, Q, \ y, T)$$

<식 5.4>은 환경질의 변화로 나타나는 경제적 후생변화를 화폐가치로 나타내는 기본식이다.

가상평가법의 단계는 다음과 같다. 첫째, 평가대상의 재화를 명확히 설정한다. 둘째, 대상재화에 향후 발생할 수 있는 사건들을 예측하여 가상 시나리오를 작성한다. 셋째, 적절한 지불 수단을 선택한다. 지불 수단으로 세금 또는 기부금을 많이 사용하며 관광지에서는 입장료를 많이 사용한다. 넷째, 응답자의 지불의사 유도 방법을 선택한다. 양분선택형과 개방형 질문법이 많이 사용된다. 다섯째, 조사대상과 표본을 추출하고, 조사방법을 선택한다. 여섯째, 응답을 집계·분석한다. 분석모형은 양분선택형에서 로지스틱 회귀모형과 프로빗모형, 개방형에서 다중회귀모형, 토빗모형의 적용 사례가 많다.

다만 가상평가법이 만능은 아니다. 가상평가법의 이론은 직접적이지만 설문조사를 설계할 때 주의해야 한다. 예를 들면 어떤 야생동물 서식지 보존의 지불의사를 산출하려면 대상지의 자세한 설명, 가치를 제공하는 메카니즘, 구체적인 지불 방법을 제시해야 한다. 또, 설문은 반드시 사전조사를 실시해야 한다.

방문객들이 현재 무료로 이용하고 있다면, 이용에 얼마를 지불할 의사가 있는가 이런 질문에 일관성있고 합리적인 답변을 얻는 것은 매우 어렵다. 자유롭게 이용할 수 있다고 생각하기 때문에 그리고 질문 의도를 의심하여 고의로 또는 무의식적으로 본의를 왜곡하여 답할 수도 있다. '공짜'라고 답하거나 '돈을 내고 싶지 않다'라고 답할 수도 있다. 또는 터무니없는 값을 부르기도 한다. 실제 그런 것에 돈을 내어 본 적이 없으므로 얼마가 적당한지 잘 몰라서 선택지 금액에서 대충 중간값을 선택할 가능성도 있다. 게다가 응답한 금액을 실제로 부과한다면, 이용자들이 행동을 변화시킬 것이며 이 때문에 조사 결과의 해석이 쉽지 않다. 이러한 편의(bias)가 생기지 않도록 고민해야 하는 것이 가상평가법 이용의 주의점이다.

실제 연구에서 널리 응용하는 양분선택형 가상평가법을 간단히 살펴보자. 가상평가법은 대규모의 설문조사를 실시하여 데이터를 모은다. 응답자에게 가상적인 환경정책을 제시하고 그것을 실시하는 데 응답자의 부담액이 T원이라고 한다. 부담액 T원으로 환경정책을 실시하였을 때의 효용함수를 U_Y, 환경정책을 실시하지 않을 때의 효용함수를 U_N이라 한다. 효용함수는 관찰가능한 간접효용함수 V_Y, V_N과 오차항 ε_Y, ε_N으로 바꿔 쓸 수 있다. 환경정책을 실시하는 데 T원의 금액을 지불할 의사가 있는가 질문에 응답자가 '예'라고 응답하는 확률을 다음과 같이 설명할 수 있다(Hanemann, 1984).

<5.5>
$$\begin{aligned}\Pr[Yes] &= \Pr(U_Y > U_N)\\ &= \Pr(V_Y + \varepsilon_Y > V_N + \varepsilon_N)\\ &= \Pr(\varepsilon > -\Delta V)\\ \Delta V = V_Y - V_N &= \beta' x,\ \ \varepsilon = \varepsilon_Y - \varepsilon_N\end{aligned}$$

여기에서 효용격차 함수로서 대수선형함수 $\Delta V = \beta_0 + \beta_T \ln T + \sum \beta_k x_k$를 이용한다. 또, ε이 로지스틱 분포를 한다고 가정하여 로짓모델을 적용할 수 있다. 응답자가 '예'라고 응답할 확률은 다음과 같다.

<5.6>
$$\Pr[Yes] = \frac{1}{1 + \exp(-\Delta V)}$$

이 때 대수우도함수는 다음과 같다.

<5.7> $$\ln L = \sum_i [d_Y \ln \Pr[yes] + d_N \ln(1-\Pr[yes])]$$

여기에서 d_Y는 응답자가 '예'라고 응답했을 때 1이 되는 더미변수, d_N은 응답자가 '아니오'라고 응답했을 때 1이 되는 더미변수이다. 파라미터 추정은 최우법(maximum likelihood estimation)으로 한다.

추정된 파라미터를 바탕으로 지불의사액을 산출한다. 지불의사액은 중앙값과 평균값으로 산출한다. 중앙값은 '예'라고 응답할 확률이 0.5일 때의 제시액에 해당한다. 로짓모델에서 효용격차 함수가 0이 되는 값이다. 평균값은 확률함수의 면적으로 구한다.

<5.8> 중앙값 $$WTP = \exp\left(\frac{-\beta_0 + \sum \beta_k x_k}{\beta_T}\right)$$

<5.9> 평균값 $$WTP = \int_0^{\infty} \frac{1}{1+\exp(-\Delta V)} dT$$

가상평가법의 응용 사례를 보자. 윤여창 외(1994)는 광릉크낙새의 보전가치를, 박소희 외(2019)는 지리산 생물다양성의 보전가치를 추정한 바 있다. 여준호 외(2007)은 전문가 그룹을 대상으로 금강소나무 군락지의 보전가치를 4,203원/월로 추정하였다.

가상평가법은 공익기능의 가치 평가 외에도 다양하게 응용된다. 권오상(2003)은 유전자 변형 농산물에 대한 소비자 지불의사를, 김명은 외(2015)는 산주들의 임목재해보험 보험료 지불의사를 추정하기도 하였다.

선택실험법

선택실험법(Choice Experiment) 또는 컨조인트 분석(conjoint analysis)도 가상평가법과 유사하다. 선택실험법은 마케팅과 심리학에서 개발되었는데 재화의 다양한 속성에 대한 개인의 선호를 측정하는 것이다. 소비자는 상품을 구매할 때 가격과 디자인, 색, 성능 등 여러 속성에서 취향에 맞는 조합을 선택하는데, 소비자가 어느 속성을 중시하는가 알지 못한다. 이들 속성들을 몇개 조합하여 제시하고 응답자가 순위를 매기도록 하여 특정 속성에 부여하는 가치를 추측하는 기법이다. 이를 비시장 재화의 가치평가에 응용한 것이다. 그러나 설문조사 설계에 따라 결과가 좌우되기 쉽다는 것, 연구 축적이 적어 신뢰성이 다소 부족하다는 지적도 있다.

구체적으로 휴양, 경관, 야생동물, 생물다양성, 생태계 분야의 환경가치를 평가하는 데 사용한다. 곽승준 외(2003)는 광교산 산림생태공원의 속성을 구분하고 컨조인트 분석법을 이용하여 각 속성에 대한 가구당 한계지불의사액을 분석하였고, 구자춘(2013)은 도시림 속성에 대한 입장료 지불의사액을 분석하였다.

소비자잉여의 간접적인 측정 방법

직접적인 측정 방법의 현실적 한계 때문에 소비자의 행위를 관찰하여 얻는 간접 증거에서 소비자들의 지불의사를 추정하는 방법이 개발되었다. 이것을 현시선호법(revealed preferences)이라 하는데, 여기에는 여행비용법과 헤도닉법이 있다.

여행비용법(TCM; Travel Cost Method)

우리가 여행을 계획할 때 자연이 풍부한 지역을 선택하는 경우가 많다. 이 때 자연환경의 가치를 거기에 접근하는 데 지출하는 비용으로 계측하는 것이 여행비용법이다.[23] 비용에는 교통비와 체재비 등의 직접비용만이 아니라 시간비용도 포함된다. 시간비용이란 그 시간에 일하여 얻을 수 있는 수입으로 평가하는데, 말하자면 어느 정도의 수입을 버리고 여행을 떠나는가의 기회비용이다.

휴양객들의 지불의사를 추정하는 가장 단순한 방법은 휴양객들이 휴양지까지 왕복하는 데 필요한 여행비용을 조사하는 것이다. 모든 사람들의 지불의사가 동일하다고 가정하고,

23) 여행비용법에 최초로 관심을 보인 경제학자는 호텔링(H. Hotelling)인데, 1947년 미국 국립공원청이 국립공원의 사용가치를 추정하는 방법을 질의했을 때, 여행비용법의 아이디어를 제안하였다. 하지만 이 방법을 학문적으로 체계화한 것은 클로슨(M. Clawson, 1959)이다.

가장 높은 여행비용을 지출한 사람은 한계점에 있다고 가정하면, 나머지 사람들의 소비자잉여는 각자 지출한 여행비용과 한계 휴양객의 지불액의 차이로 설명할 수 있다. 그 값을 나열하면 우하향하는 수요곡선을 그릴 수 있다. 어떤 자연휴양림을 조사하니 가장 높은 비용을 지출한 사람은 40000원을 지출했고 평균적으로 15000원을 지출했다면, 평균 소비자잉여는 25000원으로 추정한다. 이 값에 연간 방문객 수를 곱하여 자연휴양림의 연간 가치를 추정한다.

이 방법은 너무 강한 가정에 근거한다. 모든 방문객들이 소득이나 다른 특성에 관계없이 동일한 지불의사를 가진다는 것이다. 여행에 지불한 모든 비용을 자연휴양림 이용의 비용이라고 가정한다. 방문객들이 여행비용에 반응하는 것과 같은 방식으로 입장료에 반응한다고 가정한다. 최고 여행비용을 지불한 참가자가 한계점에 있다고 가정한다. 이러한 가정들은 현실과 일치하지 않을 수도 있다. 먼저, 모든 사람들이 동일한 지불의사를 가진다는 가정은 문제가 된다. 비용이 낮으면 더 많은 사람이 휴양을 즐기고 비용이 높으면 방문객이 줄어드는 것을 볼 수 있기 때문이다. 또, 모든 사람들이 가장 높은 비용을 지출한 사람과 동일한 지불의사를 가진다고 가정하면 소비자잉여를 과장하게 한다.

이를 피하는 방법은 휴양지에 접근하는 데 지출한 비용에 대한 반응을 조사하고, 이를 이용하는 것이다.

어느 산림공원을 중심으로 동심원을 그려 구역을 구분하면 각 구역에서 산림공원을 방문하는 데 지출하는 여행비용은 대략 비슷할 것이다. 각 구역에서 전체 인구, 평균 왕복 여행비용, 방문자 수를 조사한다. 이를 이용하여 전체 인구에 대한 참여율과 여행비용의 관계를 분석한다. 이 방법은 <표 5.1>에 간단한 예로써 나타내었다.

방문자에게 가상의 입장료를 부과한다고 해 보자. 입장료를 변화시켰을 때 방문자 수의 감소를 추정한다. <표 5.1>은 가상 입장료를 5,000원, 10,000원, 15,000원, 20,000원, 25,000원, 30,000원, 35,000원, 40,000원으로 하였을 때 결과를 보여준다. 이를 각 구역의 인구에 적용하면 그 가격에 참여할 것으로 예상되는 휴양객의 수를 계산할 수 있다. 이 추정치를 그림으로 표현하면 산림공원의 수요곡선이 된다<그림 5.4>.

구역 A와 구역 B의 사례를 이용하여 그 구역 인구의 행태를 비교함으로써 전체 방문(수

표 5.1 산림공원 방문 자료와 여행 비용

구역	인구 (천 명)	여행비용 (원)	가격=0 참여율	가격=0 참여자 수	가격=5000 참여율	가격=5000 참여자 수	가격=10000 참여율	가격=10000 참여자 수
A	50	10,000	20.0	10,000	17.5	8,750	15.0	7,500
B	100	20,000	15.0	15,000	12.5	12,500	10.0	10,000
C	60	35,000	7.5	4,500	5.0	3,000	2.5	1,500
D	20	50,000	0.0	0	0.0	0	0.0	0
계	230			29,500		24,250		19,000
			가격=15000		가격=20000		가격=25000	
A			12.5	6,250	10.0	5,000	7.5	3,750
B			7.5	7,500	5.0	5,000	2.5	2,500
C			0.0	0	0.0	0	0.0	0
D			0.0	0	0.0	0	0.0	0
계				13,750		10,000		6,250
			가격=30000		가격=35000		가격=40000	
A			5.0	2,500	2.5	1,250	0.0	0
B			0.0	0	0.0	0	0.0	0
C			0.0	0	0.0	0	0.0	0
D			0.0	0	0.0	0	0.0	0
계				2,500		1,250		0

요)을 시뮬레이션한다. 먼저, 가격이 0일 때 구역 A와 구역 B의 참여율을 비교하면 여행비용이 10,000원 올랐을 때 참여율은 5% 감소하였다. 가격이 1,000원 오르면 방문자 수가 0.5% 감소한다는 것이다. 구역 A에서 방문하는 비용이 10,000원에서 15,000원으로 인상되면 구역 A의 참여율은 20%에서 17.5%로 감소한다. 이 수치에 전체 인구를 곱하면 구역 A의 방문자는 8,750명이 된다. 같은 방법으로 구역 B와 구역 C의 방문자 수를 구하여 모두 더한다. 가격이 5,000원으로 인상되면 전체 방문자 수는 24,250명이 된다.

같은 과정을 이용하면 모든 가격 인상의 시나리오를 시뮬레이션하여 참여율과 방문자 수를 도출할 수 있다. 그래프로 표현하면 전형적인 우하향 곡선으로 나타난다. 이 사례에서 수요곡선 아래 면적으로 평가되는 전체 소비자잉여는 4억 5,875만 원이다.[24)]

이 방법은 전체 인구에서 참여율을 추정하기 때문에 사람들이 여러 산림공원 가운데

24) (29,500+13,750)×15/2+(13,750+2,500)×15/2+2,500×10/2

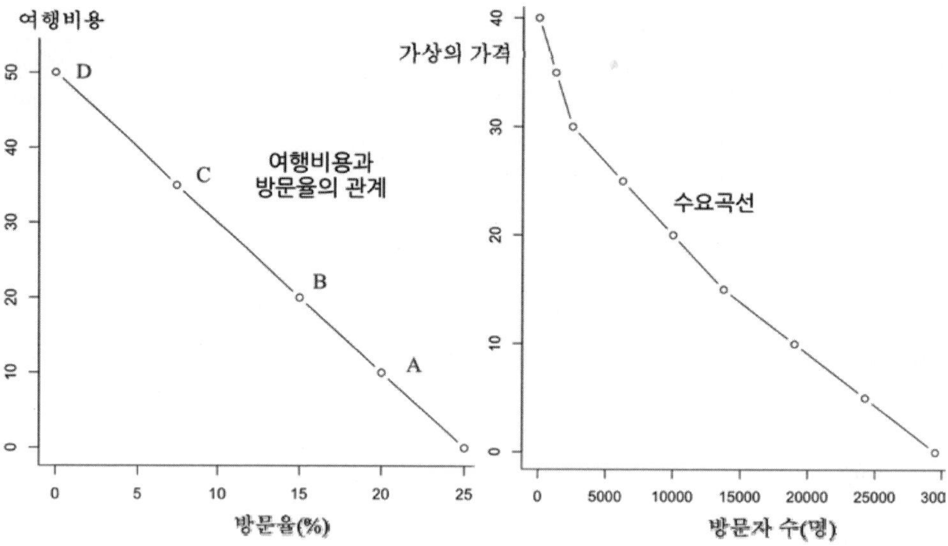

그림 5.4 여행비용에서 산림공원 수요곡선 유도

선택할 수 있는 상황이라면 다소 신뢰성이 떨어진다. 그래서 지불의사에 영향을 미치는 차별적 여건을 고려하는 방법을 고안하였다. 이용자들을 소득으로 구분한다. 비슷한 소득을 가지고 동일한 활동에 참여하는 방문객들이 동일한 지불의사를 갖는다고 가정하는 것은 그럴 듯하다. 각 집단에 충분한 표본이 있다면 가장 높은 고정비용을 지출하는 방문객은 한계점에 있으며 소비자잉여를 누리지 못한다고 볼 수 있다. 방문객들의 소비자잉여는 자신이 속한 집단의 가장 높은 여행비용과의 차이와 같다.

위와 같이 계산하는 방법도 있지만 보통은 계량경제학 방법을 사용한다. 방문객을 대상으로 어느 지역에서 왔는지, 연간 몇 차례 방문하는지 등을 조사한다. 어떤 i번째 지역의 인구가 N_i이고, 이 가운데 V_i명이 방문하였으며 여행에 지출한 1인당 평균 비용은 TC_i로 조사되었다고 하자. i번째 지역의 평균 소득수준은 Y_i이고, 기타 사회경제적 특성을 S_i라고 하자. 자료를 조사하여 다음과 같이 방문율을 종속변수로 하는 여행수요곡선을 추정한다. 거리가 멀수록 여행비용이 많이 소요되므로 여행수요곡선은 여행비용에 대해 감소함수로 나타날 것이다.

<5.10> $$\frac{V_i}{N_i} = g(TC_i,\ Y_i,\ S_i)$$

추정된 여행 수요곡선을 이용하여 총수요곡선을 도출하고 이에 기초하여 산림공원의 가치를 평가한다. 입장료가 0일 때 실제 방문자 수의 총합이 될 것이고, 입장료를 조정하면서 전체 방문자 수가 어느 정도 줄어들 것인지 예측할 수 있다. 총수요곡선 아래의 면적이 1년간 방문한 사람들이 지불할 의사가 있는 입장료 전체를 의미하고, 산림공원 방문자의 1년간 편익이며, 산림공원의 연간 경제적 가치가 된다.

이상은 지역별로 집계된 방문 비율을 종속변수로 하는 지역별 여행비용법이다. 최근에는 개인 선호의 이질성을 반영하는 개인별 여행비용법의 응용 사례가 늘고 있다. 특정 자연자원에 대한 수요함수를 다음과 같이 쓸 수 있다.

<5.11> $$v = f(p_v,\ q,\ y_i)$$

v는 자연자원의 수요지표로서 일정 기간에 개인의 방문횟수를 나타내고, p_v는 여행비용, q는 자연자원의 가치 속성, y_i는 소득을 비롯하여 응답자의 일반 특성을 나타낸다.

여행비용법은 위와 같이 산림공원의 가치를 평가할 수도 있지만, 산림공원의 환경적 특성이 변화하여 발생하는 편익을 평가할 수도 있다. 산림공원에 새로운 트레일을 개설하거나 새로운 볼거리를 꾸미면 방문객도 늘어날 것이다. 위와 같은 방법으로 새로운 수요곡선을 유도하여 기존의 수요곡선과 차이를 추정할 수 있다. 그만큼을 산림공원 환경개선의 편익으로 평가할 수 있다. 또는 여러 산림공원의 여행수요곡선을 도출하여 환경질의 변화에 따라 수요곡선의 이동을 검토하는 방법도 있다.

연구 사례를 살펴보자. 윤여창·김성일(1992)은 국립공원과 기타 산림휴양지의 가치를 평가하였는데, 속리산의 경우 1인 1회 방문에서 약 5천~2만 2천 원의 가치를 얻는다고 하였다. 김진옥 외(2013)는 전북 도립공원의 휴양편익을 조사하였는데, 모악산과 대둔산 방문자의 1회 방문의 휴양 편익을 약 11만~12만 원으로 추정하였다.

헤도닉법(The Hedonic Price Method)[25)]

주택지 주변 녹지 환경의 가치를 생각해 보자. 주택시장에서 '숲세권'이라는 말이 있는 것처럼 녹지의 존재는 주택을 선택하는 데 중요한 요소의 하나가 되었다. 소비자가 주택을 선택할 때 고려하는 요소의 가치는 주택 가격에 반영된다. 그 가격은 자연환경만이 아니라 면적, 건축연수, 교통, 학교, 상가, 치안 등 많은 요소를 포함한다. 물론 모든 요소를 포함하는 것은 어렵지만, 보통 사람들이 주택지를 선정할 때 중시하는, 대표적인 몇 개 요소를 다루어 그것들이 거의 같은 조건을 갖고 있지만 유일하게 녹지가 존재하는 주택지와 그렇지 않은 토지의 가격을 비교한다. 이때 그 차액을 그 주택지 녹지 환경의 가치로 본다. 이것이 헤도닉법이다. 즉, 보통 명시적으로 드러나지 않는 주택지 주변의 자연환경 가치를 토지가격을 통해 정량적으로 밝히려는 방법이다.

예를 들어 어떤 주택의 가격(P_{hi})은 주택의 면적과 형태 등 주택의 특성(S_i), 교통 접근성과 학군 등 주변 환경을 나타내는 변수(N_i), 주변 녹지의 상태(Q_i)의 함수로 나타낼 수 있다.

<5.12> $$P_{hi} = f(S_i,\ N_i,\ Q_i)$$

이 식을 Q_i로 미분하면 주변 녹지의 상태를 한 단위 개선하였을 때 주택 가격의 변화분을 구할 수 있다. 이를 주택의 잠재적 한계 가격(implicit marginal price)이라 한다.

실제로 헤도닉법을 응용할 때는 자연환경과 기타 요인을 포함하여 많은 데이터를 모아서 분석해야 한다. 이 때문에 기존 데이터가 어느 정도 갖추어져 있는가, 입수할 수 있는가에 제약된다. 또, 토지가격에 영향을 주는 요소에서 중요한 인자를 제외하면 그 결과가 왜곡될 수도 있다는 한계도 있다.

연구 사례를 보자. 신상영 외(2006)는 서울숲 조성이 주택 가격에 미치는 영향을 분석했고, 김정환 외(2021)은 춘천시 주택가격정보를 이용하여 춘천 공지천의 가치를 평가하였다.

---

25) '헤도닉'이라는 단어는 그리스 쾌락주의 철학자 헤돈에서 비롯된다. 쾌락이 인생의 목적이며 최고의 선이라 하여, 쾌락을 추구하고 고통을 피하는 것을 도덕원리(道德原理)로 삼는 윤리설이다

대체법

산림의 어떤 기능과 같은 기능을 하는 대체재의 비용을 조사하여 그 가치를 평가할 수 있다. 예를 들어 산림의 수원함양기능을 '녹색댐'이라 설명한다. 그렇다면 산림의 수원함양기능을 댐의 건설·운영 비용으로 평가할 수 있지 않을까. 이러한 생각을 바탕으로 산림의 저류기능을 계산하여 그러한 서비스를 제공할 수 있는 용수댐을 건설하는 데 또는 운영하는 데 얼마의 비용이 소요하는가로 평가하는 것이다.

그러나 댐과 수원함양림의 환경가치가 반드시 같은 것은 아니다. 사실 둘은 완전히 다른 재화이다. 또, 큰 댐을 건설할 수도 있지만 작은 저수지를 여러 개 건설할 수도 있다. 그 의미에서 이 방법을 적용할 수 있는 것은 평가대상과 같은 기능을 가진 대체재를 실제 시장에서 구할 수 있는 경우에 한정된다.

비용은 세 가지 형태로 측정할 수 있다. 첫째는 복구비용인데, 자산을 상실했을 때 복구하는 비용이다. 둘째는 손해회피비용인데, 자산의 잠재적인 상실과 관련하여 손해를 회피하기 위해 지출할 의사가 있는 비용이다. 셋째는 대체비용인데, 원래의 자산과 같은 편익을 창출하는 대체재를 제공하는 비용이다. 환경 재화의 복구 또는 손실 회피의 비용이 그것이 제공하는 편익과 실질적으로 다르다고 볼 만한 이유가 있다면 대체법은 피하는 게 좋다. 또, 대체법은 대체물이 아닌 것을 대체물로 사용하거나 가격이 낮은 대체물을 선택하지 않고 비싼 가격의 대체물로 추정하기도 한다. 이것이 이론상으로 나타나는 문제점이다.

국립산림과학원(2020)은 산림의 산소 생산기능을 평가할 때 산소 생산량에 탱크로리 액체산소 가격을 곱하여 구하였다. 마찬가지로 온실가스 흡수·저장, 토사유출 방지기능 등에 대체비용법을 적용하여 평가하였다.

편익이전법

편익이전(Benifit-Transfer) 방법은 특정 장소의 환경자원의 가치를 평가한 선행의 연구결과를 다른 비슷한 장소의 환경자원들의 편익을 평가하는 데 응용하는 것이다. 정확한 결과를 추정하려면 직접 자료를 수집하여 분석하는 것이 좋겠지만 상당한 시간과 비용이 소요되므로 이를 보완하는 방법으로 사용된다. 크게 세 가지 접근이 있다.

첫째, 가치이전(value transfer) 방법이다. 예를 들어 수도권을 대상으로 추정한 대기오염 개선 효과의 가치를 농촌에 적용할 경우 기존 분석 결과를 농촌 특성에 맞도록 조정하여 사용하는 것이다. 점 추정치 이전과 평균값 이전으로 나뉜다.

둘째, 함수이전(function transfer) 방법이다. 예를 들어 수도권 주민을 대상으로 추정한 효용함수나 지불의사함수를 농촌에 대입하여 농촌의 지불의사액을 예측하는 방법이다.

셋째, 메타분석법(meta analysis)이다. 선행연구들의 결과를 모아 그 결과를 모집단의 특성과 평가방법의 종류에 따라 회귀분석하는 것이다. 모집단의 특성과 평가기법의 차이로 환경편익의 가치가 어느 정도 달라지는지 유추할 수 있고 아직 평가되지 않은 대상이나 지역의 특성을 회귀식에 대입하여 평가하는 방법이다. 이렇게 추정된 가치는 불확실성이 높기 때문에 모형과 모집단의 특성, 통계적 방법론 등 편익이전의 타당성을 반드시 검증해야 한다.

연구 사례를 보자. 안소영 외(2016)은 도시공원의 경제 가치를 추정한 선행연구에 메타회귀분석을 적용하여 부산시민공원의 경제 가치를 12,492원/년/인으로 추정하였고 연 평균 424억 원으로 평가하였다. 또, 이회찬 외(2017)는 51편의 관련 선행연구를 사용하여 하천복원의 가치를 추정하였다.

실증 연구의 한계

앞에서 경제학적 측면에서 가치란 무엇이며, 다양한 가치평가 기법을 간단히 살펴보았다. 이러한 기법들을 언제나 대부분의 자연자원 및 생태계 문제에 적용할 수 있을까. 아쉽게도 실제 현실은 그리 간단하지 않다. 대규모 설문조사에 소요되는 시간과 비용, 기법의 난이성 등의 문제를 배제하고도 경제적 가치 평가는 항상 조심스럽게 적용하고 해석해야 한다.

특정 지역의 보호종이나 기타 생태학적으로 중요한 개체가 서식하는 경우 사전에 충분한 환경조사를 실행해야 한다. 경제적 가치평가는 그 결과를 바탕으로 실시해야 한다. 충분한 과학적 정보를 결여한 상태에서 경제적 가치평가를 하면 편익을 과소 추정하게 되어 보호해야 할 가치를 놓칠 수도 있고 한번 훼손된 자연자원은 복원하기 어려운 경우가 많다.

어떤 방법을 취하더라도 대략적인 가치 평가 이상을 제시하기는 어렵다. 비가격 재화와 서비스의 가치를 평가하는 기법은 연구 결과를 축적하면서 신뢰성을 개선하고 있다. 그러나 그 추정치는 여전히 엄밀하지 못하며 받아들이는 데 많은 논란이 존재한다. 그럼에도 그것은 산림자원의 이용과 개발에 유용한 지침을 제시하며, 의사결정에 일관성을 제공할 수 있다.

마지막으로 비가격 재화와 시장 재화의 가치를 추정하는 데 개념적으로 그리고 실질적인 차이가 있음을 이해해야 한다. 측정의 문제때문에 비가격 재화의 공급을 무시하면, 그 가치는 수요곡선 아래 면적으로 추정하게 된다. 그렇게 추정된 가치는 과대 평가되는데, 공급의 비용 또는 재화 생산의 기회비용을 무시하기 때문이다. 시장 재화와 서비스의 가치는 수요곡선 아래와 공급곡선 위의 면적이다. 일부 실증연구는 산림의 공익기능의 가치를 매우 크게 평가한다. 그 결과가 실제 가치를 잘 반영한 것일 수도 있지만, 잘 들여다 보면 가치를 부풀린 경우도 있다. 수요곡선 아래의 전체 면적으로 추정하였거나 또는 연구 설계에 문제가 있기 때문이다. 산림의 다면적 기능을 다루면서 공익 기능의 생산과 시장 재화의 생산 사이의 트레이드 오프를 다룰 때 두 재화의 가치가 올바른 방법으로 추정되었는가 꼼꼼히 파악해야 한다.

참고문헌

곽승준·유승훈·한상용. (2003). "잠재적 산림생태공원에 대한 소비자 선호분석: 조건부 선택법을 적용하여." 경제연구 21(3): 289-311

구자춘. (2013). 도시림 속성에 대한 도시민의 선호체계: 선택실험법 적용을 중심으로. 서울대학교 박사학위 논문.

권오상. (1999). 환경경제학. 박영사.

권오상. (2003). "가상가치평가법을 이용한 유전자변형제품의 소비자 수용성에 관한 계량분석." 농업경제연구 44(2): 111-131.

김기동·배재수·임종수·한희·이선정·최형태·이창우·이정희·김래현·박찬열·최수민·장윤성·전철현·박수진. (2020). "산림 공익기능 평가 결과와 시사점: 2018년 기준." NIFoS 산림정책이슈 제137호. 국립산림과학원.

김명은·민경택·구자춘. (2015). "임산물재해보험에서 산림경영인의 보험료 지불의사액 추정." 한국임학회지 104(1): 162-168.

김정환·김종건·이지용. (2021). "헤도닉가격접근법에 기반한 도심하천의 경제적 가치평가: 춘천시 공지천을 중심으로." 환경정책 29(1): 155-182.

김준순. (2003). "환경자원의 가치평가 이론과 주요 방법." 삼림과학연구 19: 108-123. 강원대학교 산림과학연구소.

김진옥·엄영숙. (2013). "여행비용법을 적용한 전라북도 도립공원의 방문수요와 휴양편익 추정." 한국산림휴양학회지 17(3): 93-103.

박소희·윤여창. (2019). "지리산의 생물다양성 보전에 대한 지불의사 추정: 지리산 방문객을 대상으로." 한국산림과학회지 108(1): 77-87.

신상영·김민희·목정훈. (2006). "서울숲 조성이 주택가격에 미치는 영향." 서울도시연구 7(4): 1-17.

신철오. (2006). "경제학적 가치평가에 대한 이론적 고찰." 월간 해양수산 258호 16-25.

안소은·김재경. (2006). "편익이전기법을 이용한 자연환경 가치추정: 휴양가치를 중심으로." RE-08. 한국환경연구원.

안소영·원두환. (2016). "편익이전을 이용한 도시공원의 경제적 가치 추정." 여성경제연구 13(1): 156-174.

여준호·방상원. (2007). "울진 금강소나무 군락지역 보전에 대한 전문가 집단의 지불의사분석." 한국산림휴양학회지 11(2): 11-23.

윤여창·장호찬. (1994). "광릉 크낙새의 보존가치 평가." 자원·환경경제연구 3(1):87-105.

이회찬·유윤희·노수향·윤성준. (2017). "편익이전에 의한 하천공간복원 가치 추정 연구." 환경정책 25(3): 173-193.

KDI 공공투자관리센터·한국환경경제학회. (2012). 예비타당성조사를 위한 CVM 분석지침 개선 연구.

한국환경정책·평가연구원. (2007). 생물다양성의 사회·경제적 가치평가 기법의 도출 및 적용. 환경부.

栗山浩一. (2011). "ExcelでできるCVM (第3.2版)."

Hanemann, W.M. (1984). "Welfare evaluation in contingent valuation experiments with discrete response." American Journal of Agricultural Economics 66(3): 332-341.

Zhang, D. and P. Pearse. (2011). Forest Economics. UBC Press.

제 6 장

토지 배분과 다목적 이용

산림경영의 기본적인 의사결정은 먼저 다양한 용도 사이에 토지를 적절히 배분하는 것이다. 토지는 다양한 목적으로 이용할 수 있다. 여기에서는 다음 두 가지에 관심을 둔다. 첫째, 어떤 정해진 목적으로 토지를 경영할 때 가장 효율적인 방법은 무엇인가. 둘째, 토지의 다양한 용도에서 어떻게 하나를 선택하거나 여러 용도를 조합하여 최대의 순수입을 창출할 것인가.

토지이용의 집약도와 조방한계

토지는 전통적인 생산요소의 하나이다. 효율적인 생산은 최대의 순수익을 창출하도록 토지와 노동, 자본 등 다양한 생산요소들을 조합하는 것이다. 생산과정에서 어느 요소를 고정하면 순수익의 최대화는 모든 가변요소의 비용을 충족한 다음 고정요소에 대한 순수익을 최대화하는 것이다. 임업에서 토지는 보통 고정된다.

토지의 자연적 특성을 보면, 노동과 자본을 투입하여도 물리적 양을 마음대로 증가시키지 못한다는 부증성(不增性)과 지리적 위치가 고정되어 있고 손상되거나 마멸되지 않는다는 영속성이 있다. 이러한 특성 때문에 지대 문제가 발생하고 가격 형성의 논리가 독특해진다. 상대적으로 유리한 위치 또는 더 비옥한 토지를 소유한 사람이 그렇지 못한 토지를 소유한 사람보다 더 큰 지대(地代, rent)를 수취하게 된다.

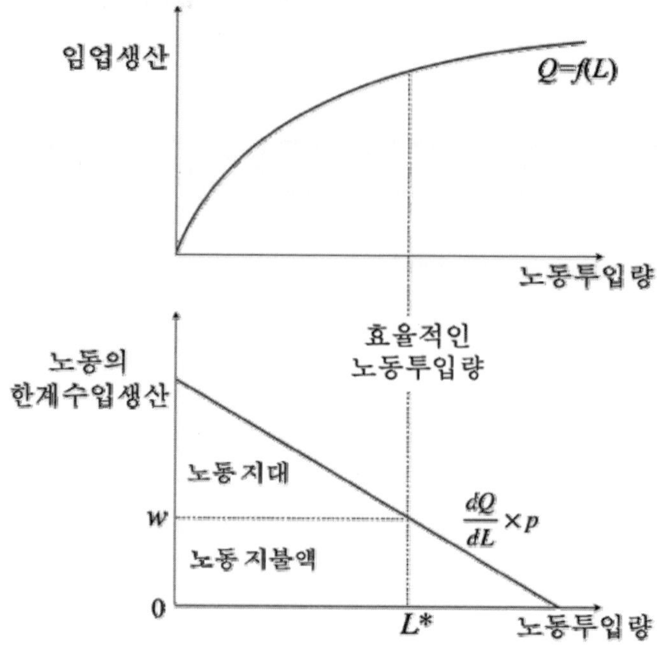

그림 6.1 임지에서 노동의 효율적 투입

임업 생산에서 임지를 효율적으로 이용하는 문제는 노동과 자본 등 다른 생산요소를 얼마만큼 투입해야 하는가를 결정하는 것이다. 즉, 지대(land rent)를 최대화하기 위해 노동과 자본을 각각 얼마나 사용할 것인가의 문제이다. 이 문제는 이미 앞에서 다루었다. 즉, 생산요소가 창출하는 한계수익과 한계비용이 같아지는 점까지 사용해야 한다는 것이다.

<그림 6.1>은 토지를 고정하였을 때 효율적인 노동 투입량을 나타낸다. 위쪽은 노동의 투입이 증가하면 임업생산이 어떻게 증가하는지 보여주는 생산함수이다. 아래쪽은 그에 상응하는 노동의 한계수입생산을 나타낸다. 노동의 한계물적생산은 생산함수의 기울기로 나타난다. 노동의 한계수입생산은 노동의 한계물적생산에 산출물 가격을 곱한 것과 같다. 노동을 한 단위 추가함에 따라 가치 증가분은 감소한다. 한계생산물 체감의 현상이다.

노동의 가격이 w라면, L^*만큼 노동을 고용하게 된다. 이 점이 토지이용의 집약한계(intensive margin)이다. 이 수준에서 노동은 지대에 최대로 기여한다. 이 상태가 토지와 노동의 효율적인 조합이다. 이러한 관계는 다른 가변요소에도 응용할 수 있다.

임지의 생산성은 비옥도, 위치, 지형 등에 따라 달라진다. 생산성이 낮은 토지는 같은 노동을 투입해도 수익이 낮다. 임업에서는 임지의 임목 생산력을 나타내는 지위(地位), 임지가 육림과 수확·반출에 유리한 정도를 나타내는 지리(地利)로 표현한다. 지위는 토지의 비옥도를 나타내는데, 보통 수고생장으로 판단한다. 같은 토지에서도 수종에 따라 생장 특성이 다르므로 지위도 다르다. 지리는 지형·경사 등의 자연조건과 임도까지 거리 등에 따라 판정한다.

노동의 한계수입생산이 다소 빠르게 감소한다는 것은 노동을 적게 고용하는 것이 유리하며 지대에 대한 노동의 기여가 적어진다는 것이다. 투입요소 증대에 대한 임지의 반응이 낮을수록 잠재 지대도 낮아진다.

이러한 관계는 산림경영의 최적 집약도를 결정한다. 일반적으로 토지의 생산성이 높을수록 잠재적인 지대가 높고, 여타 생산요소도 많이 필요하다. 생산성이 높은 토지에서 더 집약적으로 보육하고 경영하는 이유이다.

목재 수요가 증가하면 목재 가격이 오르고 임목 생산이 증가한다. 생산자는 임지를 더 집약적으로 관리하여 토지생산성을 높이려 할 것이다. 집약한계(intensive margin)의 확장이다. 집약한계는 더 이상 투입해도 수입이 증가하지 않는 한계 상태를 말한다. 만약 임목가격의 상승이 장래에도 지속될 것이라 판단하면 더 많은 토지를 임목생산에 사용할 것이다. 조방한계(extensive margin)의 확장이다. 조방한계는 최적의 조건에서 생산비만 겨우 감당할 수 있을 정도의 산출만 얻는 집약도, 손익분기점의 토지이용 집약도를 가리킨다. 시장가격이 주어졌을 때 얼마나 먼 곳의 토지까지 생산에 투입하는 것이 적당한가를 가리킨다. <그림 6.2>는 생산의 조방한계가 생산물 가격에 영향받는 것을 표현하였다. 위쪽 그림은 수요와 공급의 상호작용으로 결정된 임목의 연간 생산량과 균형가격을 나타낸다. 아래쪽은 가격 변화에 대응하여 얼마만큼의 토지를 임목생산에 투입할 수 있는지 보여준다.

토지를 다른 용도로 이용할 수 없다면 가장 생산적인 토지는 목재가격이 낮아도 임목생산에 사용되며 가격이 높아지면 생산성이 낮은 토지도 임목생산에 사용한다. <그림 6.2>의 가격 p에서 균형 생산은 q이며 s만큼의 토지를 임목생산에 사용한다. 수요의 증대($D \rightarrow D'$)는 균형가격과 생산수준을 상승시키며($p \rightarrow p'$, $q \rightarrow q'$) 더 많은 토지를 목재생산에 사용하도록 유도한다($s \rightarrow s'$).

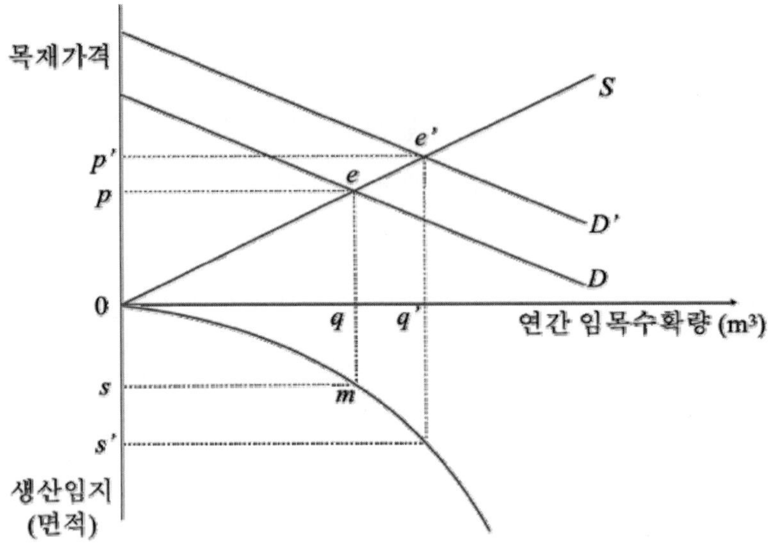

그림 6.2 목재가격과 생산 임지 사이의 관계

예를 들어 설명해 보자. <표 6.1>은 가상 산림경영인의 임지 현황이다. 갑돌이는 A_1, A_2, A_3라는 세 곳의 임지를 소유하는데, 각 임지의 넓이에 따라 생산량이 다르고 거리에 따라 수확·반출 비용도 다르다. A_3가 가장 멀리 있고, 생산하는 데 더 많은 단위 비용이 소요되는 상황이라고 가정하자.

이 사람은 어떻게 생산할까. 임목의 가격이 비싸지면 가장 먼 임지에서도 생산하겠지만 가격이 싸면 가까운 곳에서만 생산할 것이다. 우선 10만 원보다 싸다면 A_1에서도 수익을

표 6.1 가상 산림경영인의 산림과 비용 구조

소유자	산림명	면적(ha)	생산가능량(m^3)	단위 생산비용(원/m^3)
갑돌이	A_1	1	100	100,000
	A_2	3	300	120,000
	A_3	2	200	150,000
차돌이	B_1	2	200	110,000
	B_2	4	400	140,000
	B_3	3	300	170,000

올릴 수 없기 때문에 생산하지 않을 것이다. 10만 원을 초과하면 A_1에서 생산하게 된다.

그럼 언제 A_2에서 생산을 시작할까. 가격이 12만 원을 넘으면 산림 A_2에서도 생산한다. 15만 원을 넘으면 A_3에서도 생산한다. 갑돌이는 아마 이런 형태로 생산할 것이다.

차돌이도 임지를 세 군데 소유하지만 생산비용이 11만 원 이상인 산림뿐이어서 임목가격이 11만 원보다 낮으면 생산하지 않는다. 11만 원을 초과해서 14만 원까지는 B_1에서 생산한다. 14만 원을 초과하면 B_2에서도 생산할 것이다. '한계비용 체증의 법칙'을 이야기하듯이 생산비용이 낮은 곳부터 시작하여 생산량을 점점 늘리면 생산비용이 높은 곳에서 생산할 수밖에 없다.

시장에서 목재가격이 13만 원/m^3이라면 갑돌이는 400m^3, 차돌이는 200m^3의 목재를 생산하여 모두 600m^3의 목재를 생산한다. 이 때 갑돌이는 600만 원의 이윤을 얻고, 차돌이는 400만 원의 이윤을 얻는다.

제2장에서 설명하였듯이, 개별 생산자의 공급곡선을 더하면 시장의 총공급곡선이다. 두 번째 포인트는, 시장가격이 주어졌을 때 얼마나 먼 곳의 토지까지 생산에 투입하는 것이 적당한가이다. 한도까지 사용할 수 있는 토지라는 의미로 '한계지'라고 한다. 위 예에서 임목가격이 13만 원일때 한계지는 어디인가? 갑돌에게는 A_2이고, 차돌에게는 B_1이다. 이 경우 A_3, B_2, B_3의 임목 가치는 0이다.

숲의 생장을 고려하면 가장 값진 목재를 먼저 수확하는 것이 언제나 가장 효율적인 것은 아니다. 예를 들어 순가치가 높은 목재는 가치 증가율도 빠르기때문에, 나중에 수확하게 된다. 최적 수확기는 현재 가치뿐만 아니라 가치 증가율과 임지 생산성도 고려해야 한다.

용도간 토지 배분

토지는 일반 재화와 달리 용도가 매우 다양하며 2개 이상의 용도가 동시에 경합하는 경우가 많다. 용도 전환에 따라 토지가격이 달라져 용도 구분 그 자체가 매우 중요한 사회적 과제가 된다. 예컨대 토지는 농업에 이용할 수 있지만 비농업용으로도 이용할 수 있으며, 농업에서도 벼농사를 할 수도 있고 과수를 재배할 수도 있다. 따라서 농업과 비농업의 산업 간 경쟁, 농업내에서 품목별 농가 간의 토지이용 경쟁이 발생하며 시장 수요에 따라 토지이용 형태가 변화한다. 사회경제의 발전에 따라 야산이나 개펄이 개간되어 농지로 바뀌기도 하고 농지가 건축용지로 전환되기도 한다. 우리나라 산림면적은 최근 10년간 연평균 7천 ha 감소하는데, 주로 택지, 도로, 공장 등으로 전용된다.

토지의 경제적 가치는 그 땅이 사용될 수 있는 용도에 의해 결정된다. 토지의 용도가 다양해지면 효율적인 토지 배분은 매우 복잡해진다. 농업, 축산업, 임업, 휴양 또는 기타 용도로, 또는 여러 용도를 조합하여 순수입을 창출할 수 있다면 어떤 용도로 토지를 이용하는 것이 효율적일까.

토지의 가치를 판단하는 데는 여러 요인들이 작용한다. 예를 들면 토질의 비옥도, 접근성, 지형, 시장까지 거리 등이다. 여러 용도 사이에서 토지 배분의 문제를 다루기 위해 도심까지의 거리를 생각해 보자. 독일의 경제학자 폰 튀넨(J. H. von Thünen)은 리카도(David Ricardo)의 지대론을 토대로 지대가 토지의 위치에 따라 달라진다는 현대적 입지이론의 기초를 제시하였다.

우리는 도심에 가까운 토지가 더 집약적으로 이용되는 것을 흔히 본다. 그만큼 토지의 가격도 비싸다. 그러나 도심 근접성의 중요성은 토지 사용의 목적에 따라 상대적이다. 예를 들어 도심 근접성은 임업용지보다 상업용지에서 더 중요하다. 도심에서 멀리 떨어진 토지는 특정 용도에서 덜 집약적으로 이용할 뿐만 아니라 다른 용도로 이용한다.

<그림 6.3>는 이러한 패턴을 보여준다. 토지의 다른 특성이 동일하다고 가정하면 도심에서 멀수록 각 용도의 잠재 지대가 감소한다. 상업용지는 도심에서 다른 목적으로 이용했을 때보다 높은 수입을 창출하며, 집약도가 낮은 임업은 가장 먼 토지에서 생산적이다. 농업은 중간 범위(*CD*)에서 가장 높은 지대를 창출한다. 농업에서도 업종에 따라 달라지는데 낙농, 시설원예 등 집약농업이 도심에 근접하는 경우가 많다. 중심지에 가까울수록 한계지대곡선의 기울기는 급하다.

도심까지 거리는 토지의 지대창출 능력을 결정하는 여러 특성의 하나일 뿐이다. 비옥도,

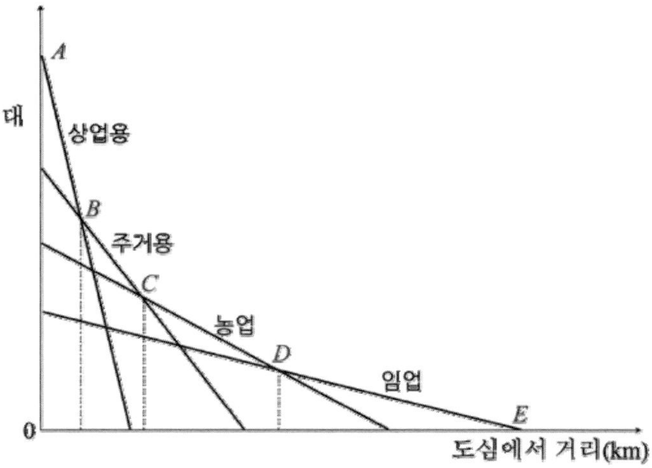

그림 6.3 다양한 용도에서 토지의 효율적 배분

지형, 이용 규제, 다른 요인들도 각 용도에서 토지의 상대 가치에 영향을 미치며 이러한 것들이 혼합되어 토지 배분의 패턴을 결정한다.

이는 토지 이용의 여러 현상들을 설명한다. 첫째, 토지는 하나 이상의 용도에서 수입을 창출할 수 있다. 가장 높은 수입을 창출하는 용도가 가장 효율적이며, 그 다음으로 높은 수입을 창출하는 이용의 가치가 토지의 기회비용이다. 기회비용을 초과해서 창출하는 지대를 차액지대(differential rent)라고 한다.[26] 농업 생산에 이용할 수도 있는 토지에서 임목을 생산하려면 농업 생산의 지대 이상으로 지대를 창출할 수 있어야 한다. 다만, 점 E의 바깥에 위치하는 토지의 경우처럼 아무런 수입을 창출하지 못하는 토지도 있다.

둘째, 특정 용도에서 생산성이 높다고 하여도 그 용도에 토지를 배분하는 것이 반드시 효율적인 것은 아니다. 도심에 가까운 토지의 토질이 매우 비옥하여 농업으로도 높은 수입을 얻을 수 있다고 해 보자. 서울 강남의 토지는 과거 배 과수원이었다. 이 토지는 물론 농업에도 적합하지만, 주거 또는 상업에 이용할 때 더 높은 수입을 거둘 수 있다. 대개의 경우 임업의 토지 생산성은 다른 용도와 비교하여 낮다. 임업 생산이 활발한 나라들은 대개 인구에 비하여 토지 자원이 많은 나라들이다. DE에 해당하는 토지가 많다.

---

26) 차액지대이론은 리카도(D. Ricardo)가 체계화하였는데, 토지의 비옥도 차이에 의해 농업지대가 발생하는 것으로 설명하였다. 같은 넓이의 농지라도 비옥도에 따라 작물 생산량이 다르다. 토지 임차비용은 비옥할수록 높아지며, 가장 열등한 토지의 지가와 비교하여 차액분을 차액지대라고 한다.

셋째, 토지 배분은 각 이용의 생산성에 따라 결정된다. 생산성은 산출물의 가치를 투입물 비용으로 나누어 설명한다. 이것은 자꾸 변하기 때문에 토지의 효율적인 배분도 변한다. 기술, 비용, 가격의 변화는 각 용도 배분의 경계를 이동시킨다. <그림 6.3>의 B, C, D, E 는 각 용도에서 차액지대가 사라지는 지점이다. 예를 들면 목재가격이 변동하거나 농업의 수익성이 변할 때 점 D는 이동할 것이다. 옛날에는 임야를 개간하여 농지로 만들었지만 농업의 수익성이 낮아지면서 유휴농지로 바뀌는 것을 볼 수 있다.

넷째, 경쟁적 토지시장은 토지를 가장 효율적으로 이용할 사람에게, 즉 가장 높은 값을 지불하는 구매자에게 전달한다. 그러나 토지시장은 완전하지 않다. 토지이용의 배분 과정은 경제상황의 변화에 느리게 반응하고 정책에도 느리게 반응한다. 그리고 외부성이 존재하여 사회적 편익과 비용이 토지 가격에 충분히 반영되지 못하면 토지 이용을 잘못 배분하기도 한다. 우리나라에서 농지와 임야 가격에는 농림업 생산성보다 개발 가능성에 대한 기대가 반영되는 경우가 많다.

일반적으로 농업에서는 농사짓는 사람이 농지를 직접 소유할 수 있어야 한다는 경자유전(耕者有田)의 원칙, 자작농 체제의 안정적 유지 등이 관련 법에 기본 정신으로 반영되는 경우가 많다. 우리나라도 1950년 농지개혁을 통해 이러한 체제를 구축하여 유지한다. 다만, 산림에는 이러한 원칙이 확립되지 않았다.[27]

산림면적 변화 모델

토지 용도는 지대에 따라 달라진다고 설명하였다. 산림면적도 각 용도의 지대에 따라 달라질 것이다. 토지소유자가 가장 높은 지대를 얻을 수 있는 용도로 자신의 토지를 배분한다는 지대 최대화 이론에 기초하여 산림면적 변화 모델을 생각할 수 있다. k용도의 점유율을 P_k라고 하고 설명변수 X_t의 다항 로지스틱 함수로 설정하면 <식 6.1>과 같다.

27) 논의가 없지는 않았다. 제헌의회는 산림소유개혁을 다루었지만 사유제도를 유지한 채 녹화를 추진하기로 결정하고 「산림보호임시조치법」(1951년)을 제정하였다. 강정원(2019)를 참조바란다.

<6.1> $$P_k(t) = \frac{e^{\beta_k' X_t}}{\sum_{s=0}^{k} e^{\beta_s' X_t}}$$

이 식에서 k는 토지용도를, t는 연도를 가리킨다. 로지스틱 함수로 설정한 것은 용도별 점유율을 0부터 1의 범위에 한정할 수 있기 때문이다. k용도의 점유율을 임야($k=0$)의 점유율로 나누고 양변에 로그를 취하면 함수식은 다음과 같이 변형된다.

<6.2> $$\ln \frac{y_k(t)}{y_0(t)} = (\beta_k' - \beta_0')X(t) + \epsilon_{kt}$$

여기에서 $y_k(t)$는 실제 관측되는 k용도의 점유율이며 ϵ_{kt}는 오차항이다.

주린원 외(2007)와 곽두안(2020)은 이 모델을 이용하여 산림 면적의 변화를 전망하였다. 산지, 농지, 도시 및 기타 용지 등 3개 용도의 토지를 대상으로 하며, 토지의 지대로 단위면적당 임업의 부가가치, 단위면적당 농업소득, 인구밀도를 사용하였다.

그러나 우리나라 토지시장은 지대 변동에 따라 자유롭게 이동하는 경향을 보이지는 않는다. 예를 들어 임업의 부가가치가 상승한다고 하여 농지와 도시용지가 산지로 전환되는 경우는 거의 없다. 유휴농지에서도 그러하다. 농지와 산지에서 전용의 수요는 높지만 강한 규제로 억제되는 것으로 보인다.

용도의 조합

지금까지 임지에서 목재를 생산하는 문제를 주로 다루었다. 산림은 임목을 비롯한 경제작물을 생산할 뿐만 아니라 다양한 공익기능 또는 생태계 서비스를 제공한다. 이를 합쳐서 다면적 기능이라 한다. 이제부터는 하나의 임지에서 둘 이상의 재화나 서비스를 동시에 생산하는 문제를 다룬다.

다목적 이용은 산림에서 대립하는 수요를 조화시키는 용어로서 자주 사용되지만, 동시에 애매한 개념이다. 미국에서는 1960년 「다목적 보속수확법(Multiple-Use Sustained-Yield Act)」를 제정하였는데, 이는 야외휴양, 목초지, 목재, 수자원, 야생동물과 어류를 국민 요구에 최대한 부응하도록 국유림을 관리한다는 것이다. 우리나라 「산림기본법」도 "산림이 지니고 있는 국토환경의 보전, 임산물의 공급, 산림복지의 증진 및 탄소흡수원의 유지·증진 등 다양한 기능들이 충분하게 발휘될 수 있도록" 관리해야 한다고 명시하고 있다.

둘 이상의 용도를 채택하는 것이 기술적으로 실행가능한가? 실행가능하다면 언제 그렇게 하는 것이 바람직한가? 하나의 용도를 위해서 다른 용도를 어느 정도 희생해야 하는가?

상호의존성과 생산 가능성

토지 이용의 패턴은 다양하며, 다양한 재화를 생산하는 토지의 생산력도 다양하다. 가장 생산적인 용도 또는 용도의 조합은 각 지역의 구체적 여건을 고려하여야 한다.

어떤 용도에도 전혀 이용할 수 없는 경우가 있다. 사면의 경사가 매우 급하거나 매우 멀고 접근이 어려운 오지의 산림이 여기에 해당한다. 이러한 토지는, 지대 생산력이 0 아래로 떨어지는, <그림 6.3>에서 임업의 조방한계(extensive margin)를 지나 점 E의 오른쪽에 위치한다. 이러한 토지는 물론 야생동식물 서식지 보전에 기여하지만, 생산적 용도에서 가치를 지니지 못하므로 일반적인 경제적 의사결정의 문제는 발생하지 않는다.

두번째 범주는 오직 하나의 용도에만 이용할 수 있는 토지이다. 대개의 생산임지, 초지, 먼 곳의 휴양자원이 이에 해당한다. <그림 6.3>에서 농업의 조방한계를 지나 임업만이 양(+)의 지대를 창출하는 토지가 있다. 다른 형태로 이용하는 것이 기술적으로 불가능하지는 않다. 경제적으로 유의미한 지대를 창출할 수 없다는 것이다.

그 외는 둘 이상을 생산하면서 지대를 창출할 수 있는 토지인데, 최선의 용도 또는 용도의 조합을 선택해야 하는 문제가 발생한다. 이는 결합생산의 문제인데, 그 선택은 용도의 기술적 상호의존성에 따른다. 가장 흔한 것은 경쟁적 이용이다. 예를 들어 임목생산 임지를 휴양림으로도 이용할 수 있지만, 휴양 수용력을 늘리려면 임목생산을 일부 줄여야 한다. 그 반대도 성립한다. 얻는 것이 있으면 잃는 것도 있다.

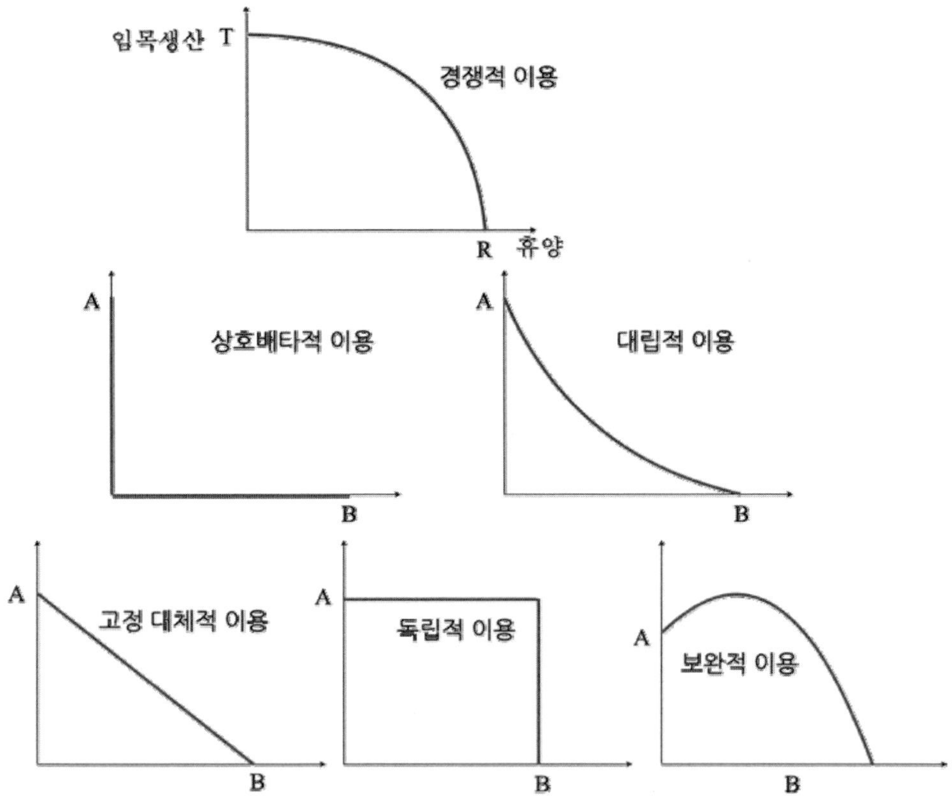

그림 6.4 다양한 용도 사이에 토지의 효율적 배분

<그림 6.4>의 그림을 보자. 곡선 위의 점들은 고정 생산요소가 주어진 상황에서 생산할 수 있는 두 생산물의 조합이다. 이를 생산가능곡선 또는 전환곡선이라 하며, 다음과 같이 표현할 수 있다.

<6.3> $$X = g(Y_1,\ Y_2)$$

여기에서 X는 생산요소의 집합이고 Y_1, Y_2는 임목생산이나 휴양과 같은 생산물이다. 이 방정식은 생산함수와 다른데, Y_1, Y_2의 생산량이 변함에 따라 투입할 생산요소의 양을 말해줄 뿐이다. 첫 번째 생산가능곡선을 보면 휴양 공급이 없을 때 T만큼의 임목을 생산할 수 있고, 임목생산을 하지 않는다면 R만큼의 휴양을 공급할 수 있다.

수직축에 가까운 생산가능곡선의 점들에서 기울기는 거의 수평에 가까운데, 이는 임목생산을 거의 줄이지 않고도 휴양을 어느 정도 공급할 수 있다는 것을 의미한다. 그러나 휴양의 공급을 더 늘리고자 한다면 휴양을 추가 공급하기 위해 임목생산을 더 많이 줄여야 한다. 마찬가지로, 임목을 더 많이 생산하려면 휴양 공급을 더욱 줄여야 한다. 그렇기 때문에 생산가능곡선은 원점에서 오목하다. 생산가능곡선의 곡률, 한계전환율(marginal rate of transformation)은 두 산출물의 경쟁 정도를 반영한다.

생산가능곡선은 다른 형태를 취할 수도 있다. 산림경영에서 흔히 볼 수 있는 경우는 아니지만 산지 이용에서 중요한 시사를 제시한다.

- 상호배타적 이용(mutually exclusive uses)은 전혀 양립할 수 없는 이용이다. 예를 들면 임목 생산과 원시림 보존이다. 둘 중의 하나만 생산할 수 있으며 용도를 조합하는 것은 가능하지 않다.
- 대립적 이용(highly conflicting uses)은 하나의 생산물에서 산출을 연속적으로 증대하여도 다른 생산물의 희생이 점점 적어지는 관계이다. 임목생산과 경관가치의 관계가 이렇다. 약간의 임목생산도 산림의 아름다운 경관을 크게 훼손하지만, 임목생산이 더 늘어나면 경관 훼손에 미치는 추가적 영향은 점점 작아진다.
- 대체적 이용(constantly substitutable uses)은 두 생산물의 트레이드 오프가 생산가능곡선 전역에서 일정하다. 같은 임지에서 연료재와 펄프용재를 생산하는 경우이다.
- 독립적 이용(independent uses)은 서로 영향을 미치지 않는 경우이다. 예를 들어, 수원함양림 관리는 휴양 가치에 그다지 영향을 미치지 않는다.
- 보완적 이용(complementary uses)은 하나의 생산형태가 다른 생산형태를 돕는 경우이다. 예를 들어 임목생산이 열린 공간을 만들어 일시적으로 대형 야생동물의 서식에 도움되는 경우가 있다.

산림에서 수행하는 다양한 경영은 어떤 형태의 결합이용일까 생각해 보자. 임간에서 가축을 방목하는 경우는 어떨까. 임목과 고사리 재배를 같이 하는 경우는 어떨까. 해외의 혼농임업(agroforestry) 또는 우리나라 산림복합경영을 생각해 보자. 또 임목생산과 산지재해방지 기능은 어떨까.

한 부문의 생산에서 발생하는 한계 변화가 결합생산에 미치는 영향은 토지이용의 집약도에 따라 다르다. 토지이용의 집약도가 낮으면 비경합적 이용을 허용하지만 어떤 용도의 집약도가 높으면 다른 가치와 충돌하는 경우가 많다. 예를 들어 낮은 집약도의 임목생산과 낮은 집약도의 휴양 공급은 병존할 수 있지만, 둘 중 하나를 아주 많이 생산하고자 한다면 다른 부문을 줄일 수밖에 없다.

사회적 요구에 따라 산림에서 대립하는 가치를 조화하는 방향으로 임업기술도 발전한다. 앞에서는 임목생산을 개별로 가정하였지만 만일 택벌 방식을 채용한다면 또 다를 수 있다. 그리고 목재생산과 생물다양성 보전을 조화하려는 임업 방식을 보전임업(retention forestry)이라고 한다. 이 둘의 전환곡선은 어떤 모양으로 그려질까?

상대 가치와 최적의 조합

어느 토지에서 두 가지 생산물을 생산할 수 있고 둘 다 지대를 창출할 수 있더라도 모두 생산하는 것이 항상 유리한 것은 아니다. 그리고 둘 이상의 용도로 이용하는 경우에도 하나를 위해 다른 것을 얼마나 희생해야 하는가, 적절한 조화의 문제가 남는다.

최대의 지대 창출을 목적으로 한다면 상호의존적 생산물의 상대 가치를 고려해야 한다. <그림 6.5>의 $V_T V_R$과 같은 교환선의 기울기로 표시할 수 있는데, 여기에서 임목 가치는 V_T, 휴양 가치는 V_R과 같다. 두 생산물의 상대 가치에 따라 교환선의 기울기가 결정된다.

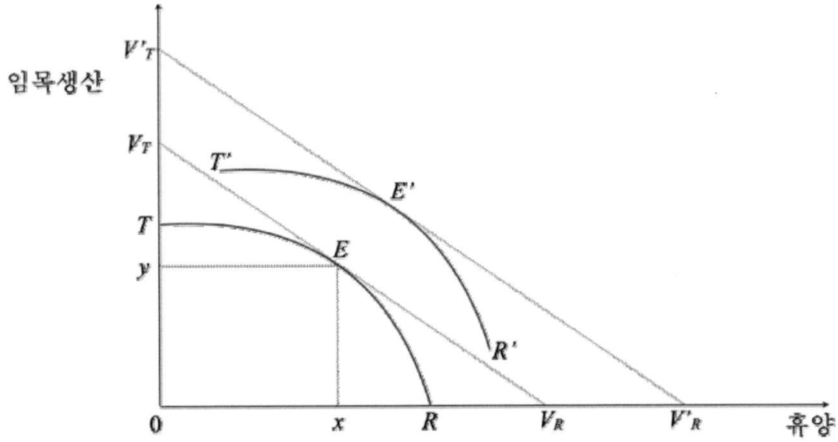

그림 6.5 두 가지 생산물의 최적 조합

그림에서 이 선은 생산가능곡선 TR과 접하는 곳, 점 E에 위치한다.

점 E는 두 생산물, 임목 T와 휴양 R의 최적 조합을 나타낸다. 점 E의 왼쪽에서 추가로 생산하는 휴양 가치가 희생하는 임목의 가치보다 높다. 점 E의 오른쪽에서는 휴양 생산을 줄이고 임목을 더 생산하는 것이 총가치를 증진시킨다. 두 생산물의 최적 조합은 한계전환율과 한계가치의 비율이 같아지는 점이다. 결합생산에서 총가치의 최대점은 두 곡선의 접점이다.

<6.4> $$\frac{dT}{dR} = \frac{V_T}{V_R}$$

다른 형태의 생산가능곡선에서 해를 구하는 것은 훨씬 간단하다. 독립적 이용과 보완적 이용에서 각 용도가 순수익을 창출한다면 두 가지 모두 수용할 수 있다. 상호배타적 이용, 대립적 이용과 대체적 이용에서는 하나만 생산하는 것이 최대 지대를 창출한다.

결합생산 가능성의 설명은 투입재가 고정되었다고 가정한다. 토지가 증가하거나 노동과 자본이 증가하면 생산가능곡선은 바깥쪽으로 이동하고 더 많은 생산물을 생산할 수 있다. <그림 6.5>의 $T'R'$으로 나타난다. 확장된 경계 $T'R'$에서 생산물의 최적 조합은 E'이다. E'에서 생산된 추가 산출의 가치가 생산을 E에서 E'으로 옮기는 데 필요한 추가 투입의 비용을 초과한다면 생산을 확장하는 것이 유리하다.

생산의 결합과 분리

실제로 복수 생산물의 가장 효율적인 조합의 형태는 꽤 복잡하다. 어떤 경우에는 둘 이상의 제품을 동시에 생산하는 것이 효율적인데, 예를 들면 임목생산과 온실가스의 고정이다. 임목수확의 강도를 낮추어 임목생산과 수원함양기능도 동시에 생산할 수 있다. 휴양과 임목생산을 생각하면 숲을 나누고 분리하여 생산하는 것이 더 효율적이다. 시간에 따라 용도를 분리할 수도 있는데, 숲이 어릴 때는 제한된 범위에서 목초지로 또는 산림작물 생산에 사용하고 수령이 높아지면 목재를 생산하는 것이다. 생산의 효율적 조합의 가능성은 무한하며 경제 여건과 자연적 특성, 산림 생산성에 따른다.

산림에서 임목 생산과 환경서비스 제공은 대개 경쟁적이다. 그러나 면적의 규모에 따라 이용 형태가 달라질 수 있다. 딱다구리 보호를 생각해 보자. 작은 단위에서 딱따구리 서식지 보호와 임목 생산은 대립적 이용이 되지만, 큰 단위에서 딱다구리 군집을 보호하는 것과 임목생산은 경쟁적 이용으로 볼 수 있다.

경쟁적 이용이라면 어느 하나만을 생산하는 것보다 산출물의 적절한 조합을 찾는 것이 중요하다. 그러나 모든 임지에서 그래야 한다는 것은 아니다. 어떤 사람들은 임지의 일부를 목재 생산에 배분하여 집약 경영하는 것이 바람직하며, 그렇게 함으로써 나머지 부분을 공익기능 제공에 더 많이 이용할 수 있다고 한다.

그러한 생각은 임지 이용의 분업 이론으로 볼 수 있다. 사실 많은 나라에서 임지를 기능별로 구분하여 일부는 주로 임목생산에 사용하고 다른 임지는 공익기능을 위해 사용하는 것을 볼 수 있다. 두 극단 사이에서 자연 요인, 경제 요인, 정책에서 비롯되는 문제를 고려하여 다양한 조합으로 다목적 경영을 실행한다. 지자체에서 시·군 산림계획을 수립한다면 이를 고려하여 임지를 안배할 필요가 있다.

그러나 정부가 이를 목표로 추진해야 하는가는 다른 문제이다. 국가 범위에서 임지 분업을 추진하는 것은 효율성과 소득의 지역 분배에서 바람직하지 않은 결과를 가져올 수 있기 때문이다. 예를 들어 강원도의 모든 산림을 공익기능 발휘에 할당하고 전라도의 모든 산림을 목재생산에 할당하는 것은 그다지 바람직하지 않아 보인다.

실질적인 문제

시장이 완전하게 작용한다면 토지소유자는 가장 높은 지대를 창출하는 용도에 토지를 배분한다. 대개의 자유주의 국가들은 토지 이용의 결정을 소유자에게 맡기지만 정부가 강하게 개입하는 경우도 많다. 우선, 정부가 임지를 직접 소유하여 시장에 따르지 않는 경우도 있다. 국유림에서 임목을 생산하거나 휴양 서비스를 제공하지만 이윤 추구를 목적으로 하지 않는다. 또, 토지이용에 외부성이 존재하기 때문에 정부는 구획과 기타 규제를 설정하여 민간의 토지이용 방법을 통제한다. 그리고 조세와 보조금은 민간의 경제적 유인을 바꾸며,

비가격적 비용과 편익은 시장 신호와 결정을 왜곡한다.

이러한 논의는 복수의 생산물을 고려하는 토지이용의 최적화 문제에서 두 가지를 설명한다. 첫째는 주어진 수준의 경영집약도에서 생산할 수 있는 생산물의 가장 유리한 조합, 즉 생산가능곡선 위의 점을 결정한다. 둘째는 이용의 최적 집약도 또는 생산가능성을 얼마나 확장할 것인가를 결정한다.

어느 산림에서 연간 1,200m^{3}의 임목을 생산하고 1,000명의 휴양 방문(recreation visits)을 수용할 수 있다고 하자. 임목의 순가치는 20,000원/m^{3}이고 휴양 방문 1회의 가치는 25,000원이다. 관리자는 휴양 수용력을 절반으로 줄이면 지출을 늘리지 않고도 연간 800m^{3}의 임목을 더 생산할 수 있다고 판단한다. 임목생산으로 추가되는 가치는 휴양가치의 손실을 초과한다. 새로운 조합이 최적이다. 산림경영자가 연간 관리비용 1,500만 원을 추가 지출하여 각각의 생산을 50%씩 증대할 수 있다고 추정했다. 추가로 창출되는 가치는 2,450만 원(=600㎥×20,000원/㎥+500회×25,000원)으로 비용 지출을 초과하고 생산가능곡선을 확장하는 것이 유리하다.

현실에서 이렇게 단순한 경우는 거의 없다. 이 문제를 다루려면 결합생산 가능성을 뒷받침하는 생산물의 기술적 상호의존성과 상대 가치를 알아야 한다. 상호의존성은 한계전환율 또는 생산가능성의 경계에서 하나를 희생하여 다른 것을 늘리는 트레이드 오프이다.

집약적인 경영이 생산가능곡선을 얼마나 확장할 수 있는가는 훨씬 복잡한 문제이다. 산림경영 전략을 세울 때 복수 생산물의 결합생산을 고려하는 것은 쉬워 보이지만 집약도에 따른 잠재 산출물의 정보는 자세하지 않으며 결합산물 사이의 전환율이 집약도에 따라 달라지기 때문에 복잡하고 이는 생산가능성 경계의 이동을 비대칭적이고 불규칙하게 만든다.

이러한 분석에는 각 생산물의 한계비용과 한계편익 자료가 필요하다. 생산 비용을 조사할 수 있지만, 둘 이상을 결합해서 생산하는 경우 각 생산물에 소요되는 비용을 분리하는 것이 어렵다. 예를 들어 나무를 추가로 식재하면 휴양 가치와 임목 가치 모두 증진되는데, 그 비용을 각 편익에 할당해야 순편익을 비교할 수 있다. 편익을 측정하는 것도 어렵다. 시장가격을 신뢰할 수 없는 경우도 있고 시장 왜곡의 문제도 생각해야 한다. 가장 큰 문제는 일부 생태계 서비스의 편익에는 가격이 설정되어 있지 않다는 것이다.

이러한 이유 때문에 최적의 해를 도출하는 것은 쉽지 않다. 그러나 산림관리자는 조정 가능한 부분, 그것들이 가져오는 산출과 가치, 또는 적어도 어떤 하나의 대안이 다른 것보다 나은지 못한지 추정할 수 있다.

참고: 헨리 조지의 토지관

토지 또는 부동산 관련 이슈가 나올 때 자주 거론되는 인물이 헨리 조지(H. George)이다. 그는 부(富)의 상당 부분이 토지소유자에게 지대 형태로 옮겨지므로 불로소득이 불평등의 원인이라 주장했다. 토지는 한정되어 있는데 아무런 노력도 하지 않으면서 토지를 소유했다는 것만으로 소득을 거두는 게 정의롭지 않다는 것이다. 그렇다고 해서 토지를 몰수해야 한다고 주장하지는 않았다. 그는 토지에 세금을 매겨 불로소득을 차단해야 한다고 주장했다. 다만, 헨리 조지의 제안은 가공되지 않은 자연 그대로의 토지(raw land)에만 세금을 부과하는 것이다. 건물을 짓거나 도로를 연결하거나 조경을 하는 등 사람이 노력하여 토지의 가치를 높이는 행위에는 세금을 매기지 말아야 한다고 했다. 토지 가치를 높이는 노력을 저하시키면 안 된다는 것이다.

참고문헌

강정원. (2019). “해방 후 산림문제를 둘러싼 개혁논의와 그 귀결.” 사학연구 136: 155-192.

곽두안. (2020). “다항 로지스틱 회귀모형을 이용한 우리나라 산지면적 변화 추정에 관한 연구.” 한국지리정보학회지 23(4): 42-51.

김홍상. (2012). “토지경제.” 한국농업경제학회(편). 농업경제학. 율곡출판사.

나가타 신. (2017). 임정학강의. (김세빈 외 3인 옮김). 충남대학교출판문화원.

민경국. (2014). 경제사상사 여행. 21세기북스.

주린원 외. (2007). 산림부문의 추세 및 장기 전망: 1970-2005-2050. 연구보고 07-19 국립산림과학원.

Zhang, D. & P. Pearse. (2011). Forest Economics. UBC Press.

제 7 장

최적의 산림 윤벌기

임업에서 가장 중요한 문제의 하나는 임목을 언제 수확할 것인가, 즉 벌기령(伐期齡, cutting age)을 결정하는 것이다. 임업은 농업과 달리 자연의 수확기가 없다. 농업은 대개 종자와 열매를 수확하므로 작물이 성숙하는 시기에 수확하지만 임업은 수목의 영양체인 줄기를 수확하므로 자연의 수확기가 없다. 따라서 임업에서 가장 유리한 수확시기를 산림경영자가 스스로 판단하여 결정해야 한다.

벌기령 결정에는 다양한 생각이 있는데, 경제적 합리성을 고려하지 않고 임목 수명이 생리적으로 다하기 직전에 벌채하는 생리적 벌기령, 목적으로 하는 크기와 재질에 도달하면 벌채하는 공예적 벌기령, 그리고 재적 수확량 최대의 벌기령 등이 있다.

그렇지만 산림경영은 이윤을 목적으로 하며 경제적으로 가장 유리한 벌기령을 추구한다. 이는 임목에 묶인 자본을 얼마나 오래 유지해야 하는가, 그리고 일정 수준의 임목생산을 유지하기 위해 임목축적을 어느 규모로 보유해야 하는가, 이런 질문에 대한 답을 찾는다. 이는 시간에 따른 경제 관계뿐만 아니라 생물학적 관계도 분석해야 한다. 산림경영자가 마주하는 질문은 '나무를 지금 벨 것인가 아니면 베지 않고 그냥 둘 것인가'이다. 각 선택에서 기회비용은 무엇일까 생각해야 한다.

임목을 수확하는 것은 산림소유자 또는 산림경영자가 산림경영의 목적을 달성하는 데 적용하는 가장 기본적이고 중요한 행위의 하나이다. 특히 '언제 벌채해야 할까'의 의사결정은 임업경제학에서 아주 옛날부터 다루었던 중요한 문제의 하나이다.

이산 형태의 최적 윤벌기

임목 생장함수

나무를 언제 수확할 것인가. 임업은 농업과 달리 자연적 수확기가 없다. 여기에는 생물학적 영향과 경제적 영향이 관계한다. 우선 임목재적의 생장 예측을 바탕으로 수확시기의 의사결정을 생각한다. 임분수확표를 보면 미래의 목재수확량을 예상할 수 있다.

한그루 나무의 목재가치는 그 나무가 제공하는 상업 재적으로 결정된다. 판매가능한 목재는 나무가 최저 벌기령에 도달한 이후에 생산된다.

수종·수령이 동일한 임목집단(임분)에서 임목 재적은 수령에 따라 달라지며 임분의 재적생장함수 $f(t)$로 나타낼 수 있다. 나무의 생장은 오랫동안 지속되지만 결국에는 안정기에 도달할 것이고 그 다음에는 완만하게 성장할 것이다. 임분 생장함수는 여러 함수형태로 표현되지만 우리나라는 Chapman-Richard 모델, $Vol = a(1-e^{-b\times t})^c$을 사용한다. <표 7.1>은 우리나라에서 사용하는 임분 재적생장함수의 예이다.

표 7.1 임분의 재적생장함수

임상	생장함수	적합도
침엽수림	$f(t) = 251.398(1-e^{-0.074t})^{4.418}$	0.19
활엽수림	$f(t) = 169.672(1-e^{-0.097t})^{7.199}$	0.25
혼효림	$f(t) = 218.189(1-e^{-0.078t})^{4.089}$	0.24

자료: 윤준혁 외(2021)

입목가치와 임분 연령

문제를 단순화하기 위하여 산림경영의 목적은 임목 수확에서 지속적으로 얻는 가치를 최대화하는 것이라고 하자. 우선 목재 이외의 가치는 존재하지 않는다고 가정한다. 휴양, 야생동물, 경관 등 비목재 가치들은 일단 제쳐 두자.

수확기에 도달하면 개벌(모두베기)한다고 가정한다. 이는 동령림을 의미한다. 단일 수종을 다루며 비용을 들이지 않고 지체없이 조림하며, 토지 가치의 변화를 고려하지 않는다.

세금이나 경영비용은 발생하지 않으며, 생장기간에 목재와 모든 투입재의 가격은 고정된다. 자본시장은 자유롭고 임지는 완전경쟁시장에서 거래될 수 있다. 나중에 이러한 가정들을 완화하여 더 현실적인 조건을 검토한다.

어떤 숲의 임목 가치를 입목가치(stumpage value)라고 한다. 입목가치(S)는 산림경영자가 임목을 수확하여 팔아서 기대하는 수입(R)에서 수확·운반 비용(C_h)을 뺀 것과 같다. 비용에는 자본비용과 관리비용 그리고 보통 수준의 이윤이 포함된다. 시장가역산법으로 산출한 것이다.

<7.1> $$S = R - C_h$$

입목가격은 보통 입목의 단위재적당 수취 금액이다. 임분 가치 $S(t)$는 입목가격 $p(t)$에 임분 재적 $f(t)$을 곱한 것이다.[28] 여기에서 t는 임령이다.

$$S(t) = p(t) \cdot f(t)$$

입목가격은 고정된다고 가정한다($p(t) = \bar{p}$). 입목가격이 고정되어도 임령이 증가하면 입목가치는 상승한다. 첫째, 나무의 생장에 따라 재적이 증가한다. 임목 생장량이 해충과 질병, 자연고사에 의한 손실을 초과하는 한 임분 재적은 증가한다. 둘째, 나무가 커지면 더 값비싼 제품을 생산할 수 있다. 직경이 작으면 주로 펄프용재와 보드류 생산에 쓰인다. 큰 제재목과 고품질 베니어는 큰 원목에서만 생산할 수 있고, 대경목은 재질이 안정되고 아름다운 무늬를 가진 부분이 크다. 셋째, 나무가 클수록 단위 수확비용이 작아진다. 예외도 있는데, 원목 크기의 균일성은 평균 크기만큼이나 생산과 취급 비용에 큰 영향을 미친다. 이러한 점들 때문에 입목가치의 증가는 재적 증가와 비슷한 패턴을 보이지만 증가 속도가 더 빠르고 증가하는 기간도 길다.

입목가치 $S(t)$의 변화 패턴을 <그림 7.1>과 같이 나타낼 수 있다. 입목가치의 변화 패턴을 알고 있다면, 특정 임령에서 입목 가치의 평균 증가율 $S(t)/t$을 계산할 수 있다. 첫

28) 임분재적에 조재율을 적용하여 이용재적을 산출한다. 여기에서는 그러한 관계를 무시한다.

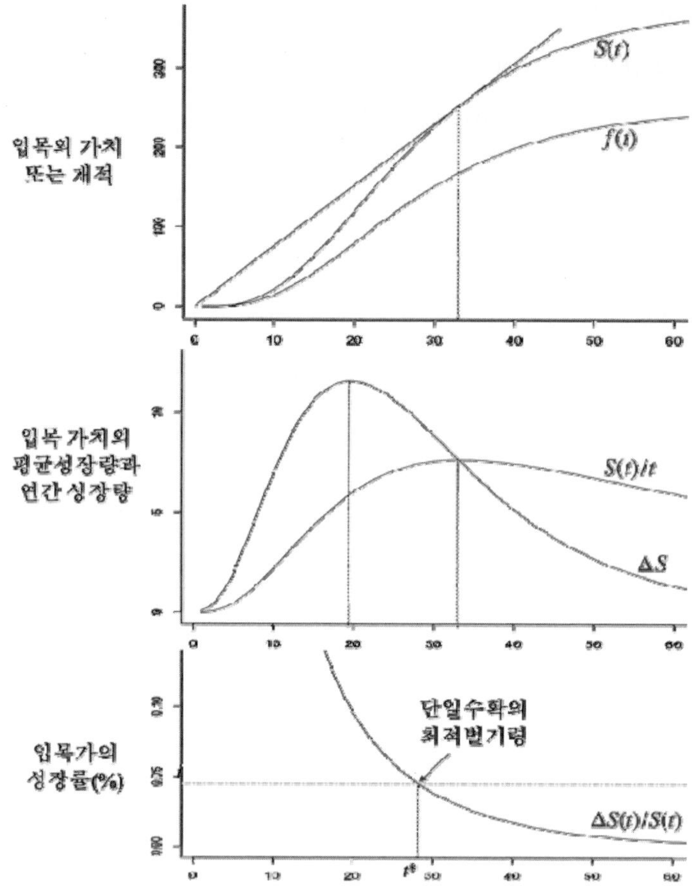

그림 7.1 임령에 따른 재적과 입목가의 성장

번째 그림에서 원점과 입목가치 곡선의 점을 연결한 직선의 기울기이다.

입목가치의 연간성장량(ΔS)은 한해 동안 입목가치가 증가한 분량이다. 이것은 $S(t+1)-S(t)$인데, 극한값을 취하면 $dS(t)/dt$로 표현할 수도 있다. 그 값은 임령에 따라 올랐다가 내려간다. 임목의 생장량이 어느 시기부터 줄어들기 때문이다. 입목가치의 연간 성장량과 평균 성장량의 관계는 기업의 생산이론에서 다루는 평균생산 곡선과 한계생산 곡선의 관계와 유사하다 .

최적 벌기령

임목가치의 연간 증가율을 현재 입목가치로 나눈 값, $\Delta S/S(t)$로 표현하면 <그림 7.1>의

세 번째 그림과 같다. 임령이 증가함에 따라 분자는 감소하고 분모가 커지기 때문이다.

산림소유자는 한계적 사고(marginal reasoning)를 해야 한다. 수확을 한 해 미루는 것의 한계편익과 한계비용을 비교한다. 어느 해 산림경영에서 얻는 자본 수익, $\Delta S/S(t)$를 비용과 비교한다. 여기에서 비용은 임목을 유지하는 기회비용인데, 임목에 묶인 자본을 유동화하여 수익률 i에 투자하여 얻을 수 있는 이자 수입이다. 즉, 임목의 가치증가율이 높은가, 아니면 임목을 팔아서 은행에 예치하여 받는 이자 수익률이 높은가 비교한다.

산림소유자는 임분 생장의 수익률이 이자율을 초과하는 동안에만 임목을 유지한다는 것이다. 입목가치의 수익이 이자율 이하로 떨어지는 임령은 최적 벌기령의 1차 근사치이며, <그림 7.1>의 t^*이다.

<7.2> $$\frac{\Delta S}{S(t)} = i$$

이는 투자분석에서 수확의 현재가를 최대화하는 문제와 같다. 임목수확의 순현재가(V_0)는 다음과 같다.

<7.3> $$V_0 = \frac{S(t)}{(1+i)^t}$$

이 값을 최대로 하는 임령이 최적 벌기령이다. 이는 수확의 현재가의 연간 증가가 0이 되는 임령, $\Delta V_0 = 0$의 임령이다.

$$\frac{S(t+1)}{(1+i)^{t+1}} - \frac{S(t)}{(1+i)^t} = 0$$

이는 다음과 같이 정리할 수 있는데, <식 7.2>와 같다.

$$S(t+1) = (1+i)S(t)$$
$$\Delta S = iS(t)$$

연속 수확의 최적 윤벌기

임업을 연속으로 한다고 할 때 임목을 베는 주기를 윤벌기(rotation age)라고 한다. 즉 벌채한 산림을 갱신하여 다시 벌채하게 될 때까지의 기간을 말한다.

앞에서 임목(자본) 생장을 유지하는 비용만을 고려하였다. 그러나 임업에는 적어도 두 생산요소 즉, 자본과 토지가 있어야 한다. 임목을 수확한 다음에 그 토지(벌채지)를 무엇에 사용할 것인가도 부분적으로 관여한다.

토지는 임목생산에만 적합하고 연속 수확에서 가치와 비용이 모두 변하지 않는다고 가정하자. 임목수확의 가치 $S(t)$가 t기마다 무한히 반복되면 순현재가 V_0는 다음과 같은 기하급수로 나타낼 수 있다.

$$
\begin{aligned}
V_0 &= \frac{S(t)}{(1+i)^t} + \frac{S(t)}{(1+i)^{2t}} + \frac{S(t)}{(1+i)^{3t}} + \cdots + \frac{S(t)}{(1+i)^{\infty}} \\
&= \frac{S(t)}{(1+i)^t - 1}
\end{aligned}
$$

미래 수확의 무한급수의 현재가를 '임지기망가(site expectation value, land expectation value)', '토지 지대(soil rent)', '나지가치(bare land value)'라고도 한다. 여기에서 임지가치(site value), V_S를 사용한다. 임목 생산에 비용이 소요되지 않는다면, 임지가치는 다음과 같다.

<7.4> $$V_S = \frac{S(t)}{(1+i)^t - 1}$$

임지에서 발생하는 연속의 수익 플로우를 스톡으로 전환한 것이다. 임지가치의 수식은 몇 가지 가정을 전제한다. 임지는 연속적 임업에 사용한다는 것, 초기에 나지(裸地) 상태라는 것, 재조림에 비용이 들지 않는다는 것이다. 수확을 연속으로 이어가는 임지에서 최적 윤벌기는 임지가치를 최대화하는 임령이다. 벌기령을 연장하여 임업의 순현재가치를 증대할 수 없는 임령이므로 $\Delta V_S = 0$이다. 다음과 같이 쓸 수 있다.

$$\frac{S(t+1)}{(1+i)^{t+1}-1}-\frac{S(t)}{(1+i)^{t}-1}=0$$

이를 $S(t+1)$에 대해 풀고 양변에서 $S(t)$를 빼서 정리하면 다음과 같다.

<7.5> $$\frac{\Delta S}{S(t)}=\frac{i}{1-(1+i)^{-t}}$$

이 등식은 윤벌기 t_F에서 만족한다. 수확을 한 해 미루어 발생하는 입목가의 증가율로 표현된 한계편익(<식 7.5>의 좌변)과 토지 보유의 비용을 포함하는 한계비용(<식 7.5>의 우변)이 같아지는 것을 의미한다. 윤벌기가 t_F보다 낮다면 가치 증가분이 비용 증가분을 초과하므로 수확을 연기하는 것이 유리하다. 윤벌기가 t_F보다 높으면 비용 증가분이 가치 증가분을 초과한다. <그림 7.2>는 이를 표현한 것이다. 연속 수확의 최적 윤벌기를 '파우스트만 공식'이라 한다.

연속 수확의 최적 윤벌기 t_F는 단일 수확의 최적 벌기령 t^*보다 짧다. 연속 수확의 비용증가분 $i \div [1-(1+i)^{-t}]$이 단일 수확의 비용증가분 i보다 크기 때문이다. 그리고 두 번째

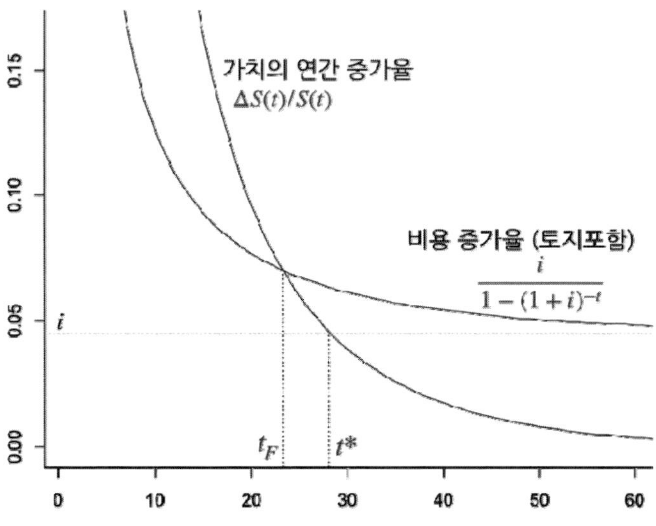

그림 7.2 연속 수확의 최적 윤벌기(1)

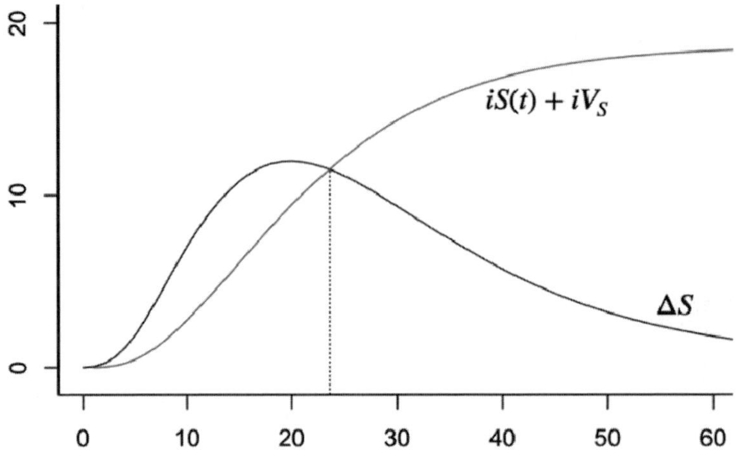

그림 7.3 연속 수확의 최적 윤벌기(2)

생산요소인 토지의 기회비용을 추가하였기 때문이다. 임목을 베어 나지가 되기 때문에 토지를 무엇에 이용할까 기회비용이 발생한다. 이는 현재 임목을 벌채하지 않고 유지하는 비용의 증가분을 증가시킨다.

<식 7.5>를 ΔS에 대하여 정리하고 분자에 $iS(t)$를 더하고 빼면 다음과 같이 쓸 수 있다.

<7.6> $$\Delta S = iS(t) + iV_S$$

iV_S는 토지의 연간 기회비용 또는 지대이다. 임지가치의 증가분이 토지와 임목을 보유하는 비용의 증가분을 초과하는 한 산림소유자는 임목 육성을 지속하겠지만, 그 이상은 아니다. 그림으로 나타내면 <그림 7.3>과 같다.

연속 형태의 윤벌기

앞에서 다룬 식에 연속 할인을 이용하면 더 유연하게 응용할 수 있다. 자유롭게 미분할 수 있고 임목재적을 시간과 육림활동의 함수로 다룸으로써 더 명확히 이해할 수 있다. 이산적 할인 인자 $(1+i)^{-t}$를 연속 형태로 바꾸면 e^{-rt}인데, t는 시간, r은 연속 이자율이다.

산림소유자의 목적은 수확에서 발생하는 이윤의 현재가치를 최대화하는 것으로 생각하자. 이윤은 임목재적에 의존한다. 임목재적은 시간에 따라 증가하는데, $f'(t)>0$이다. 어느 시기를 지나면 생장률은 감소하며 $f''(t)<0$ 이다. 수입(revenue)은 $pf(T)$인데, T는 수확기 임령, p는 수확비용을 제외한 임목의 실질가격으로 일정하다. 조림 비용은 c로 고정된다. 단일 벌기령에서 이윤은 $pf(T)-c$이다. 조림 비용은 초기에 발생하고 수입은 말기에 발생하므로 할인율 r을 적용하면 이윤의 현재가는 다음과 같다.

<7.7> $$\pi = pf(T)e^{-rT}-c$$

이윤을 최대화하는 벌기령을 찾기 위해 이를 T로 미분하면 다음과 같다.

<7.8> $$\frac{pf'(T)}{pf(T)}=r$$

이는 임분의 수익 증가율이 이자율과 같아지는 시점까지 벌채를 미루어야 한다는 것을 말한다. 임분에 묶인 자본 $pf(T)$에서 발생하는 수익 $pf'(T)$가 다른 곳에서 얻을 수 있는 수익률 r과 같아지는 시점까지 벌채를 미루어야 한다는 것이다.

<식 7.8>은 1회전 산림수확의 경우이다. 재조림이 가능하다면 최적 벌기령은 연속 수확에서 발생하는 이윤 획득에 시간도 고려해야 한다. 다른 파라미터가 바뀌지 않는다고 가정하고, 조림과 수확을 반복한다면 벌기령의 집합은 $t_1<t_2<\dots<t_\infty$로 정의된다. $t=0$ 시점에 나지 조림을 시작하는 것으로 가정하면, 생산자는 각 벌기령에서 동일한 문제를 마주하여 $t_i=iT(i=1,2,\dots)$이며, 목적함수는 다음과 같다.

<7.9> $$\begin{aligned} V(T) &= pf(t_1)e^{-rt}-c+\frac{pf(t_2)e^{-rt}-c}{e^{rt_2}}+\cdots+\frac{pf(t_\infty)e^{-rt}-c}{e^{rt_\infty}} \\ &= [pf(T)e^{-rT}-c]\left[1+\frac{1}{e^{rT}}+\frac{1}{(e^{rT})^2}+\cdots\right] \end{aligned}$$

$$= \frac{pf(T)e^{-rT} - c}{1 - e^{-rT}}$$

이를 T에 대하여 미분하여 0이 되도록 한다.

$$\frac{dV}{dT} = [pf'(T)e^{-rT} - rpf(T)e^{-rT} - rV(T)e^{-rT}](1 - e^{-rT})^{-1}$$

다시 정리하면 다음과 같다.

<7.10> $$pf'(T) = rpf(T) + rV(T)$$

이것이 파우스트만 공식이다(Faustmann, 1849). 좌변은 숲의 가치 변화율이고, 우변은 임분 가치의 이자율과 임지 가치에 대한 이자율의 합이다. 균형점에서 임분의 수익률 $pf'(T)$는, 산림의 순가치를 투자하였다면 얻을 수 있는 이자와 미래의 모든 조림·수확의 현재가치를 이자율 r로 투자한 경우의 수익률의 합계와 같아져야 한다는 것이다. $V(T)$는 임지가치로서 나무와 토지에 묶여있는 투자의 기회비용이다. 모든 산림이 벌채 후에 갱신된다면 $rV(T)$는 지주가 산림경영자에게 청구할 수 있는 임대료의 지불되지 않는 부분이다.

임지에서 나무가 이미 자라고 있다면 <식 7.9>를 수정한다. d는 현재 자라는 임목이 팔릴 때까지의 연수이다.

<7.11> $$V = \frac{1}{e^{rd}}\left[pf(t) + \frac{pf(t)e^{-rt} - c}{1 - e^{-rt}}\right]$$

이 식은 미성숙 임목의 임분을 가진 임지의 기대가를 판단할 때도 사용할 수 있다.

연습문제로서 다음을 풀어 보자(Chiang, 1985). 목재의 가치는 $V = 2^{\sqrt{t}}$와 같이 시간 t의 증가함수라고 가정하자. 할인율은 r이고 임목이 성장하는 동안에 유지비용은 없다고 가정할 때, 임목을 벌채하여 판매할 최적 시기는 언제인가? 또, $r = 0.05$라고 하면 최적 벌기령과 임목수확의 가치는 얼마인가?

이령 임분의 윤벌기

지금까지 동령림을 가정하였지만 이령림의 최적 윤벌기를 결정할 때도 똑같이 응용할 수 있다. 사실, 이령림의 일부를 수확하고 남겨두는 임목축적을 갱신의 비용으로 다룬다면 이령림에서 임지가치를 최대화하는 이론은 동령림의 임지기망가 또는 임지가치의 최대화와 유사하다.

최적의 임목축적(수확되고 유지되어야 하는 양)과 최적 윤벌기도 같은 방식으로 해석할 수 있다. 최적 윤벌기에서 벌기를 1년 미룸으로써 얻는 추가 수입은 토지와 임목을 1년 보유하는 비용과 같아야 한다. 마찬가지로 현재 임목축적의 일부를 남겨 둠으로써 나중에 얻는 추가 수입이 임목축적의 복리 가치보다 크다면 그 부분은 남겨 두어야 한다.

비용과 가격의 변화

지금까지 입목가와 비용은 고정된다고 가정하였다. 그러나 현실에서 이 값은 변화한다. 가격의 변동은 예측하기 어려워 윤벌기를 계산할 때 기대값을 사용한다. 장기 영림계획을 수립할 때는 이들 변수의 장기 추세를 살펴야 한다.

입목가치가 일정한 비율로 상승하리라 예상한다면 할인율에서 그 비율만큼 빼 줌으로써 윤벌기와 순현재가치의 근사치를 구할 수 있다. 입목가치는 입목가격에 재적을 곱한 것이므로 입목가격이 일정 비율로 상승하면 윤벌기는 길어진다.

입목가치가 어떤 비율 α로 성장한다면 t년의 입목가치는 $(1+\alpha)^t S(t)$가 될 것이고 미래 연속 수확의 현재가치는 다음과 같다.

$$V_0 = \frac{(1+\alpha)^t S(t)}{(1+t)^t} + \frac{(1+\alpha)^{2t} S(t)}{(1+t)^{2t}} + \frac{(1+\alpha)^{3t} S(t)}{(1+t)^{3t}} + \cdots$$

임지가치의 식, <식 7.4>는 다음과 같다.

$$V_0 = \frac{S(t)}{\left(\frac{1+i}{1+\alpha}\right)^t - 1}$$

분모 괄호의 항을 조작하면 $[1+(i-\alpha)/(1+\alpha)]^t$이 된다. 따라서 최적 윤벌기를 계산하는 데 효과적인 이자율은 $(i-\alpha)/(1+\alpha)$이 되는데 α가 작아서 $(1+\alpha)$가 1에 가까워지면 실제 $(i-\alpha)$ 와 같아진다. 따라서 입목가치의 상승 경향을 설명하는 데 파우스트만 공식에서 할인율 $(i-\alpha)$를 사용하는 것으로 충분하다. 위 식을 연속함수로 이해하면 훨씬 간단히 유도할 수 있다.

$$\begin{aligned} V_0 &= \frac{e^{\alpha t}S(t)}{e^{rt}} + \frac{e^{2\alpha t}S(t)}{e^{2rt}} + \frac{e^{3\alpha t}S(t)}{e^{3rt}} + \cdots \\ &= \frac{S(t)}{e^{(r-\alpha)t}} + \frac{S(t)}{e^{2(r-\alpha)t}} + \frac{S(t)}{e^{3(r-\alpha)t}} + \cdots \\ &= \frac{S(t)}{e^{(r-\alpha)t} - 1} \end{aligned}$$

여기에서 r은 연속 할인율이다. 임목재적이 같은 상태에 머물고 입목가격이 고정비율 α로 오른다면 할인율은 $(r-\alpha)$가 될 것이다.

이 방법은 가치와 비용의 변동이 일정하다고 예상될 때 이용가능하다. 가치와 비용이 불규칙하게 변동할 것으로 예상하면 각 항을 분리해서 다루어야 하며 계산은 더욱 어려워진다.

다른 윤벌기와 비교

벌기령의 결정 문제는 오랜 역사를 가진다. 폰 튀넨(von Thünen)을 비롯하여 여러 경제학자들이 이 문제에 관심을 가졌다. 19세기 독일의 순수확논쟁에서는 산림순수확의 법칙과 토지순수익의 법칙이 대립하였다. 또 1960년대에 투자이론과 자본이론을 벌기령 문제에 응용한 경제학자들이 파우스트만의 법칙, 보울딩의 법칙, 피셔의 법칙을 주장하였다. 이 논쟁은 1970년대까지 이어졌는데, 적극적으로 다른 이론의 오류를 지적하고 논쟁을 종결지은 것은 폴 새뮤얼슨(P. Samuelson, 1976)이다. 벌기령의 여러 주장들을 살펴 보자.

산림순수확의 법칙

산림순수확(NMSY; net maximum sustained yield)의 법칙은 입목가치의 평균값, 즉 산림지대(FR; forest rent)의 최대화를 목적으로 한다. 이 법칙은 독일의 임학자 Borggreve(1878)가 제창하였다. 문제를 수식화하면 다음과 같다.

$$\max \ FR = \frac{pf(T) - c}{T}$$

최적 벌기령이 충족하는 1계 조건은 다음과 같다.

$$pf'(T) - \frac{pf(T) - c}{T} = 0$$

입목을 벌채하지 않고 그냥 두어 얻을 수 있는 수입의 증가분(한계수입)이 이윤의 단순평균과 일치하는 임령에서 수확하는 것이 최적이다. 이 규칙이 중요한 것은 최적 벌기령의 지침으로 산림지대(forest rent)를 널리 활용하기 때문이다. 앞에서 언급하는 토지지대(land rent)와 혼동하지 말아야 한다. 그러나 이는 이자율 요소를 포함하지 않으며 산림자본(토지와 임목)의 기회비용을 무시하기 때문에 '산림지대'의 최대화는 항상 수확시기를 늦추게 되어 임지가치를 낮추게 된다.

목재의 최대 생산량

전통 임업에서 윤벌기를 결정할 때 가장 널리 쓰이는 기준은 재적의 평균생장량(MAI)을 최대화하는 임령이다. 이는 북미 국유림과 일부 국가의 산림정책에 깊이 뿌리 내렸는데 최대 보속수확(MSY; maximum sustained yield)의 목표를 추구하는 근거이다.

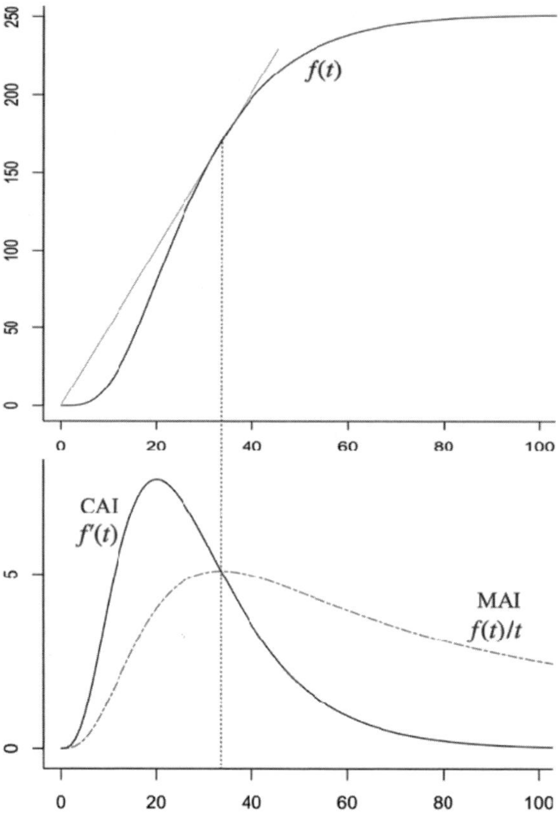

그림 7.4 목재수확 최대의 윤벌기

산림경영학에서는 윤벌기를 찾기 위해 평균생장량(MAI; mean annual increment)과 연년생장량(CAI; current annual increment)을 이용한다. MAI는 임분의 평균생장량 $f(t)/t$다. CAI는 어느 해 임분의 생장량인데, $f(t+1)-f(t)$ 또는 $f'(t)=df(t)/dt$로 표현된다. 한계생산곡선과 평균생산곡선이 접하는 점에서 평균생산은 최대에 이른다<그림 7.4>.

$$\frac{f(t)}{t}=f'(t),\ \ \frac{f'(t)}{f(t)}=\frac{1}{t}$$

이것은 재적 생장곡선 $f(t)$에 원점에서 접선을 그었을 때 접점의 임령이다. 윤준혁 외(2021)는 MAI 최대 시점을 기준으로 낙엽송 35년, 상수리나무 30년을 적정 벌기령으로 제시하였다. 일견 바람직한 순환처럼 보이지만 목재가격, 조림 비용, 할인율 등 경제적 요소를 고려하지 않는다.

우리나라를 비롯하여 일부 국가는 법정(法定) 벌기령으로 공공성의 관점에서 재적 수확량 최대의 윤벌기를 채용한다. 이는 정부가 권장하는 경제적 벌기령이라기보다 보조금 수령의 조건으로 임목을 유지해야 하는 최소 기간으로 이해해야 한다.[29)]

보울딩의 법칙

Boulding(1935)은 기업의 투자이론을 벌기령 문제에 응용하였다. 다음과 같이 (평균) 내부수익률(ρ)를 최대화하는 벌기령을 선택한다.

$$pf(T)e^{-\rho T} = c$$

위 식에서 ρ를 구하면 다음과 같다.

$$\rho = \frac{\ln pf(T) - \ln c}{T}$$

ρ의 1차 도함수는 다음과 같다.

$$\rho' = \left[\frac{f'(T)}{f(T)} - \frac{\ln pf(T) - \ln c}{T}\right] / T = \left[\frac{f'(T)}{f(T)} - \rho\right] / T$$

따라서 최적 벌기령(T_B)이 충족하는 1계 조건은 다음과 같다.

$$f'(T) - \rho f(T) = 0$$

입목을 벌채하지 않고 그냥 두어 얻는 한계수입과 입목을 두어 발생하는 기회비용(단, 내부수익률에서 평가한 기회비용)이 일치하는 점에서 입목을 수확하는 것을 가리킨다.

---

29) 「산림자원법」은 기준 벌기령을 낙엽송과 삼나무 30년, 소나무 40년 등으로 제시하지만 이 기준은 종종 논란이 된다. 일본은 지자체에서 수종별 법정 벌기령을 30~35년으로 정하였지만 실제 벌채령은 45~50년이다. 유럽 국가의 벌채령은 더 길다. 임목수확의 용도가 다르다.

단일 수확의 최대 가치

앞에서 단일 수확의 최적 벌기령을 다루었는데, 토지의 기회비용은 없는 것으로 하였을 때 산림생장의 수익률이 이자율보다 높다면 수확을 미루는 것이 바람직하다고 하였다. 최적 벌기령은 편익 증가율과 비용 증가율이 같아지는, $\Delta S = iS(t)$인 임령이다. 토지의 기회비용을 고려하지 않으므로 토지가 다음 수확을 포함하여 대체적 생산 용도를 가진다면 적절하지 않다. 이를 고려하지 않으므로 그 결과는 최적 벌기령보다 더 길다.

이를 피셔의 윤벌기라고 한다. von Thünen(1863)이 제안하였고, Wicksell(1901), Hotelling(1925), Fisher(1930) 등 저명한 경제학자들이 채용하였다(Johansson & Löfgren, 1985). 이윤의 현재가치 $PV(T)$는 다음과 같다.

$$PV(T) = pf(T)e^{-rT} - c$$

최적 벌기령이 충족하는 1계 조건은 다음과 같다.

$$\frac{dPV}{dT} = p(f'(T) - rf(T))e^{-rT} = 0$$

$$f'(T) - rf(T) = 0$$

입목을 벌채하지 않고 두는 것에서 얻는 한계수입과 입목을 두는 것에서 발생하는 기회비용이 일치하는 시기에 수확한다.

비교정태분석

최적 벌기령은 목재 가격, 수확비용, 이자율, 기타 조건의 변화에 영향받고, 그 영향은 다양하게 나타난다. 벌기령의 변화를 임업의 공급 반응으로 볼 수 있다. 이를 다루기 위해 비교정태분석을 해 보자. 비교정태분석이란, 외부 여건이 바뀌면 어느 경제상황의 균형이 다른 균형으로 바뀌는데 이 둘을 비교하는 것을 말한다. 여기에는 미분 개념을 이용한다.

<식 7.10>을 전미분하면 다음과 같다.

<7.12>

$$[pf''(T) - rpf'(T)]dT = \left[rf(T) - f'(T) + \frac{rf(T)e^{-rT}}{1-e^{-rT}}\right]dp - \left[\frac{r}{1-e^{-rT}}\right]dc + \left[pf(T) + \frac{d}{dr}rV(T;r)\right]dr$$

목재가격

목재가격이 오르면 벌기령은 길어질까, 짧아질까. <식 7.12>에서 dT/dp의 부호를 알아보고자 한다. 이때 이자율과 조림 비용의 변화는 없다고 가정한다($dc = dr = 0$). <식 7.12>의 좌변은 음이 되는데, $f'(T) > 0$, $f''(T) < 0$이기 때문이다. 우변의 첫째 항은 양이 된다. 따라서 다음과 같이 정리할 수 있다.

<7.13>

$$\frac{dT}{dP} < 0 \quad (dc = dr = 0)$$

목재가격의 상승은 벌기령을 단축시킨다. 목재가격의 상승은 임지의 가치(V_S)를 증가시키고 벌기령 연장의 이자 비용을 증가시킨다. 이자 비용을 감당하기 위해서 산림소유자는 더 많은 가치 증가를 얻기 위하여 벌기령을 앞당겨야 한다.

재조림 비용

재조림 비용의 상승은 벌기령에 어떤 영향을 미칠까. <식 7.12>에서 dT/dc의 부호를 알아보자. <식 7.12>의 둘째 항은 음이다.

<7.14>

$$\frac{dT}{dc} > 0 \quad (dp = dr = 0)$$

수확 후 다시 임분을 조성하는 데 비용이 소요된다면, <그림 7.2>의 입목가치 증가율

$\Delta S/S(t)$는 $\Delta S/[S(t)-c]$로 수정해야 한다. 수확의 가치가 재조림 비용 c만큼 감소한다. 이는 증가율 곡선을 우상향으로 이동시키고 최적 윤벌기를 연장시킨다.

조림 비용의 증가는 임지 가치를 감소키고 토지 가치의 이자 비용을 감소시킨다. 그리하여 벌기령은 연장되고 산림의 가치 증가율은 감소한다. 조림 비용뿐만 아니라 임업의 비용을 증가시키는 것은 무엇이든지 최적 벌기령을 연장시킨다. 수확의 가치나 토지 생산성을 저하시키는 것도 동일하다.

재조림 비용이 수확의 현재가치와 같아서 $c=S(t)/(1+i)^t$라면, 그리하여 새롭게 임목을 식재하는 것의 순현재가치가 0이면, $c=S(t)/(1+i)^t$을 <식 7.7>에 대입하여 후자는 단순히 <식 7.3>과 같아지고 최적 벌기령은 <식 7.2>로 유도한 단일 수확의 경우와 같아진다. 이어지는 수확에서 토지가 순가치를 창출하지 못하기 때문이다. 이 토지는 조림 임업의 조방한계에 위치한다. 이 때는 천연갱신이 합리적 선택이다.

대개의 선진국에서 조림 비용은 임목수확의 가치를 초과한다. 목재가격은 오르지 않지만 인건비가 높기 때문이다. 이 때문에 천연갱신이 장려되는데, 유럽의 근자연임업도 그렇다.[30] 그 배경에는 생태적 이유도 있지만 조림 비용 상승이라는 경제적 이유도 있다. 우리나라는 어떨까?

이자율

이자율은 산림 자본을 유지하는 비용의 증가분을 결정한다. 이자율의 변화가 벌기령에 미치는 영향을 분석하기 위하여 셋째 항의 부호를 검토한다.

<7.15>

$$\frac{d}{dr}[rV(T;r)] = V(T;r) - \frac{rTpf(T)e^{-rT}}{1-e^{-rT}} - \frac{rTe^{-rT}V(T;r)}{1-e^{-rT}}$$

이를 <식 7.12>의 셋째 항에 대입하여 정리하면 다음과 같다. 여기에서 $rT>0$이라면 항상 양이 된다.

---

30) 독일에서는 Close-to-nature forest management라고 하고, 스위스에서는 Near-natural silviculture라고 한다. EU는 Closer-to-nature forest management를 제안하였다(Larsen, et al, 2022).

<7.16> $$pf(T) + \frac{d}{dr}[rV(T;r)] = [V(T;r) + pf(T)]\left(1 - \frac{rT}{e^{rt}-1}\right) > 0$$

$$\frac{dT}{dr} < 0 \quad (dp = dc = 0)$$

이자율이 상승하면 최적 벌기령은 짧아진다. 이자율이 높으면 임목을 유지하는 데 비용증가율이 상승하고 벌기령을 단축시킨다. 이는 부분적으로 높아진 할인율에서 비롯된, 낮아진 토지 임대료에 의해 상쇄될 수도 있겠지만 순효과는 언제나 비용의 상승이며 최적 벌기령을 단축시킨다.

이자율이 0으로 낮아지면, 그래서 할인의 필요가 없다면 최적 벌기령은 단순히 입목가의 평균증가율 $S(t)/t$을 최대화하는 임령이다. 즉, 산림순수확 최대의 법칙과 같아진다. 앞에서 '산림지대' 윤벌기가 토지와 임목의 기회비용을 무시한다고 말하는 이유이다. 그러나 이자율은 0보다 크고 최적 벌기령은 산림지대 최대화 임령보다 짧아져야 한다.

경상비용

임업경영에는 관리, 보호, 행정, 세금 등 이런저런 비용이 꾸준히 들어간다. 이들 비용에 매년 일정한 금액(m)을 지출한다고 가정하면 이를 수식에 반영할 수 있다. 경상비용이 일정하면 최적 벌기령에는 영향을 미치지 않을 것이다. 왜냐하면 토지가치를 최대화하는 임령은 토지가치에서 m/i를 뺀 값도 최대화하기 때문이다. 그러한 비용이 임업경영의 순수입을 감소시키겠지만 경영방법을 바꾸어도 그러한 부담이 변하지 않으면 벌기령에 영향을 미치지 않는다.

토지생산성

재조림 비용뿐만 아니라 육림 비용을 증가시키는 것은 무엇이든 최적 벌기령을 연장시키는 효과를 가진다. 수확의 가치를 낮추거나 토지생산성을 저하시키는 것도 동일하다. 이들은 수확의 가치를 감소시키며 <식 7.6>의 두 가지 비용 증가분, 즉 산림자본의 이자 $iS(t)$와 토지 지대 V_S를 감소시킨다. 또한 약간이지만 가치증가분 ΔS도 감소시킨다.

조세

산림자산에 대한 조세는 보통 조세기반에 백분율로 부과된다. 조세기반은 토지, 임목 또는 두 개의 조합이다.

가장 간단한 재산세는 토지 자체에 부과하는 것인데, 매년 임지가치에 정해진 세율을 적용한다. 이는 고정 경상비용을 발생시키며 다른 경상비용과 동일한 영향을 미친다. 산림경영자에게 돌아갈 몫의 일부를 정부로 돌리는 것뿐이다.

입목의 가치에 매년 적용되는 세율은 입목가치의 고정비율과 같은 경상비용을 발생시킨다. 산림소유자가 부담하는 경상비용은 입목가와 함께 매년 성장하며 숲을 수확할 때까지 복리로 누적된다. 산림경영의 수입은 수확기 입목가에서 누적된 조세부담을 뺀 값이다. 성장하는 임목에 부과되는 연간 부가가치세는 윤벌기 선택에서 이자율 증가와 동일한 영향을 미친다.

사례분석

위의 비교정태분석을 사례로 다루어 보자. 파우스트만 공식 <식 7.10>을 다음과 같이 변형할 수 있다.

<7.17> $$\frac{pf'(T)}{pf(T)-c}=\frac{r}{1-e^{-rT}}$$

이자율이 상승하면 $r/(1-e^{-rT})$는 단조 증가한다. $pf'(T)/(pf(T)-c)$는 가정에 의해 T에 대하여 단조감소하기 때문에 할인율의 상승은 최적 벌기령을 앞당긴다. 목재가격과 수확·재조림 비용의 변화가 미치는 효과는 비용-가격 비율로 결합하여 고려할 수 있다. <식 7.17>의 좌변을 $f'(T)/(f(T)-c/p)$으로 쓸 수 있다. 다른 조건이 같을 때 재조림 비용이 증가하면 벌기령도 길어진다. 이는 비용증가가 숲의 가치를 감소시키기 때문이며 따라서 기존 임분의 수익률을 상승시킨다. 마찬가지로 목재가격이 상승하면 벌기령은 짧아진다.

<그림 7.5>에 비교정태분석을 나타내었다. 임분의 재적생장은 국립산림과학원에서 제시한 침엽수림 임분생장함수를 이용하였다.

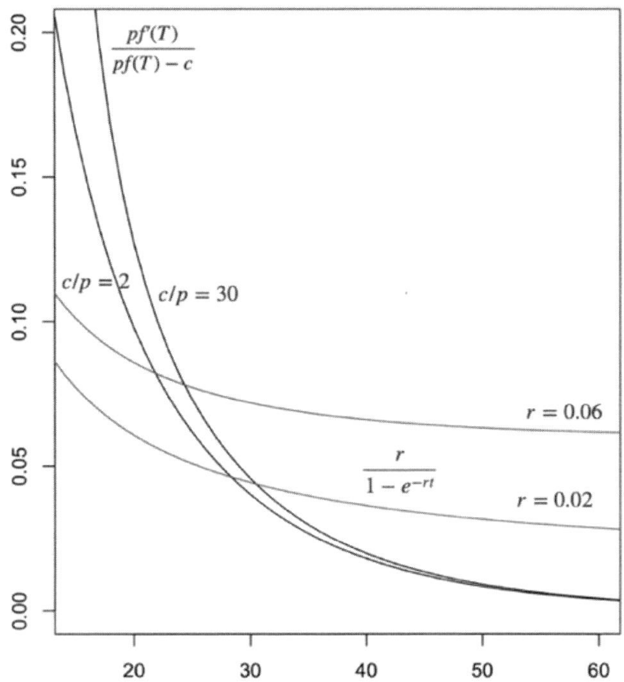

그림 7.5 파우스트만 벌기령의 비교정태분석

임분의 최대수확은 ha당 약 250m^{3}이다. 수확과 재조림 비용, 목재가격과 이자율 시나리오에 따라 4개의 산림수확 곡선을 그릴 수 있다. $c/p=2$이면 최적 벌기령은 $r=0.02$일 때 29년, $r=0.06$일 때 22년이다. 비용이 상승하여 $c/p=30$이면 벌기령은 늘어난다. $r=0.02$일 때 벌기령은 31년, $r=0.06$일 때 25년이다. 이자율 상승이 벌기령을 앞당기는 것도 확인할 수 있다.

가격 변화는 수요 또는 공급의 파라미터 이동으로 촉발되는데 비용 변화와 반대의 효과를 가진다. 즉, 가격상승은 최적 벌기령을 줄이고 가격하락은 최적 벌기령을 늘린다. 최대화의 2계 조건은 <식 7.17>의 2계 미분계수가 음(-)이라는 것이다. 벌채를 연기하는 한계편익이 한계기회비용 곡선을 위에서 자른다는 것을 의미한다.

다목적 경영의 윤벌기

지금까지 목재생산의 편익만을 다루었다. 산림은 목재자원의 가치에 더하여 다양한 공익기능을 발휘한다. 세계적으로 산림의 생태가치, 공익기능에 대한 기대가 높아졌다. 산림관리자는 그 내용을 하나의 가치로 인식해야 한다.

하트만(R. Hartman, 1976)은 파우스트만 공식에 비목재 가치를 포함하였다. 여기에서 비목재 가치는 폭넓게 정의되는데 경관 어메니티, 수원함양 기능, 탄소고정 서비스, 생물다양성, 야생화와 버섯 등을 포함한다. 이들 비목재 가치는 임령과 관련되지만 정확한 관계는 다양한 실증 분석으로 추정할 수 있다.

비목재 편익의 가치가 매우 높다면 목재 생산에 부정적인 영향을 미칠 수 있는데 산림소유자의 전체 순수입을 저하시키는 경우도 있다. 경제적 효율성과 토지 지대의 최대화를 추구한다면 목재 생산을 할 수 없게 된다. 그러나 목재 생산과 기타 산림이용을 결합하여 수입을 증대시킬 수 있다면 다목적 산림경영을 계획할 때 목재 생산이 기타 산림가치에 미치는 영향을 고려해야 한다.

임상이 어리거나 또는 비연속적이거나 또는 최근 수확한 면적비율이 높을 때 어떤 비목재 가치는 더 높아지는 경우가 있다. 어떤 종류의 야생동물 또는 목초지로서의 가치가 그 예이다.[31] 오래된 임상에서 비목재 가치가 높아지는 경우도 있는데 예를 들면 휴양과 경관 가치들이다. 이러한 가치들은 산림의 전체적인 순가치를 최대화하는 벌기령에도 영향을 미친다.

임목생산과 비목재 편익의 차이를 생각해 보면, 상업적 간벌을 제외하면, 임목생산 편익은 윤벌기 말기에 나무를 수확해야만 발생한다는 것이다. 비목재 편익은 연속적으로 또는 이산적으로 매년 발생한다. 산림에서 발생하는 비목재 편익을 누적함수 $N(t)$로 표현하자.

<7.18> $$N(t) = \int_0^T n(t)dt$$

31) 사슴과 같은 대형 야생동물은 임목수확 후 생겨난 공간에 자라는 새순을 좋아한다. 또 매와 같은 맹금류는 간벌 후 열린 공간에서 더 잘 날 수 있다.

여기에서 $n(t)$는 t년의(할인되지 않은) 비목재 편익이다. 전형적으로 $N(t)$를 t로 미분하면 0보다 크고($N'(t)=n(t)>0$), 2차 미분은 0보다 작다고 가정한다($N''(t)<0$). 달리 말하면 한계 비목재 편익은 시간에 따라 증가하지만 그 비율은 감소한다.

이 문제는 파우스트만 공식을 수정하여 다룬다. 나지에서 시작하여 1회 수확의 산림가치는 다음과 같다.

<7.19> $$w_1=\int_0^T g(t)e^{-rt}dt+pf(T)e^{-rT}-c$$

여기에서 $g(t)$는 임령의 함수이면서 숲의 비목재가치 흐름을 나타낸다. $pf(T)$는 벌기령 종점에서 수확비용을 뺀 후의 목재 가치이며, c는 조림 비용이다. 일정한 간격으로 수확한다고 가정하여 조림·수확을 무한 반복한다면 산림의 가치는 다음과 같다.

<7.20> $$\begin{aligned}W&=w_1+e^{-rT}w_2+e^{-r2T}w_3+\cdots\\&=\frac{1}{1-e^{-rT}}\left\{\int_0^T g(t)e^{-rt}dt+pf(T)e^{-rT}-c\right\}\end{aligned}$$

산림경영자의 문제는 <식 7.20>을 최대화하는 벌기령 T를 결정하는 것이다. 이를 미분하여 0이 되도록 정리하면 다음과 같다.

<7.21> $$pf'(T)-rpf(T)+g(T)-rW=0$$

여기에서 W는 사회적 최적 벌기령을 선택할 때의 임지가치로 해석할 수 있다. 이 식에서 비목재가치 함수 $g(T)=0$라면, 벌기령은 파우스트만 법칙에 따른다. 수확을 늦추는 것의 수익에는 목재의 양과 비목재 편익 $g(T)$의 증가가 포함되어 있다. 비용은 당기의 벌기령에서 목재를 판매하여 얻어지는 이자 $rpf(T)$와 장래의 모든 벌기령에서 목재수익과 비목재 편익을 늦추는 것의 이자비용 rW를 포함한다.

비목재 편익의 함수 $g(t)$는 분석대상에 따라 달라진다. 이것이 임령과 함께 단조증가한다고 가정할 필요는 없다. 임령이 증가해도 산림의 비목재가치는 감소할 수도 있으며 일정할 수도 있다. 극단적으로 산림의 어메니티 가치가 임령과 함께 계속 증가한다면 임목을 수확하지 않고 그대로 두는 것이 최적일 수도 있다. 만일 어메니티 가치가 임령의 변화에도 일정하다면 파우스트만 벌기령을 따르는 것이 최적이다.

다목적 산림경영 분석 사례

미국 몬태나 서부의 국유림은 목재생산을 하면서 가축 목초지로 이용하기도 한다 (Swallow et al., 1990). 임령 12.5년에 도달하기까지 월마다 동물 단위로 계산한 목초지 가치는 증가한다. 그러나 나뭇가지와 잎이 우거져 그늘이 형성되면 목초지 가치는 점차 내려간다. 목초지 편익함수는 다음 식으로 주어진다.

<7.22> $$g(t) = \beta_0 t e^{-\beta_1 t}$$

여기에서 파라미터 값은 $\beta_0 = 1.45$, $\beta_1 = 0.08$이다. 목초지 가치를 최대화하는 임령은 $T_\alpha = 12.5$년이다. 이 때 목초지 편익은 6.67달러/ha이다.

산림의 목재가치는 다음과 같이 주어지며 가격은 120달러/b.f.이다.

<7.23> $$f(T) = \frac{37.93}{1 + e^{6.1824 - 0.0801T}}$$

산림경영자의 문제는 다음 식을 최대화하는 것이다.

<7.24> $$J = \max \ \frac{1}{1 - e^{-rT}} \left[\int_0^T g(t) e^{-rt} dt + pf(T) e^{-rT} - c \right]$$

이 문제는 1계 조건에 의해 국소적 최대치 T^*, 대역적 최대치 T^{**}를 가진다. T^*에는 목초 편익의 영향을 강하게 받으며 355달러/ha, T^{**}에는 목재가치가 더해지면서 73년에서 366달러/ha의 현재가치를 가진다. 이는 파우스트만 벌기령 76년과 비교할 수 있다. 벌기령이 줄어드는 것은 장래의 조림·수확 반복의 초기 단계에서 발생하는 목초지 편익에서 비롯된

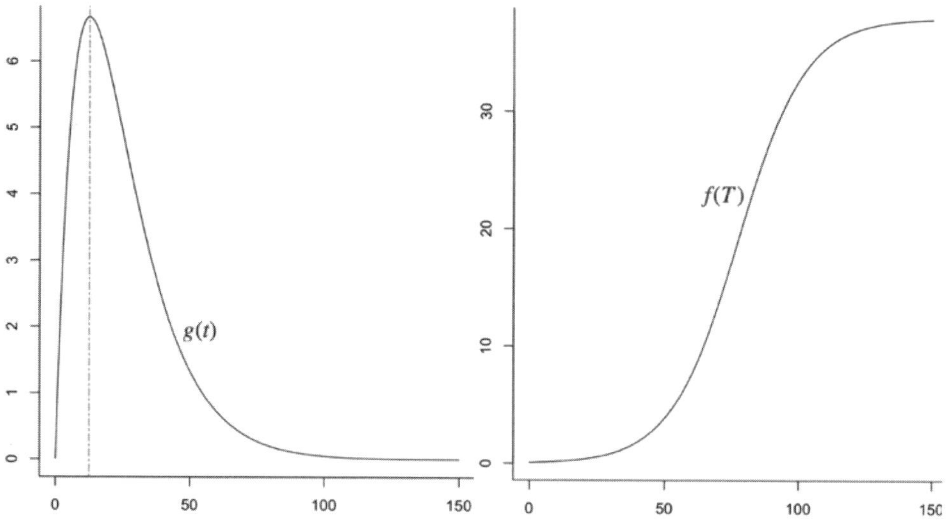

그림 7.6 목초지 편익함수(좌)와 목재가치 함수(우)

다. 순현재가치 곡선에서 비볼록성의 존재는 대역적 최적을 조사할 때 2계 조건을 평가하는 것이 중요함을 보여준다. 또 비볼록성의 존재는 근시안의 산림경영자로 하여금 초기의 한계 기회비용과 한계편익곡선이 교차하는 점을 선택하도록 유도할 가능성이 있다.

탄소고정효과의 반영

산림의 탄소 고정효과를 고려한다면 최적 벌기령은 어떻게 달라질까. 산림경영자는 산림경영에서 발생하는 탄소고정 서비스를 판매할 수 있으며 입목을 수확할 때는 탄소를 배출하여 탄소세를 지불해야 하는 것으로 가정하였다. 산림의 탄소고정 효과는 임분의 바이오매스 생장량에 포함된 탄소량으로 설명한다. 산림이 생장하면서 벌채될 때까지 탄소고정 서비스의 현재가치는 다음과 같이 수식화할 수 있다.

<7.25> $$v_C = p_c \int_0^T \alpha f'(t) e^{-rt} dt - p_c (1-s) \alpha f(T) e^{-rT}$$

여기에서 $f'(t)$는 임분재적의 시간당 생장량이다. 각 시점의 탄소고정량은 재적 생장량에 탄소량 환산 파라미터 α를 곱하여 구한다. p_c는 탄소의 가격이다. 우변 두번째 항은 수확으로

임목의 탄소가 방출되는 것의 외부비용이다. s는 수확후 목재제품(harvested wood products)에 고정된 탄소함량의 비율인데, 임목수확으로 방출되는 탄소의 비율은 $(1-s)$이다. 수확으로 탄소를 배출하면 탄소세를 납부하는데 이는 $p_c(1-s)\alpha$ 로 나타낼 수 있다. 탄소 편익은 목재생산에서 부수적으로 발생하는 결합생산물이기 때문에 <식 7.25>에는 조림비용을 포함하지 않았다. 우변 첫번째 항을 부분적분(integral by parts)하여 정리하면 다음과 같다.

$$v_C = p_c \alpha s f(T) e^{-rT} + p_c \alpha r \int_0^T f(t) e^{-rt} dt$$

산림경영의 편익은 목재생산 가치에 탄소 편익을 더한 것과 같다.

<7.26> $$v = v_L + v_C$$

조림과 수확을 무한히 반복한다면 산림경영의 전체 편익은 다음과 같다.

<7.27> $$V = \frac{v_L + v_C}{1 - e^{-rT}}$$

이것을 최대화하는 벌기령 T^*를 구하면 목재생산과 탄소고정 서비스를 동시에 고려하는 산림경영의 최적 벌기령이다. <식 7.27>을 미분하여 1계 조건을 구하면 다음과 같다.

<7.28> $$(p + p_c \alpha s) f'(T) = r(p - p_c \alpha (1-s)) f(T) + rV(T)$$

T^*는 이를 만족한다. 좌변은 벌채를 연장하였을 때 입목가격과 탄소가치로 나타난 한계수익이며, 우변은 벌채를 연장하는 기회비용으로 입목가치를 투자한 때의 이자와 목재생산편익 및 탄소편익(임지가치)를 투자하였을 때의 이자의 합이다. 여기에서 $p_c = 0$이라면 파우스트만 벌기령의 1계 조건과 같다. <식 7.27>가 최대값을 가지게 하는 2계 조건은 다음과 같다.

$$\frac{\partial^2 V}{\partial T^2} = \left\{ (p + p_c \alpha s) f''(T^*) - r(p - p_c \alpha (1-s)) f'(T^*) \right\} \frac{e^{-rT^*}}{1 - e^{-rT^*}} < 0$$

이를 정리하면 다음과 같다.

$$(p + p_c \alpha s) f''(T^*) - r(p - p_c \alpha (1-s)) f'(T^*) < 0$$

여기에서 $(p - p_c \alpha (1-s))$는 벌채하여 임목에 고정된 탄소가 대기로 방출되어 발생하는 외부비용을 고려한 입목의 재적단위당 가치이다. 임분의 생장함수 특성에 따라 $f'(T^*) > 0,\ f''(T^*) < 0$이므로 임의의 T^*에 대해서 음(-)이 된다.

좀 더 구체화하여 다루어 보자. 목재생산 가치와 탄소고정 편익을 합한 가치를 현재가로 평가한 <식 7.27>을 이용한다.[32] 여기에 생장함수를 대입하는데, 생장함수의 함수형태를 단순하게 $f(t) = k + at + bt^2$로 설정해 보자.

<7.29>

$$V = \frac{1}{1 - e^{-rT}} \left\{ (p + p_c \alpha s)(k + aT + bT^2) e^{-rT} + p_c \alpha r \int_0^T (k + at + bt^2) e^{-rt} dt - c \right\}$$

여기에서 정적분 부분을 부분적분을 이용하여 정리하면 다음과 같다.

<7.30>

$$\int_0^T f(t) e^{-rt} dt = \frac{k}{r} + \frac{a}{r^2} + \frac{2b}{r^3} - \left(\frac{k}{r} + \frac{aT}{r} + \frac{a}{r^2} + \frac{bT^2}{r} + \frac{2bT}{r^2} + \frac{2b}{r^3} \right) e^{-rT}$$

32) 산림바이오매스의 탄소축적량은 $C = Vol \times D \times BEF \times (1 + R) \times CF$로 산정한다. 여기에서 Vol은 줄기재적(㎥)이며, D는 줄기재적의 건중량을 나타내는 줄기밀도(t/㎥)이다. BEF는 상업용 재적을 지상부 입목재적으로 환산하는 바이오매스 확장계수, R은 뿌리-지상부 비율, CF는 탄소계수로서 전건 목질부내 탄소의 비율이다. 각 계수의 값은 손영모 외(2008)을 참조바란다.

<식 7.29>를 최대화하는 정수의 임령을 최적 벌기령 T^*로 한다. 생장함수, 입목가격, 탄소가격, 조림 비용 등의 실제 데이터를 대입하여 계산해 보기 바란다(민경택, 2011).

기타 고려 사항

비목재 편익은 종류에 따라 다양한 패턴으로 나타난다. 어떤 편익은 숲이 어릴 때 더 높고, 또는 비연속적이며, 또는 최근 수확한 곳에서 높다. 대형 야생동물 가치가 여기에 해당한다. 노령림에서 더 높은 가치들도 있는데 휴양, 경관가치, 또는 생물다양성 편익이다. 고사목이 많은 노령림을 좋아하는 새와 곤충도 있다. 임령과 무관한 비목재 편익도 있다.

모든 비목재 가치와 임령 사이의 정확한 관계를 파악하는 것이 과제이다. 그러한 관계를 상당히 정밀하게 파악했다 하여도 모든 비목재 가치를 더해야 하고 임목 가치와 조합해야 한다. 임목과 비목재 가치를 둘 다 고려할 때 최대값의 해는 더욱 복잡한데, 단일하고 고유의 최대값을 찾을 수 없기 때문이다.

임령에 따라 비목재 가치가 증가한다면 하트만 윤벌기는 파우스트만 윤벌기보다 더 길어질 것이다. 반대로 비목재 가치가 유령림에서 더 크다면 임령에 따라 증가량이 적어질 것이고 윤벌기를 앞당긴다. 어떤 숲에서 비목재 편익이 너무 커서 미래 어떤 시점에서도 수확이 경제적으로 실행가능하지 않은 경우도 있을 수 있다. 오래된 숲이 발휘하는 생태계 서비스를 고려하면, 또는 신성하거나 종교적 목적으로 이용될 때, 또는 새로 조성한 보호림을 수원함양과 토양침식 방지, 방풍 등으로 이용할 때, 수확을 연기할 필요가 있는데 어쩌면 무한히 또는 나무가 살아있는 동안이다. 이 경우 공익기능 발휘가 숲의 주요 편익이고 임목의 가치는 두 번째 편익이 된다.

육림 투자 분석[33)]

전통적인 산림경영은 땅고르기, 좋은 묘목 또는 종자의 선택, 나무심기, 풀베기, 어린나무

33) Zhang & Pearse (2011)

가꾸기, 가지치기, 간벌, 최종 임목수확의 연속 활동이다. 임목수확은 토지소유자에게 수입을 가져다 준다. 따라서 임목수확을 제외한 활동을 육림이라 하고 그것에 지출한 금액을 육림 투자라고 한다.

임목 생산함수 $f(t,E)$는 임령 t와 육림활동 E의 영향을 받는다. 시간의 증가 또는 육림 활동의 증가는 임목생산을 증가시키므로 $f_t = df/dt > 0$, $f_E = df/dE > 0$라고 가정한다. 2차 도함수 f_t와 f_{EE}는 음인데, 수입의 한계 비율이 감소하기 때문이다. 육림은 여러 시기에 진행하지만 모든 활동의 비용을 초년의 값으로 할인하여 생각하자. 전체 육림투자를 wE로 표현하는데, w는 육림활동의 단위 비용이고 E는 전체 육림활동의 양이다.

토지소유자의 목적은 다음을 최대화하는 것이다.

<7.31> $$V_S = \frac{pf(t,E)e^{-rt} - wE}{1 - e^{-rt}}$$

여기에서 V_S는 임지 가치, r은 할인율 또는 자본의 기회비용, p는 예상 입목가격이다. E에 대한 <식 7.31>의 1계 조건은 다음과 같다.

$$\frac{\partial V_S}{\partial E} = pf_E e^{-rt} - w = 0$$

<7.32> $$pf_E e^{-rt} = w$$

육림활동의 한계수입 생산이 육림활동의 단위 비용 w과 같을 때 육림투자는 최적 수준에 도달한다.

다음으로 입목가격이 육림활동에 미치는 영향을 보자. 직관적으로 생각하면 입목가격이 상승하면 육림 투자를 증가시킬 것이다. <식 7.32>를 p와 E에 대해서 전미분하여 정리하면 다음과 같다.

<7.33> $$\frac{dE}{dp} = \frac{-f_E}{pf_{EE}} > 0$$

토지소유자는 예상 입목가격이 상승할 때 육림활동의 집약도를 높일 것이다. <그림 7.7>은 입목가격이 p^0에서 p^1으로 인상될 때 최적 육림 활동의 변화를 보여준다. 최적 육림 활동은 노력의 한계수입생산과 단위 육림 비용 w으로 결정된다. 입목가격이 p^0일 때 최적 육림 활동은 $E^*(p^0)$이다. 가격이 p^1으로 인상되면 육림활동의 한계수입생산 곡선은 더 높이 이동하고 육림활동의 최적 수준은 $E^*(p^1)$으로 오른다.

<식 7.32>에서 다른 변수를 고정하고 E와 w로 전미분하면 다음과 같다.

<7.34> $$\frac{dE}{dw} = \frac{1}{pe^{-rt}f_{EE}} < 0$$

<그림 7.7>에서 w가 오르면 최적 육림 활동은 감소한다. 정부의 지원은 사유림 경영의 비용 부담을 줄인다. 정부 보조금을 이용할 수 있다면 산림경영영자는 육림활동의 집약도를 높인다.

<식 7.32>에서 다른 변수를 고정하고 E와 r로 전미분하면 다음과 같다.

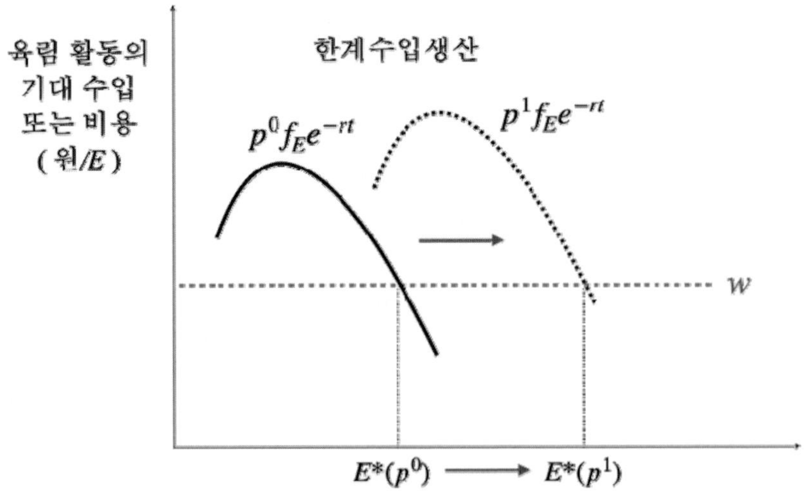

그림 7.7 입목가격이 상승할 때 최적 육림 활동의 변화

<7.35> $$\frac{dE}{dr} = \frac{tf_E}{f_{EE}} < 0$$

이자율이 상승하면 단위 활동의 한계수입 생산은 감소한다. 이는 토지소유자의 육림활동의 집약도를 낮춘다. 할인율이 오르면 육림에 덜 투자한다.

사유림에서 육림 투자에 영향을 미치는 요소

앞에서 임목가격(p), 단위 육림 비용(w), 정부 보조금, 이자율(r)이 육림 투자에 영향을 미치는 주요 요인이라고 하였다. 그 영향의 크기는 육림활동에 대한 임목생장의 반응과 관련있다(f_E, f_{EE}). 그렇다면 이러한 요소에 영향을 미치는 것들은 민간의 육림 투자에 영향을 미칠 것이다.

먼저 임목가격을 보자. 육림에 투자하는 것은 미래 임목 판매의 수입을 기대하기 때문이므로 임목가격은 육림 투자에 영향을 미치는 가장 중요한 요소이다. 파우스트만 공식의 임목가격은 사실 미래의 기대 가격이다. 기대 가격은 현재 알 수 없으므로 실증 연구에서 근사치를 이용한다. 목재가격의 장기 추세를 근거로 미래 임목가격을 전망할 수 있다. 우리나라 목재시장은 국제가격의 영향을 강하게 받으며 낮은 상태에서 안정되어 있다.

육림활동의 단위 비용은 시장에서 결정되고 토지소유자가 통제할 수 없다. 육림투자에서 높은 비중을 차지하는 것이 인건비이다. 우리나라에서 인건비는 빠르게 오르고 있다. 그러나 정부 보조금을 이용하여 단위 육림 비용을 낮출 수 있다. 이미 우리나라는 조림과 숲가꾸기 활동을 높은 비율로 보조한다.

정부 규제와 산림인증은 토지소유자의 지출을 높이고 임목수확의 수취가격을 내린다. 산림경영자는 번거로운 정부 규제를 좋아하지 않고, 비싸고 효과도 적은 산림인증 프로그램에 저항한다.

마지막으로 이자율은 임지 소유자마다 다른데, 자본의 기회비용과 위험 감수의 태도가 다르다. 그럼에도 시장 이자율이 오르면 토지소유자는 육림에 덜 투자할 것이다.

국공유림의 육림 투자

국공유림에서 육림 투자의 의사결정은 정부 공무원이 담당한다. 국공유림을 어떻게 이용하고 관리할 것인가는 기본계획에 따르겠지만 육림 투자는 다음과 같은 방법으로 수행된다.

첫째, 국공유림은 해당 기관이 직접 육림활동을 수행한다. 국유림관리소는 영림작업단을 조직하여 육림작업을 수행하거나 또는 지자체는 산림조합 또는 산림법인과 계약하여 업무를 수행한다. 육림 투자액은 정부의 예산편성 과정을 통해 배분된다. 이론적으로 모든 공공지출은 경제적·사회적 기준에 근거하여 평가된다. 실제로 경제적 편익이 높은 육림사업이 비경제적 이유로 희생될 수도 있으며 순수입을 생산할 수 없는 토지에 투자하기도 한다. 어떤 나라는 국유림을 독립채산제로 운영하며 임목판매 수입을 활용한 프로그램을 추진하기도 하는데, 이러한 제도는 대개 오래 가지 못한다.[34]

둘째, 다양한 이용권 제도를 통해 국공유 임지를 민간이 이용하고 관리할 수 있도록 허용하는데, 정부는 어떤 육림 조치를 수행하도록 계약에 포함할 수 있으며 그 비용을 변제하기도 한다. 정부는 민간의 육림활동 계획을 승인하고 감리하는 절차를 거친다.

셋째, 정부는 임지 이용권자에게 임목수확 후 자기 돈으로 투자하도록 요구할 수 있다. 이용권자는 조림목이 어떤 기간 어떤 기준에 도달하는 것을 확인해야 한다. 이용권자는 육림 투자를 고려하여 임목 수확의 권리를 입찰할 때 더 적은 금액을 제시한다. 이용권자에게 육림 투자는 임목 구입 비용의 일부이다. 이러한 방법은 대규모 국공유림 경영에서 관료체제의 필요성을 없애고 갱신을 보증할 수 있지만 투자는 미래 편익의 현재가치가 아니라 현재 임분의 필요성 또는 비용에 근거한다. 그리고, 경제적으로 육림하지 말아야 할 곳에 투자한다면 비효율이 발생한다. 게다가 이용권자가 다음 수확을 기대하지 않기 때문에 정부가 요구하는 최소 기준 또는 감리를 통과하는 것 이상으로 투자할 인센티브를 거의 갖지 않는다.

34) 일본 정부는 국유림을 독립채산제로 운영하여 산업 진흥과 재정 수입을 목적으로 하였으나 1970년대부터 목재가격이 하락하면서 큰 폭의 적자를 떠 안아 사회문제가 되었다. 결국 일본 정부는 국유림경영을 일반회계로 전환하고 목재생산보다 공익을 우선으로 관리하게 되었다.

정리하며

지금까지 임업의 경제학에서 출발하여 최적 벌기령의 주요 결론, 파우스트만 공식을 유도하였다. 비교정태분석을 통해 다른 변수가 변화할 때 벌기령의 변화를 설명하였다. 나아가 이 기본 모델을 기초로 산림의 공익기능을 포함하는 다목적 경영의 경우로 확장하였다. 사례로서 목초지 이용의 경우와 탄소고정 효과를 반영하는 경우를 다루었다. 산림의 공익기능은 다양하며 그 기능의 발휘는 임령에 따라 다른 패턴을 보이므로 그에 따른 벌기령 선택은 꽤 복잡하다.

파우스트만 공식을 현실의 산림과 임업 경제분석에 응용하는 경우에 몇 개의 유의점을 고려해야 한다. 예를 들어 최적 벌기령의 결정에는 단순히 입목가치 성장을 이자율로 평가한 산림의 가치 증가분과 비교하는 것이 아니라 그 시점의 육림 비용과 간벌 수입, 또 수확을 미루어 생기는 장래 이윤의 변화 등도 고려해야 한다. 또, 파우스트만 공식은 단순림 모형이다. 이는 현실 세계의 다양한 비선형 요인을 고려하지 않는다. 그 결과는 극단적 결과가 될 가능성이 있다. 어느 최적 벌기령을 구하였다고 하면 이것은 그 이상의 산림은 가능한 벌채하는 것이 좋고 그 이하 영급의 산림은 가능한 벌채하지 않는 것이 좋다는 것을 보여준다고 해석하면 좋겠다.

이러한 점에 유의하면 파우스트만 공식에서 유의미한 결과를 얻을 수 있다. 그러나 이러한 결과도 어디까지나 결정론적 분석이다. 장기간의 시간축에서 예상할 수 있는 위험과 불확실성을 고려해야 한다. 확률적 관점으로 바꾸었을 때 파우스트만 공식과 그 최적 벌기령이 어떻게 달라지는가는 분명하지 않다. 이러한 점이 앞으로 밝혀야 할 과제가 될 것이다.

그리고 이상은 개벌을 전제로 한 것이다. 택벌 경영은 그러한 벌기령을 정하지 않고 어느 곳의 임목을 벌채하고 임목의 성장을 기다려 다시 그곳에서 벌채하기까지 '회귀년'을 결정하는 것이 문제이다. 이 회귀년의 결정은 수리모형으로 다루기 쉽지 않다. 이것도 산림경제학의 과제이다.

참고문헌

민경택. (2011). "탄소고정효과를 고려한 산림벌기령 분석". 농촌경제 34(5): 43-54. 한국농촌경제연구원.

민경택. (2019). "입목가평가를 통한 임업의 수익성 분석". 한국산림과학회지 108(3): 405-417.

손영모 · 이경학 · 박영규 · 김래현 · 권순덕. (2008). 산림부문 온실가스 흡수배출계수 관리 방안. 연구보고 08-11. 국립산림과학원.

윤준혁 · 배은지 · 손영모. (2021). "주요 수종 및 임상별 현실림의 재적생장량 곡선 추정". 한국산림과학회지 110(4): 648-657.

Chiang, A.C. (1985). 경제수학입문. (정기준 · 이성순 옮김). 비봉출판사.

赤尾健一. (1993). 森林経済分析の基礎理論. 京都大学農学部

Faustmann, M. (1849). "Calculation of the value which forest land immature stands possess for forestry", In 1995. Journal of Forest Economics 1(1):7-44. Umea Forest University Press.

Hanley, N., J.F. Shogren & B. White. (1997) Environmental Economics in Theory and Practice. Oxford University Press. 335-355.

Hartman, R. (1976). "The harvesting decision when a standing forest has value." Economic Inquiry 14: 52-58.

Johansson, P.O. & K.G. Löfgren. (1985). The Economics of Forestry and Natural Resources. Basil Blackwell, Oxford.

Larsen, et al. (2022). "Closer-to-Nature Forest Management." From Science to Policy 12. European Forest Institute.

Samuelson, P.A. (1976). "Economics of forestry in an evolving society." Economic Inquiry 14(4): 466-492.

Swallow, S.K., P.J. Parks & D.N. Wear. (1990). "Policy-relevant non convexities in the production of multiple forest benefits." Journal of Environmental Economics and Management 19: 264-80.

Zhang, D. & P. Pearse. (2011). Forest Economics. UBC Press.

제 8 장

산림 수확조절

숲은 다양한 생태계 서비스를 제공하며 우리는 그 혜택을 누리며 생활한다. 이러한 기능은 숲이 존재하기 때문에 공급되는 것이므로 숲을 지속시키는 것이 가장 중요하다. 이 때문에 산림관리에서 가장 중요하게 여기는 원칙이 '보속(保續)'이다. 이 말은 카를로비츠(Hans Carl von Carlowitz)의 『임업경제[35]』(1713)에서 언급한 Nachhaltigkeit에서 유래하는데, 이는 '자원의 장기적이고 책임있는 이용'을 의미한다. 이는 현대의 '지속가능성'의 개념으로 이어진다. 지금은 모든 분야에서 당연한 것으로 받아들이지만 이 개념을 300년 전에 제시했다는 것은 산림과학의 자랑으로 여겨진다.[36] 다만, 이 개념이 등장한 18세기 유럽과 현대의 상황은 매우 다르다는 것을 유념해야 한다.

이 장에서는 숲(forest)에 관심을 두는데, 숲은 수종, 임령, 생산성, 기타 특성이 다른 임분들의 집합이다. 다양한 특성의 임분으로 구성된 숲을 시간 변화에 따라 어떻게 수확할 것인가, 이는 지속가능한 산림경영의 기초 문제이다. 선인들은 산림의 혜택을 지속적으로 이용하기 위해 다양한 지혜를 쌓았고 실용적인 규칙을 제시하였다. 그중에서 목재를 지속적으로 수확하기 위한 규칙을 '수확조절'이라 한다. 수확조절 그리고 이를 생장률과 연관시키는 결정은 산림의 구조를 관리하는 주요 수단이다.

35) 원제는 "Sylvicultura Oeconomica Oder Haußwirthliche Nachricht und Naturmäßige Anweisung Zur Wilden Baum-Zucht" (임업경제, 혹은 야생의 나무를 기르기 위한 관리 정보 및 자연에 적합한 지침)이다.

36) 김화임(2015), 고유경(2020)을 참조바란다.

임분과 숲

임분(林分, stand)은 임상이 거의 같고 주위의 다른 산림과 구별되는 산림을 가리키는데, 산림관리의 기본 단위이다. 임분은 다양한 크기를 가지지만 본질적 특징은 그것의 구성이 단순하여 단일 경영방침으로 관리할 수 있다는 것이다. 반면, 숲(forest)은 소유권 또는 관리의 경계로 구획되는 임지를 말하며 다수의 임분으로 구성된다.[37] 소규모 산림소유자라면 그것은 1개 필지처럼 작을 수도 있고 국유림관리소라면 수만 ha에 이르는 큰 규모일 수도 있지만 전체 경영의 범위이다. 각 임분은 각 특성과 여건을 살펴 관리하지만 임도망 구축, 육림과 보호의 투자, 수확조절, 성과의 측정 등은 전체 숲에 적용한다. 개별 임분은 전체 산림경영의 목적에 기여하는 방법으로 관리해야 한다.

숲이 제공하는 편익은 개별 임분에서 발생하는 편익의 단순한 합이 아니다. 왜냐하면 어떤 의사결정은 다수 임분에 영향을 미치기 때문이다. 예를 들면 임도 배치와 가공공장의 위치는 임목의 운반비용에 영향을 미치고 각 임분의 입목 가치에 영향을 미친다. 그리고 산불방지, 해충방제, 육림 활동은 다수의 임분 사이에서 조정해야 규모의 경제를 달성할 수 있고 그래야 효과를 거둘 수 있다. 산림의 생산기능과 공익기능 등을 원활히 생산하려면 많은 임분의 관리를 조정해야 한다.

숲 전체를 범위로 하는 산림경영의 의사결정에서 가장 중요한 문제는 시간에 따라 어떻게 임목수확을 계획할 것인가이다. 이것이 이 장의 주제이다. 이는 특정 임분의 수입을 최대화하는 벌기령 선택보다 훨씬 폭넓은 이슈들을 제기한다.

수확조절

수확조절(harvest regulation)은 목재를 지속적으로 수확하기 위한 규칙을 말하는데, 기업의 재고관리와 비슷하다. 임목 축적을 계속 보유하는 데는 비용이 소요되며, 그것의 기회비용은 그 자본가치(임목축적)를 유동화하여 창출할 수 있는 잠재 수익률이다. 다른 재고와 마찬가지로 숲도 이용하거나 판매하면 감소하고 육림에 투자하면 증가한다.

---

37) 일본에서 林은 동류의 수목이 群을 이루어 자라는 곳이며, 森은 여러 종류의 林이 모인 곳이라고 설명한다.

사유림 소유자는 시장 가격과 비용에 대응하여 산림축적과 임목생산을 관리한다. 숲에서 최대 가치를 창출하는 방법은 숲이 제공하는 재화와 서비스 흐름의 순현재가를 최대화하도록 관리하고 수확하는 것이다. 임분 단위로 보면 수확을 한 해 미루어 발생하는 가치증가분이 비용증가분과 같아질 때 수확해야 한다. 산림소유자가 수익 최대화를 원한다면 모든 임분에 각각 이 법칙을 적용하여 최적 윤벌기를 결정한다.

숲에서 어떤 순서로 임목을 생산할 것인가. 그것은 각 임분의 임령 분포에 따른다. 임령 0의 임분부터 벌기령의 임분까지 고루 분포한다면, 수익의 최대화는 매년 임분 하나씩을 수확하는 것이다. 수확은 일정하게 유지된다. 반대로 모든 임분의 임령이 동일하다면 어느 해에 전체 숲을 한꺼번에 수확하고 다음 윤벌기가 돌아올 때까지 기다려야 한다. 그러나 현실 숲의 구성은 그렇게 단순하지 않다.

가장 유리한 수확조절은 시간에 따라 변한다. 목재시장이 변동하면 생산자들은 수확을 조절한다. 가격이 오르면 수확을 늘리고 가격이 내려가면 수확을 줄이거나 미룬다. 장기적으로 보면 기술과 비용, 가격이 변화하여 수확과 육림 기회, 최적 윤벌기, 기타 변수가 달라진다. 이는 효율적인 생산 수준을 바꾼다.

그러나 산림소유자들이 시장의 변화에 대응하여 완전하게 수확을 조정하는 것은 어렵다. 특히 단기에서 생산을 크게 늘리거나 줄이는 것은 비용을 인상시키므로 생산의 급격한 변동을 완화하는 것이 더 효율적이다. 산림소유자들은 안정적인 원목 납품의 계약을 체결했을 수도 있으며, 또는 재무 상황 때문에 생산수준을 바꾸지 못할 수도 있다. 외부 조건의 변화에 빠르게 대응하는 것은 어렵지만 그렇다고 수확 수준을 바꾸지 못하는 것은 아니다. 기업의 가장 효율적인 생산 수준은 끊임없이 바뀐다. 그럼에도 산림 전체로 보는 최적 수확의 패턴은 개별 임분을 독립적 윤벌기로 수확할 때보다 더 완만할 것이다.

산림경영자가 수확계획을 수립하는 방법에는 산림의 규모와 복잡성, 자신의 역량, 동기, 이해관계의 폭에 따라 차이를 보인다. 소규모 산주들은 산림생장에 대한 판단, 임목가격에 대한 예상, 자금의 필요성 등에 따라 수확계획을 결정한다. 대기업들은 컴퓨터 기반의 모델을 이용한다. 이 모델은 임목축적, 생장, 육림 시업에 대한 반응, 비용과 가격 정보 등 대량의 데이터와 복잡한 함수를 포함한다. 또한 물 관리와 야생동물 등 환경가치를 보호하기 위한 법적 규제와 제약조건들도 포함한다.

물론 시장은 완전하지 못하고 산림경영의 결정을 왜곡하거나 비효율적인 산림 이용으로 이끌 수 있다. 이 때문에 정부는 다양한 방법으로 시장에 개입하여 그 역효과를 완화하고자 한다. 예를 들어 산사태와 같은 환경 훼손이 발생하지 않도록 요구하는 시업규제 등이다. 정부가 산림 벌채율을 통제하는 것은 관련 산업의 안정성을 중시하기 때문이다. 시장의 변동에 자유롭게 반응하는 생산자들을 통제하지 않으면 고용과 소득의 안정성을 해칠 수도 있고 장기적으로 산림자원의 고갈, 지역경제의 약화로 이어질까 우려하기 때문이다.

법정림

산림계획을 세우는 데 몇 가지 원칙이 있지만 가장 중요하게 여겨지는 것은 보속의 원칙이다. 임목의 보속생산을 위하여 산림을 어떻게 조직할 것인가. 그것이 법정림(法正林, normal forest)이다.

수확계획은 임업 실무에서 오랜 역사를 가지는데 유럽에서는 14세기에 시작되었다고 한다. 가장 오래된 수확조절 방법은 구획윤벌법이다. 경영림의 전체 면적을 윤벌기 연수로 등분하여 매년 하나의 구획(벌구)씩 순차로 벌채하는 것이다. 예를 들어 40년생의 수목을 육성하여 벌채한다고 하자. 산림 전체를 40등분하고, 매년 40분의 1을 벌채하고 즉시 조림한다. 이것을 40년동안 매년 반복하여 벌채구획을 돌면, 원래의 장소로 돌아왔을 때 40년생의 수목이 자라고 있다는 계산이다. 이 방법으로 매년 일정량의 목재를 안정적으로 수확할 수 있다. 법정 상태에서 각 임분의 생장량 합계는 최고령(u년)의 축적량과 같고 그것은 매년의 수확량과 같다. 따라서 매년 생장량만큼 수확하면 이를 영구히 반복할 수 있다.

법정림은 보속성의 원칙을 완전무결하게 실행하는 이상적 산림을 말하며 산림경영의 이상형이다. 19세기 독일을 중심으로 산림학자들은 현실 산림을 법정림으로 유도하기 위한 다양한 방법을 연구하였다. 법정림의 구체적 내용은 다음과 같다.

- 법정 영급분배: 벌기에 이르기까지 각 임령의 임분 면적이 같도록 한다.

- 법정 임분배치: 각 임분의 위치 관계가 적절하다. 벌채·반출, 갱신, 보호 등의 측면에서 적정하게 배치되어 있다.
- 법정 축적: 각 임분이 그 임령에 상응하는 정상의 축적을 가진다.
- 법정 성장량: 각 임분이 그 임령에 상응하는 정상의 성장을 한다.

실무에서 법정림 구축의 문제는 상당히 복잡하다. 우선 각 임지마다 지위지수로 표현되는 토지생산성이 같지 않다. 토지생산성이 다르면 임목의 생장속도가 달라지고 윤벌기도 달라지므로 수확 순위의 결정이 복잡해진다.

법정림의 경영계획을 수립하려면 아주 긴 시간을 고려해야 하는데, 산림생장과 수확을 일정하게 유지하는 데 필요한 사항을 엄격히 준수하는 것이 쉽지 않다. 육림 기술이 발전할 것이고, 임목의 이용 방법과 수율도 변화할 것이다. 경제환경의 변화는 비용과 가격에도 영향을 미친다. 너무 긴 시간이어서 사회·정치 환경이 달라질 수도 있다. 실제로 완벽히 조절되는 법정림의 실현은 거의 불가능하다. 그럼에도 법정림은 임업인과 정책입안자에게 상당히 직관적 호소력을 갖는 모델이며 수많은 산림규제와 경영이 내세우는 목표이다. 법정림 모델은 대개의 국가에서 보속수확(sustained yield) 산림조절의 근거가 된다.

보속수확을 실시하는 데 주요 과제는 영급 구성이 불균등한 숲을 어떻게 법정림으로 이행할 것인가이다. 노령목으로 구성된 숲을 법정림으로 만들려면 오랫동안 신중하게 숲을 수확하고 다시 조림해야 한다. 유령림이 많다면 노령급 숲을 구축해야 한다. 이행 과정에 상당히 긴 세월이 필요하며 할인을 고려해야 한다. 여기에는 면적조절(area control)과 재적조절(volume control)이 있다.

면적조절

임지의 생산성이 모두 같다고 가정하면 면적조절은 전체 면적을 벌기령으로 나눈 면적을 매년 수확하고 재조림하는 것이다. 원래의 숲을 모두 벌채하는 마지막 해가 되면 영급이 0부터 벌기령까지 고르게 분포한다. 그 다음부터 법정림으로 관리한다. 면적조절은 이행 기간에 안정된 수확량을 유지하지 않는다. 각 시기의 수확 수준은 원래 숲의 구조와 수확 순서에 달려 있다. 노령림부터 수확한다면 동일 면적의 어린 숲으로 이동하면서 수확량은 점차 감소한다.

재적조절

반대로 재적조절은 매년 수확할 재적을 일정하게 유지한다. 이를 연간 허용벌채량(allowable annual cut: AAC)이라 한다. 이것을 산출하는 데 사용하는 공식은 다수 개발되어 있다.

우리나라와 일본은 하이어(Heyer) 공식을 채용한다. 일본에서는 이를 기준으로 산림경영자의 산림경영계획을 인가한다.[38] 하이어 공식은 지속 가능한 벌채수준이 법정축적이 유지될 때 산림생장도 동일하다고 가정하여 법정생장량의 실현을 지향한다. 연간 허용벌채량은 다음과 같다.

<8.1> $$AAC = \alpha I + \frac{V_W - V_N}{a}$$

여기에서 I는 연간 생장량을 전체 산림에 합계한 것이고, 벌기 평균생장량의 합이다. 생장량을 조사할 때 발생할 수 있는 오차를 고려하여 조정계수(α)를 곱하기도 한다. V_W는 현실림 재적의 합계, V_N은 법정 축적이다. a는 조정기간(갱정기)인데, a년 후에 현실림의 축적 합계가 법정축적이 되는 것을 지향한다.

법정축적을 구하려면 각 임령의 산림축적을 모두 조사해야 하지만, 그렇게 하자면 큰 비용이 소요된다. 그래서 표본조사를 하는데 여기에는 부정이 개입할 여지가 있다. 그래서 벌채할 때 확인할 수 있는 재적과 연륜 수에서 법정축적을 추정하는 방법을 채용하였다. 즉, 삼각형 면적의 공식을 응용하여 '연륜 수×ha당 벌채재적÷2'를 근거로 산정한다.

북미에서 많이 사용하는 한즈릭(Hanzlik) 공식이 있다. 이는 북미 서부에서 1회 윤벌기에 처녀림을 법정림으로 전환하는 지침으로 사용하였다.

---

38) 일본에서는 이를 카메라루타키세법이라 한다.

<8.2> $$AAC = \frac{V_M}{T} + MAI$$

V_M는 계획된 윤벌기 T를 넘어선 산림의 재적이고, MAI는 평균생장량 또는 미성숙 임분에서 예상되는 평균생장량이다. 초기에 산림이 노령림이라면 MAI는 0이고, T년 동안 동일한 증가분만큼 벌채한다. 유령림이라면 연간 벌채량은 숲의 생장량과 같아진다.

경제적 함의

간단한 예를 생각해 보자. 원시림 1000ha의 단일한 숲을 개발하게 되었다. 완전 노령림으로 구성되며, ha당 1,000만 원의 입목 가치를 가진다. 임목을 베고 다시 조림하면 윤벌기 50년에 수확하여 ha당 800만 원의 수입을 얻을 수 있다고 가정하자. 모든 가격과 비용은 시간 변화에도 고정되며 이자율은 5%로 가정한다.

이러한 조건에서 가장 효율적인 경영방침은 첫 해에 모든 숲을 벌채하는 것이며 수확 가치는 100억 원이다. 수확 후 조림한 이차림을 50년 윤벌기로 무한히 수확한다면 미래 수확의 현재가치는 ha당 76만 원이다. 따라서 산림경영의 전체 현재가치는 107억 6,000만 원이다<표 8.1>.

표 8.1 수확계획의 가치 비교 (단위: 천 원)

	규제되지 않는 수확계획	규제된 수확계획
원래 임목의 수확	10,000,000	3,651,185
이차림 수확의 가치	760,000	279,052
전체 가치	10,760,000	3,930,237

다음으로 수확 조절의 산림경영을 생각해 보자. 단일한 숲을 가정하므로 법정림으로 바꾸는 면적 조절과 재적 조절의 결과는 동일하다. 초기 임지의 1/50을 매년 수확하여 얻는 수입은 2억 원이다. 50년 동안 이어지므로 이 수확계획의 현재 가치를 계산할 수 있다.

$$V_0 = \frac{200,000 \times (1.05^{50} - 1)}{0.05 \times 1.05^{50}} = 3,651,185$$

첫 윤벌기 이후 구축된 법정림에서 임목수확은 매년 발생하는데, 임지의 1/50에서 매년 1억 6,000만 원의 수입이 발생한다. 이를 현재가치로 평가하면 2억 7,905만 원이다. 따라서 규제된 수확계획의 전체 현재가치는 39억 3,024만 원이다.

이 예에서 1차 윤벌기에 수확을 고르게 할당하는 계획은 산림경영의 잠재가치를 크게 저하시킨다. 수확 조절이 숲에 미치는 영향은 초기 임목축적과 윤벌기, 이자율, 기타 조건에 따라 다르다.

그럼에도 불구하고 경제적으로 효율적 기간 이상으로 수확을 분산시키는 것은 두 가지 측면에서 임업생산의 가치를 떨어뜨린다. 첫째, 수확을 연기하였기 때문에 초기 산림의 가치가 낮아진다. 둘째, 초기 산림을 새로운 임분으로 대체하는 것을 미루었기 때문에 그 다음 수확의 가치가 낮아진다. 여기에 더하여 시장 변동에 적극 대응하지 못해 손실이 발생하는데, 가격이 높은데 적게 생산하고 가격이 낮은데 많이 생산하기 때문이다.

그리고 원시림 수확의 조방한계는 연속 임업의 조방한계와 같지 않을 수 있다. 생산성이 낮은 토지에서 노령림을 수확하고 나면 다음의 임업경영에서 정(+)의 순수입을 기대하기 어렵다. 또 임업에서 생산적인 토지라도 일단 수확한 다음에는 농업, 택지 또는 기타 임업외 용도로 사용하는 것이 더 나을 수도 있다. 원시림을 경영림으로 바꾸는 동안 임업의 지리적 기반은 점점 축소될 것이다.

수리계획법의 응용

제2차 세계대전 이후 다양한 과학기술이 발전하였다. 특히 컴퓨터가 등장하면서 이전에 거의 할 수 없던 방대한 양의 계산도 할 수 있게 되었다. 산림과학에서는 1960년대부터 수리계획법을 응용하여 산림자원 관리의 의사결정을 지원하는 모델을 개발하였다. 여기에서는 田中 외(2020)에서 다룬 산림경영 사례를 이용하여 선형계획법, 목표계획법, 정수계획법의 기초 개념을 이해해 보기로 한다. 더 자세한 것은 산림경영학 교과서를 참고바란다.

선형계획법

선형계획법(Linear Programming)은 연립 1차 부등식(또는 등식)의 제약조건에서 1차식의 목적함수값을 최대 또는 최소로 하는 해를 찾는 방법이다. 변수가 2개라면 그림을 이용하여 해를 찾을 수 있다.

다음과 같은 임업생산을 생각해 보자. 어느 임가가 인공림 50ha와 천연림 30ha를 갖고 있다. 인공림에서 매년 평균 300만 원/ha의 판매액이 있고, 천연림에서 매년 평균 900만 원/ha의 판매액이 있다. 한편, 1ha의 인공림을 관리하는 데 평균 4일, 1ha의 천연림을 관리하는 데 평균 6일이 소요된다. 그 임가는 연간 300일밖에 일할 수 없다. 연간 판매액을 최대로 하기 위해 인공림과 천연림을 각각 몇 ha 관리하면 좋을까. 이것은 '한정된 자원의 배분과 계획'을 다루는 기본 문제이다.

의사결정 변수로서 인공림 면적을 x_1, 천연림 면적을 x_2라고 하자. 판매액을 Z라고 하면 목적함수는 $\max\ Z = 300x_1 + 900x_2$이다. 제약조건은 다음과 같은 부등식으로 나타난다. 마지막 두 식은 비음조건이다.

$$x_1 \leqq 50$$

$$x_2 \leqq 30$$

$$4x_1 + 6x_2 \leqq 300$$

$$x_1 \geqq 0$$

$$x_2 \geqq 0$$

이 정도 수준의 문제는 그래프를 그려 쉽게 풀 수 있다. 최적해는 $x_1 = 30$, $x_2 = 30$이다. 선형계획법의 최적해는 제약조건이 접하는 곳에서 나타난다.

또 다른 응용으로서 수확조절의 문제를 다루어 보자. 각 분기의 벌채량을 결정하는 계획에 선형계획법을 적용해 보자.

어느 임가의 산림 구성이 <표 8.2>와 같다. i분기에 j영급의 산림을 x_{ij} ha 벌채한다. 3분기에 4개 영급으로 구성된 법정 영급배분을 구축한다고 하자. 분기의 길이는 영급폭에

표 8.2 어느 임가의 영급별 산림면적·산림축적

영급	1	2	3	4	5
면적(ha)	3,700	2,800	1,500	-	-
축적(1000m³)	370	700	540	-	-
수확표의 축적(m³/ha)	100	250	360	440	520

표 8.3 가상 산림의 보속면적표

		1분기 후	2분기 후	3분기 후	목표	
영급	면적	산림면적	산림면적	산림면적	면적	영급
3	1,500	$1,500-x_{1,3}$	$1,500-x_{1,3}-x_{2,4}$	$1,500-x_{1,3}-x_{2,4}-x_{3,5}$	0	6
2	2,800	$2,800-x_{1,2}$	$2,800-x_{1,2}-x_{2,3}$	$2,800-x_{1,2}-x_{2,3}-x_{3,4}$	0	5
1	3,700	$3,700-x_{1,1}$	$3,700-x_{1,1}-x_{2,2}$	$3,700-x_{1,1}-x_{2,2}-x_{3,3}$	2,000	4
		$x_{1,1}+x_{1,2}+x_{1,3}$	$x_{1,1}+x_{1,2}+x_{1,3}-x_{2,1}$	$x_{1,1}+x_{1,2}+x_{1,3}-x_{2,1}-x_{3,2}$	2,000	3
			$x_{2,1}+x_{2,2}+x_{2,3}+x_{2,4}$	$x_{2,1}+x_{2,2}+x_{2,3}+x_{2,4}-x_{3,1}$	2,000	2
				$x_{3,1}+x_{3,2}+x_{3,3}+x_{3,4}+x_{3,5}$	2,000	1

맞추므로 3분기 후의 영급별 면적은 <표 8.3>과 같다. 벌채 후 즉시 조림한다고 하자. 따라서 제약조건은 다음과 같이 쓸 수 있다.

$$x_{1,3}+x_{2,4}+x_{3,5}=1,500$$

$$x_{1,2}+x_{2,3}+x_{3,4}=2,800$$

$$x_{1,1}+x_{2,2}+x_{3,3}=1,700$$

$$x_{1,1}+x_{1,2}+x_{1,3}-x_{2,1}-x_{3,2}=2,000$$

$$x_{2,1}+x_{2,2}+x_{2,3}+x_{2,4}-x_{3,1}=2,000$$

$$x_{3,1}+x_{3,2}+x_{3,3}+x_{3,4}+x_{3,5}=2,000$$

목적함수를 수확 재적량의 최대화로 설정하면 다음과 같다.

<8.3> $$\max Z=100x_{1,1}+250x_{1,2}+360x_{1,3}+100x_{2,1}+250x_{2,2}$$
$$+360x_{2,3}+440x_{2,4}+100x_{3,1}+250x_{3,2}+360x_{3,3}+440x_{3,4}+520x_{3,5}$$

이 정도의 문제는 엑셀 솔버(해 찾기)를 이용하여 간단히 풀 수 있다. 즉, $x_{1,2}=2{,}500$, $x_{1,3}=1{,}500$, $x_{2,2}=1{,}700$, $x_{2,3}=300$, $x_{3,2}=2{,}000$일 때, 목적함수의 최대값은 2,198,000이 된다.

임목 판매액의 최대화를 목적으로 한다면 영급별 재적 단가를 수확 재적에 곱하여 목적함수를 만들 수 있다.

선형계획법은 제약조건에 무리한 설정이 없으면 최적해를 찾아준다. 그러나 현실에서 시장 상황과 정책 변화에 따라 제약조건의 내용과 목적함수의 계수도 달라지므로 그에 따라 최적해도 달라진다. 해(解)의 변화가 크지 않다면 문제되지 않지만, 그 변화가 크게 나타나면 당초 계획을 완전히 바꾸어야 할 수도 있다. 특히 임업은 육림에 매우 긴 세월이 걸리기 때문에 그 영향이 크게 나타난다. 따라서 문제를 푼 다음에는 반드시 계수 변화에 따른 해의 안정성을 검토해야 한다. 이를 민감도 분석(sensitivity analysis)이라고 한다.

선형계획법을 적용할 때 어려운 점은 다음과 같다. 먼저, 계획기간의 문제이다. 예를 들어 30년 계획을 세우는 경우와 50년 계획을 세우는 경우에 답이 달라진다. 우선의 목표로서 1회 윤벌기까지 생각하게 될 것이다. 또 복수의 사업구에서 경영계획을 세울 때 개별 사업구에 세우는 계획과 전체를 대상으로 세우는 계획에서 최적해가 달라진다. 각 부문의 최적과 전체의 최적이 다른 것은 당연하다. 또 하나, 장래의 목표 상태를 어떻게 결정할 것인가의 문제도 있다. 목표 상태의 사소한 차이에도 최적해는 크게 달라진다.

목표계획법

선형계획법은 목적함수를 최대 혹은 최소로 하는 최적해를 찾는 방법이다. 그러나 현대의 산림경영에서 경영목적은 하나로 한정되지 않는다. 예를 들어 임목판매 수익, 수확량의 보속, 고용 안정, 야생동물 서식지 보호, 수자원 보호 등 여러 목적을 동시에 추구한다. 선형계획법은 그것들에서 하나를 목적함수로 취하고 나머지를 제약조건으로 취급한다. 그러나 어느 것을 목적함수로 하느냐에 따라 최적해도 달라진다. 그래서 다목적 문제를 다루는 방법으로 고안된 것이 목표계획법(Goal Programming)이다.

목표계획법은 모든 경영 목적을 제약조건에 집어넣는다. 그리고 각 제약조건에 목표치를 설정한다. 예를 들어, 연간 인공림 시업면적을 x_1, 천연림 시업면적을 x_2로 하고 각각 1ha의 산림을 관리하는 데 인공림은 20인·일, 천연림은 10인·일 소요된다고 한다. 연간 노동력 합계의 목표치를 700인·일로 하면 목표계획법의 제약조건은 다음과 같이 정식화된다.

$$20x_1 + 10x_2 + L^- - L^+ = 700$$

여기에서 변수 L^-, L^+는 목표변수라 부르는 비음의 변수이고 L^-는 목표치 부족량을, L^+는 목표치 초과량을 나타낸다. 다른 제약조건도 이와 같은 방식으로 정식화한다. 그리고 x_1, x_2에 비음의 조건이 붙는다.

경영계획의 목적은 각 목표에 가능한 가까이 가는 것이다. 따라서, 각 목표의 편차, 즉 목표변수 L^-, L^+ 등을 가능한 작게 하는 것이 목적이다. 이 경우 각 목표변수, L^-, L^+, 다른 제약조건의 목표변수 R^+, R^-, P^+, P^- 등의 단위가 다르기 때문에 간단히 합을 구하지는 못한다. 그래서 단위변환을 위한 가중치를 붙여 다음과 같이 나타낸다.

<8.4> $$\min\ Z = w_{L^-}L^- + w_{L^+}L^+ + w_{R^-}R^- + w_{R^+}R^+ + w_{P^-}P^- + w_{P^+}P^+$$

단, w_{L^-},w_{L^+}, w_{R^-}, w_{R^+}, w_{P^-}, w_{P^+}는 가중치이다.

현실에 적용할 때 부족량과 초과량 어느 쪽 하나만을 고찰 대상으로 하면 좋은 것도 있다.

정수계획법

현실에서 최적해가 정수이어야 하는 경우가 있다. 소수로 나타난 최적해는 실행할 수 없고 그것의 반올림이 반드시 최적해인 것은 아니기 때문이다. 해를 정수로 한정한 것을 정수계획법(Integer Programming)이라 하고, 특히 변수가 0 또는 1의 값만 취하는 경우를 0-1 정수계획법이라 한다.

정수계획법을 이용한 수확조절 문제를 생각해 보자. m개 임분으로 구성된 산림이 있고,

표 8.4 정수계획법으로 구한 각 임분의 최적 벌채시기

임분번호	분기						
	1	2	3	4	…	…	n
1	0	0	0	1	…	…	0
2	1	0	0	0	…	…	0
⋮	…	…	…	…	…	…	…
⋮	…	…	…	…	…	…	…
m	0	0	1	0	…	…	0

각 임분은 n분기 후까지 반드시 1회 벌채하는 것으로 한다<표 8.4>. 변수 $x_{i,j}$를 i임분의 j분기 벌채에 대응시키는데, 벌채하면 1, 그렇지 않으면 0의 값을 취하게 한다. m개 임분에 다음과 같은 제약조건을 만들 수 있다.

$$x_{1,1}+x_{1,2}+\cdots+x_{1,n}=1$$

단, $x_{i,j}$는 0 또는 1

그 외의 제약조건을 적절히 추가한다. 수확량 최대화를 목적함수로 한다면, i임분의 j분기 수확량을 $c_{i,j}$라고 하여 다음과 같이 나타낼 수 있다.

$$\max Z=\sum c_{i,j}x_{i,j}$$

단, i는 1부터 m까지, j는 1부터 n까지

정수계획법의 실용적 해법은 도출되지 않는다. 모든 경우를 계산하여 비교하는 방법을 열거법이라 한다. 이 방법에는 n^m의 방대한 계산이 필요하다.

보속수확의 논리와 비판

수확조절에 관한 문헌들은 보속수확 정책의 다양한 편익과 비용을 제시한다. 그 논리를 생각해 보자. 이러한 논리는 아주 오래 전에 형성되었으며 현대에 더 이상 통용되지 않는다. 무엇보다 산림의 환경·생태 가치가 중요해졌음에도 이러한 가치는 법정림의 논리에서 거의 언급되지 않는다.[39]

지속가능성의 근거

우리나라 산림이 특정 영급에 편중되어 있어 지속가능한 산림경영이 어렵고 영급의 균형을 맞추는 정책이 필요하다는 것이다. 벌채(개벌)에 대한 사회적 비판 여론이 높아지자 법정림을 이론적 근거로 제시한 것으로 보인다.

임학(林學)이 탄생한 배경에는 산업혁명으로 인한 경제사회 발전으로 목재수요가 증대하여 산림에서 목재공급의 지속성이 위태롭게 된 사정이 있다. 즉 임학은 산림에서 안정된 목재공급을 실현하려는 사회적 요구에 대응하여 탄생했다. 이러한 배경에서 임학은 당초부터 중요한 기본원칙을 제시하였는데, 그것이 '보속원칙'이다. 구체적으로 목재생산이 지속적이어야 한다는 것이다.

그러나, 18세기에 의미한 지속가능성은 현대의 지속가능성과 뉘앙스가 다르다. 당시에 생각했던 지속가능성은 '목재수확의 지속'을 의미한 것이었고, 산림의 다면적 가치의 지속 또는 다양한 관계자 입장을 고려한 지속성을 의미한 것은 아니었다. 카를로비츠는 작센지방의 산림·광산 감독관으로서 광산경영을 총괄했다. 그가 숲에 관심을 보인 진짜 이유는 광석을 녹일 연료가 숲에서 나왔기 때문이다. 광석 제련에 필요한 나무를 충분히 확보해야 했기 때문에 숲의 지속적인 경영이 중요했다.

일본에서 법정림 사상을 받아들인 것은 1800년대 후반인데, 당시에는 이를 산림경영의 금과옥조로 여겼다. 그러나 2차 세계대전 이후 민주 개혁과 목재수요 증가에 따라 증산이

39) 『신고 산림경영학』(향문사)은 산림수확조절을 설명하는 데 많은 페이지를 할애하지만 그것이 어떤 편익을 가지는지 설명하지 않는다.

불가피하였고, '수확 보속'을 '생산력 보속'으로 바꾸었다. 국유림 경영규정에서도 1948년 '법정축적'이라는 용어를 '정상축적'으로 고치고, 1958년에 '기대축적'으로 바꾸었다.

보속원칙이 지속가능한 산림경영의 근거는 아니다. 산림은 목재생산을 위한 공장이 아니라 자연 그 자체이고 하나의 복잡한 생명체이다. 영급의 균형과 산림생태계의 지속가능성은 그다지 관계가 없다.

경제적 안정성

보속수확 정책의 주요 논리는 지역 경제의 안정성이다. 임목수확을 일정하게 유지함으로써 산림생산에 의존하는 지역경제 또는 이러한 자연자원에 의존하는 상태를 안정시킬 수 있다는 것이다.

첫째, 임업이 지역경제에 미치는 영향은 지역의 여건에 따라 다르다. 오늘날 농산촌 경제에서 임업이 차지하는 비중은 크지 않다. 보속수확이 지역경제의 안정성에 미치는 영향도 그리 크지 않다. 농산촌 일자리는 지역의 다른 산업에서 더 적은 비용으로 창출할 수 있다.

둘째, 보속수확 정책은 시장의 변화에 유연하게 대응하지 못한다. 임목 시장은 대개 수요 측 요인의 변동에 영향을 받는다. 예를 들어 이자율 변화 또는 국제시장의 변동, 기술의 변화, 사회적 요구의 변화 등이다. 그러나 보속수확은 공급만을 다룬다. 수요가 변동하는 상황에서 생산을 일정하게 유지한다면 가격 변동에 대응할 수 없다. 물론 보속수확 정책도 보통 단기 시장변동에 대응하여 수확을 조절한다. 그러나 그 효과는 한정적이며 이것이 오히려 시장과 가격의 불안정성을 확대하기도 한다.

셋째, 보속수확이 임산업의 원료 확보를 안정시킬 수 있지만, 임업을 안정시키는 것은 아니다. 산림조절에는 오랜 기간이 소요되고 그 기간에 생산량과 일자리의 관계는 크게 달라진다. 기술이 발전하고 기계장비 이용이 늘어나면서 노동생산성이 높아졌다. 같은 양의 목재를 생산하는 데 투입되는 인력이 감소한다. 대신 임금을 인상시킨다. 따라서 장기간 임목생산을 안정시킨다고 일자리를 유지하는 것은 아니다. 기술 변화와 임금의 추세는 국가의 경제동향에 따르며 이것이 농산촌 주민의 소득에 어떤 영향을 미칠 것인지는 예상하기 어렵다.

넷째, 임목 생산과 지역의 고용·소득의 관계를 바꾸는 다른 요인도 있다. 제품과 가공 기술의 변화도 나타난다. 도로 확충과 운송 시스템의 개선은 특정 숲과 그 숲에서 생산된 목재를 이용하는 가공 중심지를 이동시킨다.

이러한 이유 때문에 목재 공급과 지역경제의 장기적 안정성 사이에 일반적 관계를 유추하기 어렵다. 법정림과 보속수확이 지역경제의 안정에 효과적으로 기여한다고 보기에 어려운 점이 있다.

국가 안보

역사적으로 일정 규모의 산림을 확보하고 안정된 임업을 지원하는 정부의 중요한 동기는 국가 안보이었다. 산업사회 이전에 목재는 가정과 산업에 필요한 에너지와 연료를 제공하는 주요 원천이었고, 건축과 조선의 주요 재료이었다. 사실 유럽에서 근대 임학이 성립하는 배경에는 상선과 군함을 건조하는 데 필요한 목재 확보의 필요성이 있었다.[40] 보속수확 정책은 국방과 경제안보를 위한 국가 전략의 일부이었다. 그러나, 목재는 더 이상 중요한 군사용 또는 산업용 재료가 아니다. 또, 안정적인 글로벌 공급망 확보는 우호적 외교 관계를 유지함으로써 실현할 수 있다. 비상시를 대비하여 어느 정도의 임목축적을 유지할 필요가 있다 하더라도 보속수확을 해야 하는 것은 아니다.

도덕적 의무

보전 윤리의 배후에는 현 세대의 우리가 자연자원의 임시 관리자라는 생각이 있다. 현재의 소유자와 자원관리자들은 산림을 훼손되지 않은 상태로 다음 세대에 물려주어야 하는 의무를 가지는데, 이는 보속수확으로 실현된다는 것이다.

이 문제는 기술적인 문제와 정치적 문제를 제기한다. 먼저 보속수확이 산림 생산성을 저하시킬 수 있음은 이미 언급하였다. 그리고 현재 임목축적을 구축하면 숲의 미래 생산능력은 확대되는데, 이는 안정된 수확을 유지하기보다 억제하는 것을 의미한다. 그리고 임목축적의

40) 16세기 유럽은 '대항해시대'라고 부르듯이 조선용재, 정련·제염을 위한 산업용 연료재 수요가 급증하였다. 정련소와 제염소는 대개 산림지 근처에 세워졌다. 도시가 형성되면서 건축용재와 연료재 수요가 증가하여 17세기에는 난벌이 심하였다. 심각한 목재부족을 배경으로 18세기에 구획윤벌법과 같은 산림경영이 실시된다.

생장률로 생산성을 측정한다면 보호, 육림 그리고 기타 방법으로도 생산성을 증대할 수 있다.

그리고 우리가 물려받은 상태로 후손들에게 물려주어야 할 의무를 가지느냐는 것이다. 임지를 더 나은 용도로 전환함으로써, 산림 개선에 투자함으로써, 자연자본을 인공자본으로 대체함으로써 미래의 경제적 생산성을 향상할 수 있다. 미래 세대의 경제적 후생을 고려하여도 숲을 원래 상태로 지키는 것이 최선임을 보장하지는 않는다.

보속수확이 산림보전에 기여한다는 주장은 오히려 생태근본주의에 가깝다. 산림생태계의 자연자본을 다른 경제자본으로 쉽게 대체할 수 없다고 전제하기 때문에 최소한의 자연자본이 꼭 필요하다고 주장한다. 현재 산림정책의 과제는 통제되지 않는 자원 이용이 미래 세대의 이해를 어떻게 위협하는지, 가능한 대응 방안은 무엇인지 평가하는 것이다. 그 답은 시간과 장소에 따라 달라진다. 단일한 형태로 수확을 조절해야하는 것은 아니다.

다목적 이용 또는 공익기능

보속수확 경영으로 산림의 공익기능을 보존하거나 또는 개선할 수 있다는 견해도 있다. 정기적으로 수확을 반복함으로써 어떤 공익기능이 향상되는 것일까. 어느 특정한 편익에 가장 바람직한 경영 방법은 개별 숲의 생태적 혹은 기타 환경에 따라 달라지며, 기능에 따라 서로 다른 경영 방법을 요구한다. 예를 들어 풍부한 임상은 높은 경관 가치를 제공할 수 있지만, 어떤 야생동물은 임목이 밀생하는 숲을 좋아하지 않는다. 일부 중요한 공익기능은 임목 수확과 대립하는 경우도 있다.

영급의 균일한 변화와 일정한 벌채율이 어떤 공익 가치를 최대화하는 것은 아니다. 그러한 가치들은 얼마나 많은 천연림을 보전하는지, 임도를 어떻게 설계하는지, 그리고 어떻게 벌채를 수행하는지, 이에 더 영향을 받는다.

효율적인 개벌 방법

개벌은 말그대로 모두베기, clear-cut이다. 수종과 크기, 임령 등 특정 기준에 맞는 나무를 골라베는 택벌과 대조된다. 개벌은 상업적 임업에서 널리 실행하는 수확방법이지만 논란이 많은 방법이기도 하다. 이 방법의 장점은 첫째, 작업이 단순하고 효율적이다. 둘째, 갱신후 임분이 단순림이 되므로 보육과 수확시기를 설정하기 쉽고 생산임업을 하는 데 적합하다. 셋째, 조림작업이 쉽고 임목(양수) 성장을 촉진할 수 있다. 단점도 있다. 첫째, 지상 식생을 한꺼번에 제거하므로 토양유출과 토양탄소의 방출, 수원함양기능 저하가 우려된다. 둘째, 야생동물에도 부정적이다. 셋째, 경관을 해치고 휴양 이용도 어렵다.

어느 기업이 대면적 산림을 경영하며 60년 벌기령에서 벌채하는 상황을 가정해 보자. 기업은 고용 유지와 안정된 원료 공급의 필요성 때문에 매년 60분의1의 산림을 벌채하고자 한다. 산림이 600ha라면 매년 10ha씩 벌채한다. 다양한 벌채 패턴을 생각할 수 있다. 10ha의 임지 1개소를 개벌할 수도 있고, 극단적으로 분산된 1ha의 임지를 10개소 개벌할 수도 있다. 또는 5ha의 임지 2개소, 2ha의 임지 5개소 등으로 벌채하는 것도 가능하다. 1년에 벌채하는 개소수를 n이라 하면 사회적으로 효율적인 n은 무엇인가(Fields, 2008).

n의 변화에 따라 두 종류의 비용이 생긴다. 우선 벌채비용이다. n이 많아지면 작업현장이 분산되므로 벌채비용이 증가한다. 또 다른 비용은 생태학적 비용이다. 이들 비용은 n이 증가할 때와 감소할 때로 상정할 수 있다. 다만 n이 어느 정도 커지면 작업원이 분산된 복수의 작업현장을 방문해야 하므로 벌채하지 않는 산림이 분단되어 생기는 생태학적 비용이 거꾸로 증가할 수도 있다.

이러한 관계를 <그림 8.1>에 나타내었다. 벌채지의 수 n은 1부터 N사이에 있다. H는

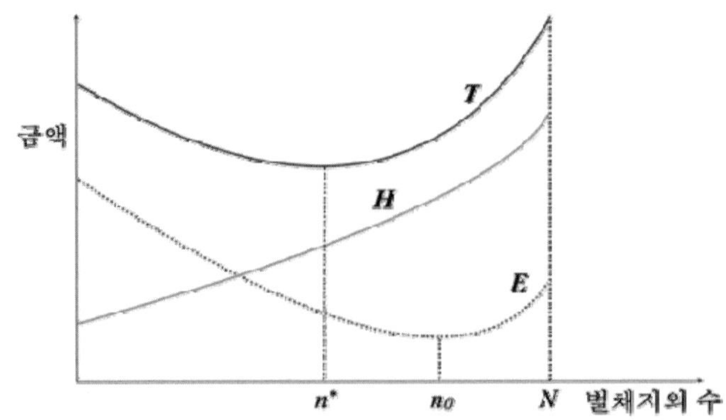

그림 8.1 효율적인 개벌

벌채비용, E는 생태학적인 비용을 나타낸다. T는 총비용인데 $H+E$이다. 만일 벌채비용을 최소화한다면 1개소에서 개벌하는 편이 좋다. 한편, 생태학적 비용을 최소화하려고 한다면 n_0개소에서 벌채하면 된다. 사회적으로 바람직한 벌채개소는 합계비용이 최소가 되는 n^*이다.

개념적으로 설명하는 것은 쉽지만 실제 상황에서 n을 결정하는 것은 매우 어려운 문제이다. 이를 찾으려면 H와 E 두 비용곡선을 알아야 한다. 벌채비용을 어느 정도 알 수 있겠지만 생태학적 비용을 정밀하게 계측하는 것은 매우 어렵다. 다만 E를 잘 몰라도 생태학적 비용은 양(+)이므로 최적 개벌개소는 이윤 최대화의 1은 아니며 그 이상의 값이 될 것이다.

참고: 독일 임업의 발전과정과 보속사상41)

19세기 독일의 목재 가격은 폭등하였다. 당시 독일 영방, 그후의 독일 제국을 구성하는 국가들에는 재정의 10~15%를 임업에서 조달하는 곳도 있었다. 산림은 이익이 많은 재산이었다. 독일 임학의 근간에는 '지도원칙', 즉 임업경영의 목적이 있고 그중에 '보속원칙'이 있다. 그 요점은 매년 균등하게 그리고 영구히 목재를 수확하는 것이다. 목재수확균등, 목재생산, 화폐수확균등, 생산자본 유지의 보속이라고 정리하기도 한다. 이를 현대에 그대로 적용하는 것은 곤란하다. 중요한 논점은 목재수확 균등의 부분이다. 독일 고전 임학의 이론 흐름을 보면 자연적인 목재공급의 확실성에서 수익성 중시로, 거기에서 근자연 임업으로 옮겨간다.

19세기 중반부터 20세기 초까지 '순수익논쟁'이 있었다. 토지순수익론과 산림순수익론이 다투지만 둘 다 순수익을 임업활동의 유일 목적으로 여긴다는 점은 공통이다. 또, 양자 모두 보속을 전제로 하였다. 이 과정에서 침엽수 조림을 추진하였다. 독일에서 가장 자본주의적으로 발전한 작센은 토지순수익설에 기울었지만 프로이센, 바이에른 등 그렇지 않은 지역도 있었다. 제2차 세계대전 이후 전쟁 배상금과 연료 부족 때문에 일시적으로 대량 벌채를 하지만 보속사상은 지속되었다.

2차 대전 후는 수익성 중시의 임업에서 근자연 임업으로 옮겨간다. 디트리히(Viktor Dieterich) 등이 순수익론의 부활 저지를 주장하였다. 임업의 수익성이 악화하면서 1960년대

41) 독일 임학의 발전과정은 村尾行一(2005), 神沼公三郎(2012), 고유경(2020)을 참조바란다.

이후 새로운 틀을 모색한다. 1970~80년대에 새로운 산림피해, 산성우 문제가 발생하였다. 독일 임업은 경직적이었지만 그것을 자연조건에 따라 유연화하였다.

1992년 유엔 환경개발회의를 계기로 산림정책도 새로운 틀로 전환하게 되었다. 연방과 주 정부는 새로운 산림정책을 제정하였다. 근자연 임업은 독일 임업의 기본이 되었다.

보속의 법적 근거는 연방과 주의 산림법에 있다. 1950~1990년까지 벌채량을 일정하게 유지하였다. 2000년대에 제재공장이 규모를 늘리면서 임산업이 발전하고 벌채량도 늘지만 그럼에도 과벌하지 않는다. 지금도 보속의 개념은 존속한다. 다만 그 내용은 달라졌다. 지금은 산림이 제공하는 다양한 기능을 중시한다.

참고: 항속림 사상

전통적 독일 임학은 북부 평지 임지에서 대규모 벌채, 그리고 침엽수 단순림 조성이라는 형태로 실천되었다. 성장이 빠르고 어느 토양에서나 잘 자라는 침엽수(특히 가문비나무)만 심었기 때문에 어느 정도 자라면 모두 베어내는 일이 반복되었다. 산림생태계에서 같은 것이 많으면 병충해가 발생하기 쉽고 지력이 약해지며 나무가 썩어 쓰러지는 문제가 발생한다.

19세기 후반 대면적 개벌과 동령 단순림의 조성이 산지 재해의 유인이 되고 병충해에 취약하다고 인식하면서 천연림 시업에 주목하고 자연의 흐름을 거스르지 않는 산림경영 철학을 형성하였다. 1878년 가이어(Karl Gayer)는 '자연으로 돌아가라'고 제창하였는데, 침엽수 인공조림에 의한 단순 동령림 조성을 반대하고 천연하종갱신에 의한 혼효림 조성을 주장하였다. 그리고 묄러(Alfred Möller)는 1922년 『항속림(恒續林) 사상: 그 의미와 의의』를 썼다.[42] 그 내용은 다음과 같다. 산림은 하나의 생명체이고 토지를 포함하여 유기체를 형성한다. 산림유기체를 장래에도 존속시켜 상호관계를 건전히 작용시켜 충분히 배려하는 산림시업을 하는 것이 최고의 기본 원칙이다. 이 원칙을 지키면서 산림에서 가능한 많은 순수입을 지속적으로 얻고 가능한 높은 축적으로 성장량도 크게 하여 가치가 높은 산림을 조성하도록 노력한다.

항속림은 하나의 사상이고, 구체적인 작업법을 규정한 것은 아니지만, 핵심은 다음과

42) 원제 "Der Dauerwaldgedanke, Sein Sinn und seine Bedeutung"

같다. ①개벌을 하지 않는다, ②천연하종갱신을 이용하여 이령 혼효림을 만든다, ③벌채는 전체 산림에서 매년 단목으로 한다, ④떨어진 잎사귀와 가지를 채취하지 않는다. 그리고 항속림은 일정한 임분 구조를 요구하지 않고, 또 끊임없이 갱신을 요구하지 않는다는 점에서 택벌림과 근본적으로 다르다.

그러나 '항속림'이라는 단어가 나치스 정권의 '영원한 민족'이라는 정치구호와 친화적인 까닭에 정권 찬양의 논거로 이용되었다. 이 때문에 패전 후 나치스 사상이 철저히 부정되면서 항속림 사상도 부정되었다. 전쟁 이후의 경제성장 과정에서 자연과 공생하는 천연림 시업은 현장에서 받아들여지지 않았다. 그리하여 변함없이 개벌 단순조림을 주류로 하던 독일 임학도 1970년대 산성우 문제를 겪으면서 임업기술을 반성하게 된다.

한편, 항속림 사상은 미국 산림학에도 영향을 미쳤다. 알도 레오폴드(Aldo Leopold)는 독일을 시찰하고 '환경 윤리'의 사상을 전개하였다. 그리고 그것은 현대의 순응적 관리(adaptive management)로 이어진다.

참고문헌

고유경. (2020). "'지속가능한 숲' 개념과 독일 근대 임학의 탄생". 독일연구 44: 95-131. 한국독일사학회.

김화임. (2015). "지속가능성(Nachhaltigkeit) 개념의 형성사: 18세기 독일 산림학 이론과 실제에서의 의미 내용을 중심으로". 인문논총 72(1): 453-478. 서울대학교 인문학연구원.

우종춘 외. (2017). 신고 산림경영학. 향문사.

원현규·김형호·정세경·우종춘. (2006). "정수계획법을 이용한 산림경영계획의 수립방안 연구". 한국산림과학회지 95(6): 729-734.

주경철. (2002). "그 많던 나무를 도대체 누가 다 먹어치웠을까". 출판저널 317: 6-7. 대한출판문화협회.

한스외르크 퀴스터. (2021). 숲의 역사 (이수영 옮김). 돌배나무.

神沼公三郎. (2012). "ドイツ林業の発展過程と森林保続思想の変遷". 林業経済研究 58 (1): 1-3.

田中和博 外. (2020). 森林計画学入門. 朝倉書店.

村尾行一. (2005). 木材革命. 農山漁村文化協会.

Fields, B.C. (2008). Natural Resource Economics: An Introduction. Waveland Pr Inc.

Zhang, D. & P. Pearse. (2011). Forest Economics. UBC Press.

제 9 장

산림휴양의 경제학

국민소득의 증가와 함께 산림휴양의 수요는 크게 성장하였다. 이는 산림관리에서 중요한 이슈를 가져오는데, 산림정책의 지지기반을 임업·임산업에서 휴양객으로 이동하게 하였다. 산림휴양의 수요 증가는 과잉이용과 같은 문제를 가져오는데, 이 장에서는 이러한 문제를 다루기 위해 수용력과 이용제한 수단 등을 다룬다.

산림휴양의 성장

'산림휴양(forest recreation)'은 등산, 캠핑, 백패킹, 자연휴양림 방문, 둘레길 걷기, 야생화 관찰, 탐조 활동, 숲해설 듣기, 사냥 등 산에서 하는 다양한 활동을 포함한다.[43] 이러한 활동에는 산림자원을 이용하는 활동도 있고 그렇지 않은 활동도 있다. 그 둘을 명확히 구분하기는 어렵다. 다만 국공립공원 이용자의 활동이 자연자원의 질과 깊이 관계된다면 그 활동은 전형적인 자원 이용 활동이다.

여러 나라에서 산림휴양은 20세기 후반에 급속히 성장하였다. 미국에서는 2차 세계대전 이후 군용으로 쓰이던 텐트와 캠핑장비 등이 민간 시장으로 나왔고, 국민 소득이 높아지면서 시민들의 산림휴양 활동도 증가하였다고 한다. 다른 나라에서도 사정은 비슷하다.

43) 산림휴양 활동의 용어에 다양한 것이 있다. 예를 들면 백패킹, 트레킹, 하이킹, 캠핑, 글램핑, 비박(Biwak), 오리엔티어링, 록 클라이밍, 마운티니어링 등이다. 각각의 의미를 찾아보기 바란다.

우리나라는 자연생태계나 자연 및 문화경관을 대표할 만한 수려한 자연풍경지를 대상으로 자연공원을 지정하는데, 1967년 지리산을 국립공원으로 처음 지정하였고 2023년 국립공원 23개소, 도립공원 30개소, 군립공원 27개소가 있다. 또 1989년 유명산 자연휴양림이 만들어졌고 전국에 국공사유 자연휴양림 181개소(2021년)가 운영된다. 삼성패션연구소는 매년 아웃도어 시장 규모를 발표하는데, 2019년 2조 원이라 추정하였다. 이는 2014년 7조 1,600억 원에서 크게 감소한 것이다.

<표 9.1>은 우리나라 산림휴양 관련 활동의 추세를 나타낸 것이다. 여가 활동에서 비소비적 자원 이용을 중시하게 된 경향에는 환경보호 의식의 고양이 어느 정도 반영된 것으로 보인다. 한국갤럽조사연구소(2021)에 의하면 만 13세 이상 한국인의 44%가 1년내 등산을 경험하는 것으로 보고하는데, 산림휴양이 국민 생활에서 차지하는 비중이 매우 크다는 것을 알 수 있다.

산림휴양 서비스는 대개 공공 부문에서 공급하는데 국공립공원, 국공립 자연휴양림 등이 있다. 또 근래 스키 리조트를 비롯하여 숲속 펜션과 캠핑 등이 확산되며 사유림 자연휴양림,

표 9.1 산림휴양 활동 참가자 수

연도	국립공원 탐방객 (천 명)	휴양림 이용자 (천 명)	농촌체험마을 방문자 (만 명)
2006	26,786	5,775	-
2007	37,977	6,264	-
2008	37,707	7,627	-
2009	38,219	8,681	-
2010	42,658	9,437	-
2011	40,804	10,684	692
2012	40,959	11,615	884
2013	46,932	12,780	105
2014	46,406	13,955	829
2015	45,332	15,629	870
2016	44,358	15,239	917
2017	47,278	16,713	1,050
2018	43,824	15,332	1,237
2019	43,184	15,989	1,307
2020	35,278	10,972	656

자료: 국립공원통계, 임업통계연보

사립 수목원, 농산촌 체험마을 등 민간에서 제공하는 휴양 시장도 크게 발전하였다. 이 때문에 산림휴양 경제학의 과제에는 공적인 보호지역의 관리만이 아니라 공공과 민간의 적절한 역할 분담, 사유지 관리의 문제 등도 포함된다.

산림휴양의 수요

산림휴양의 수요를 파악하는 데 몇 가지 중요한 관점이 있다. 하나는 어느 모집단에서 특정 산림휴양 활동에 대한 수요가 어느 정도인가이다. 예를 들어 아웃도어 용품을 취급하는 기업을 경영한다고 하자. 사람들의 등산 또는 캠핑 수요가 향후 10년 동안 어떻게 성장할 것인가 알고 싶다. 인구와 소득의 변화, 혹은 산림휴양 활동 참가자 수에 관계하는 다양한 요인이 미치는 결과를 예측하고 상품의 수요에 미치는 영향을 알고 싶다. 이는 국립공원공단 혹은 자연휴양림을 운영하는 산림청과 지방자치단체, 관련 민간기업도 관심을 갖는다.

시설관리자의 입장에서 생각할 수도 있다. 어느 자연휴양림 또는 산림공원의 관리자라면 시설 이용의 수요곡선을 이해해야 한다. 거기에는 인구와 소득, 교통, 경합하는(혹은 보완하는) 다른 산림공원의 존재 등이 영향을 미친다. 이 때 수요곡선은 <그림 9.1>과 같이 나타난다.

가로축은 하루 이용의 단위로 계측하는 방문자 일수(visitor days)를 나타낸다. 방문자

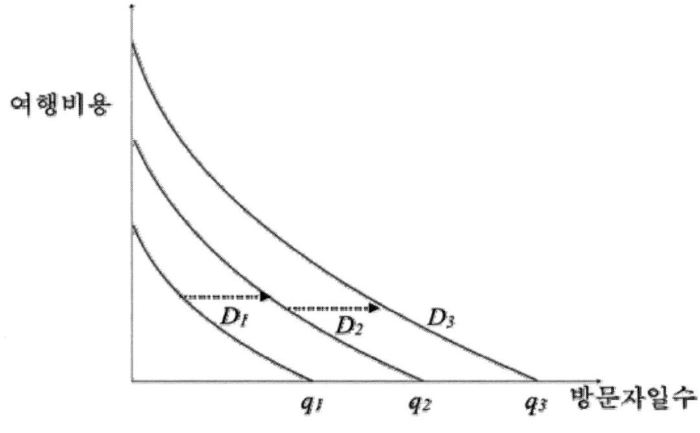

그림 9.1 가상 산림공원의 수요곡선

일수는 12시간 동안 체류한 방문자 수를 측정한 것인데, 방문자 두 명이 6시간 체류한 경우도 1단위가 된다. 대개의 자연휴양림과 국립공원은 다양한 휴양 서비스를 제공한다. 당일 이용과 숙박 이용, 장기 이용, 혹은 교육 프로그램에서 관광 이용까지 제공한다. 이를 단일 변수로 하여 방문자 일수를 단위로 이용한다. 세로축은 그 자연휴양림을 방문하는 데 지출한 금액이다. 국공립공원은 대부분 입장료를 받지 않지만 그럼에도 여행비용이 소요된다. 그러한 의미에서 다른 재화와 다르지 않다. 다만 방문자의 거주지에서 목적지까지 상당한 거리가 있기 때문에 여행비용은 꽤 큰 장벽이다.

D_1, D_2, D_3는 각각 다른 시기의 수요곡선이다. D_1을 10년 전의 수요곡선, D_2는 현재의 수요곡선, D_3는 10년 후의 수요곡선이라 하자. 수요곡선이 이동하는 배경에는 어떤 요인이 있을까. 인구 증가, 소득 증대, 여행비용의 인하를 생각할 수 있다. 도로 확충으로 접근성이 개선되거나 유류 가격이 내려가면 여행의 수요곡선을 오른 쪽으로 이동시킨다. 휴양자원의 매력도와 환경의 질이 좋아지면 더 많은 사람이 찾아올 것이다. 또 기호와 선호의 변화를 생각할 수 있다. 사람들이 숲 해설을 듣고 숲에 대한 이해를 심화하면서, 또 도시 환경이 변화하면서 산림휴양을 힐링의 원천으로 여긴다. 코로나 팬데믹은 사람들이 자연에 더 많은 관심을 갖게 하였다.

이러한 수요곡선의 존재를 상상하는 것은 쉽지만 실제 이를 추정하는 것은 매우 어렵다. 특히 수요곡선이 어떻게 이동하는가를 추측하는 것은 더 어렵다. 과거에는 산림휴양에서 그 수요를 연구하는 것을 그다지 중요하게 여기지 않았다. 그러나 이용자 수가 증가하고 공원시설에서 이용자 관리가 중요해지면서 이러한 연구도 필요하게 되었다. 이 시기에 여행비용법처럼 여행의 수요곡선을 추정하는 기법이 개발되었다.

여행비용법을 이용한 여행의 수요곡선 추정은 산림공원과 같은 자연자원의 휴양가치를 측정하는 데 널리 응용되었다. 산림공원의 수요곡선을 추정하면 입장료 등을 통해 이용자 수를 관리하는 데 응용할 수 있으며 자연자원의 특성 변화의 가치를 평가하는 데도 응용할 수 있다. 이렇게 도출된 가치는 산림공원 또는 자연휴양림 조성과 개선 사업의 비용편익분석에 활용할 수 있다.

효율적인 이용 수준

효율적인 이용 수준이란 사회의 순편익을 최대화하는 이용 수준이다. 만일 어느 자연휴양림을 민간이 운영한다면 순편익을 최대화하는 이용 수준에서 운영하는 것이 전제이다. 그것이 사회적으로도 효율적이려면 외부효과가 나타나지 않아야 한다.

여기에서는 공공이 운영하는 산림휴양시설에 초점을 둔다. 산림휴양의 제공에서 공공부문이 압도적으로 많기 때문이다. 게다가 대부분의 공공시설은 실질적인 입장료를 징수하지 않거나 매우 낮은 비용을 받는다. 만일 입장료가 0이라면 현실의 방문자일수는 <그림 9.1>에서 q_1, q_2, q_3이다. 이것을 사회적으로 효율적인 이용 수준이라 할 수는 없다. 우선 공원의 운영 비용을 입장료가 아닌 국민 세금으로 조달한다. 이용자와 비용 부담자 사이에 관계성이 존재하지 않고 이용자의 지불의사액은 그 이용자를 받아들이는 한계비용과 일치하지 않는다.

입장료를 받지 않을 때 회수할 수 없는 비용이 또 있는데, 이용에 의한 자연훼손의 비용이다. 많은 사람이 방문하는 산림공원에서 답압에 의한 나무뿌리의 노출과 쓰레기의 투기 등 이러한 비용은 적지 않다.

또 다른 이유는 혼잡에 의한 외부 효과가 존재하기 때문이다. 입장료를 징수하지 않으면 산림공원은 본질적으로 누구나 자유롭게 이용할 수 있는, 오픈 액세스(open access)의 상태가 된다. 일반적으로 오픈 액세스는 사회적으로 효율적인 수준 이상의 이용을 초래한다. 오픈 액세스의 해변 또는 여름철 계곡을 생각해 보라. 혼잡의 외부효과는 솔로 캠핑처럼 고독감을 즐기는 활동에서 심각하게 나타난다.

<그림 9.1>의 q_1, q_2, q_3는 공원에서 이용 수준이 증가하는 상황을 보여준다. 수요곡선이 바깥쪽으로 이동하면서 혼잡의 외부효과는 증가하는 경향이 있다. 주말의 수도권 산림공원에서 나타나는 것처럼 이용 수준이 물리적 수용력에 이를 정도로 높은 상황은 아마 이러한 수준에 도달한 것으로 여겨진다. 다만 물리적으로 받아들일 수 있는 이용자 수보다 실제 이용자 수가 적은 대개의 공원에서 최적 이용자 수는 어느 정도일까, 또 이를 어떻게 달성할 수 있을까.

<그림 9.2>를 생각해 보자. D는 공원 방문의 일반적 수요곡선이다. 이 곡선이 가로축과

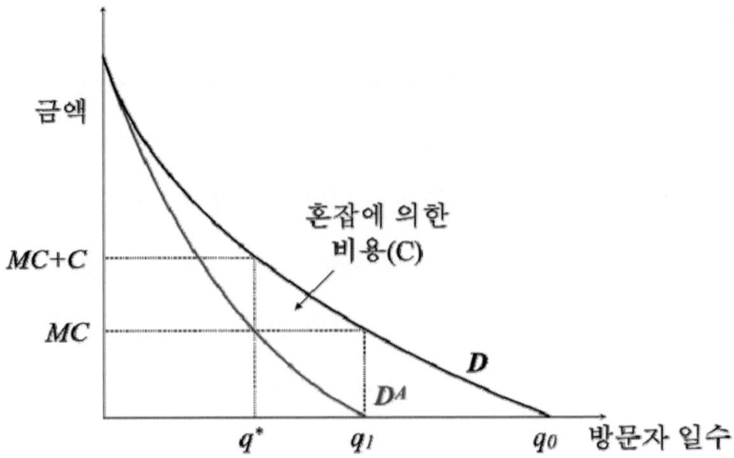

그림 9.2 사회적으로 효율적인 이용 수준

만나는 점(q_0)은 오픈 액세스의 이용 수준이다. 여기에서 공원 운영의 한계비용은 MC로 일정하다고 하자. 만일 이 MC와 같은 가격을 이용요금으로 부과하면 이용 수준은 연간 q_1이 된다. D는 혼잡의 영향을 고려하지 않으므로 이 값은 효율적인 이용 수준이 아니다.

공원에서 이용 수준이 상승하면 혼잡(crowding)이 나타난다. 이는 이용자의 경험 가치를 저하시킨다. 혼잡의 비용은 장소에 따라 다르다. 트레킹에서 혼잡은 다른 사람을 만나는 횟수와 관련된다. 스키장에서 혼잡은 코스에서 다른 사람과 부딪히지 않도록 피해야 하고 리프트를 타기 위해 길게 줄서야 하는 것을 의미한다. 캠핑장에서 혼잡은 좋은 장소를 찾기 어려운 것, 다른 사람의 동선과 겹치거나 소음을 견뎌야 하는 것이다. 산림공원 입구에서 주차공간을 찾기 어려운 경우도 그렇다. 일반적으로 수요곡선은 이용자의 지불의사액에 기초하며 혼잡의 영향을 고려하지 않는다. 혼잡의 비용은 이용자가 늘어나면서 생기는 경험 가치의 감소이다. 혼잡은 효용의 결정 요인이므로 수요곡선을 아래로 이동시킨다. 혼잡의 영향을 반영한 수요곡선을 D^A로 나타낼 수 있다.

이것이 사회적으로 효율적인 효용수준인 q^*를 찾는 방법이다. 다만 곡선 D는 이용요금 징수액의 변화에 따라 방문이 어떻게 달라지는가를 나타내는 곡선이기도 하다. 이용 수준을 q^*로 유도하는 이용요금을 도입하려면 일반적 한계비용 MC에 혼잡비용 C를 더해야 한다.

그러나 혼잡이 항상 나쁜 것은 아니다. 때로 '좋은 혼잡'은 휴양 가치를 증대시킨다. 놀이공원이나 록 페스티벌에 갔는데 아주 한적하다면 전혀 재미있지 않을 것이다. 밴드왜건 효과(bandwagon effect, 편승효과)로 설명하는데, 사람들은 다수의 다른 사람들이 좋아하거나 믿는 것을 같이 좋아하거나 같이 믿는 경향이 있다는 것이다.44) 친구따라 강남 간다고나 할까. 그러나 대개의 산림휴양 활동에서 고즈넉함이 경험의 질을 증가시키고, 혼잡은 경험의 가치를 저하시킨다.

휴양림의 질이나 수용능력을 개선할 수도 있다. 캠핑장과 산책로를 확장하여 휴양 자원의 질을 개선할 수 있다. 이는 수요곡선을 오른쪽으로 이동시키는데, 가격이 0일때 더 많은 사람들이 방문하는 것을 의미한다. 수요곡선을 위로 이동시키는 것은 휴양 기회에 대한 더 높은 지불의사를 의미한다.

캠핑장과 산책로 등의 추가 건설은 휴양림의 수용력을 확장할 수 있고, 경험의 질을 손상시키지 않고도 더 많은 방문객을 수용할 수 있다. 수용력의 확장은 수요곡선을 오른쪽으로 이동시키지만 수요곡선의 높이로 표현되는 참여자의 지불의사는 변화시키지 않는다.

산림소유자가 자연휴양림 경영에서 이윤 최대화를 추구한다면, 단기적으로는 휴양림의 수용력과 질을 고려하여 가격과 이용자 수의 조합을 선택할 것이다. 장기적으로는 투자비용이 수입의 증가보다 적은 범위에서 휴양림의 질 또는 수용력 개선에 투자할 것이다. 이러한 행태는 혼잡이 자원의 가치를 훼손시키지 않는다는 것을 전제한다. 그러나 사람들이 자유롭게 접근할 수 있고 이를 통제할 수 없다면, 이러한 최적화는 가능하지 않고 혼잡은 휴양의 가치를 저하시킨다. 사람들이 자유롭게 접근할 수 있는 여름 계곡, 해변 등에서 혼잡이 늘어나면 이용자들이 느끼는 휴양의 경험 가치가 저하되는 사례를 흔히 발견할 수 있다.

여기에서는 자연자원의 관리 측면에서 이용 제한을 주로 다루지만 이용을 제한하는 경우만 있는 것은 아니다. 지자체에서 산림공원 이용을 장려하는 사례도 있다. 예를 들어 울주군은 영남 알프스 완등자에게 기념 은화를 증정한다. 몇몇 지자체와 국립공원공단도 이와 유사한 이벤트를 진행하여 공원 이용자를 늘리려고 노력한다.

---

44) 반대로 많이 팔리는 제품에 오히려 소비를 줄이는 현상을 스놉효과(snob effect)라고 한다.

수용력

수용력(carrying capacity)은 생태학자들이 곤충 개체군이 일정한 환경에서 증가하다가 환경의 저항을 받아 어느 상한에서 평형 상태를 유지한다는 것을 발견하면서 비롯된 개념이다. 이는 방목학에서 주로 응용되었는데, 생태계 관리와 환경·자원 관리로 확장되었다.

관광에서 수용력의 문제는 미국의 조경가 옴스테드(Frederick L. Olmsted)가 1865년 요세미티 계곡을 조사한 보고서에서 비롯되었다. 여가 인구가 급증하면서 환경과 자원의 훼손이 커지고 수용력의 개념은 휴양활동 연구에서 중요하게 다루어진다.

수용력은 일반적으로 자연 또는 환경의 현저한 질적 저하없이 인구성장이나 물리적 개발을 수용할 수 있는 한계를 의미한다. 즉 자연이 지탱할 수 있는 성장과 개발에는 한계가 있고, 그 지점을 규명할 수 있으며, 인위적 개입을 통해 통제할 수도 있다는 것이다. 수용력은 이용자 만족도, 자원과 시설의 특성, 자원관리의 목적 등 다양한 지표로 분류되는데, 어디에 초점을 두느냐에 따라 구분할 수 있다(김선희, 2005; 김성일, 2017).

먼저, 생태적 수용력(ecological carrying capacity)은 자연생태계의 본질적 메카니즘을 교란하지 않는 범위에서 스스로 회복하거나 정화할 수 있는, 최대 인간 활동의 강도를 뜻한다. 지피식물의 피복률, 동식물의 비율, 개체 수, 토양 유실 및 토양의 답압 정도 등 자연생태계의 내성을 주요 지표로 한다.

사회심리적 수용력(socio-psychological carrying capacity)은 방문자의 만족도에 근거한 수용력이다. 인간이 활동하는 데 필요한 공간량을 의미하며, 다른 사람과 부딪치지 않으면서 기능적인 활동이 되기 위한 안전성 용량과 쾌적성 용량의 수용력이다. 이용자 수, 이용밀도, 혼잡도, 조우빈도, 시계 거리, 프라이버시 등을 지표로 한다.

물리적 수용력(physical carrying capacity)은 해당 공간에서 입장시키거나 통제할 수 있는 최대 인원 또는 시설의 공간 규모를 의미한다. 단위면적당 사람 수와 밀도, 주차장, 야영장, 화장실 등의 시설이용자 수, 각종 시설의 점유율, 시설 이용을 위해 기다리는 시간, 탐방객과 관리요원의 비율 등을 지표로 한다.

이용 제한

자유로운 접근은 휴양지에서 과잉 이용과 혼잡을 초래하고 자연자원의 훼손을 초래한다. <그림 9.2>에서 q_0의 이용 수준을 초래한다. 가격 체계가 없다면 혼잡으로 인한 휴양 가치의 손실은 이용자 접근을 통제하여 억제할 수 있다. 관리자는 사회적 효율성과 합치하는 이용 수준으로 유도하기 위해 이용 제한을 생각할 것이다. 즉 이용자의 일부를 배제하는 것이다. 만일 공원의 목적이 경험 가치와 상관없이 가능한 많은 이용자를 받아들이는 것이라면, 또는 수입을 목적으로 하지 않는다면 굳이 이용을 제한할 필요는 없다. 그럼에도 대개 이러한 상태를 피하고 싶어한다. 공원 이용을 제한할 때 사용하는 방법은 다음과 같다.

1. 특정 조건 또는 자격을 갖춘 사람들 이외의 입장을 제한한다. 총기 사용과 수렵에 대한 교육 이수를 최소한의 자격으로 요구하는 수렵 면허나, 일정 기술 수준을 요구하는 빙벽등반 허가가 그 예이다.
2. 선착순으로 받아들인다. 먼저 온 사람부터 입장을 허가하고 목표 수준에 도달하면 입장을 제한한다. 산림유전자원보호림인 점봉산 곰배령과 한라산 국립공원은 선착순 탐방예약제를 운영한다.
3. 미리 이용 신청을 받고 추첨으로 방문자를 선정한다. 국립공원 대피소와 자연휴양림은 성수기에 예약제와 추첨제를 병행한다.
4. 일부 코스를 폐쇄한다.
5. 이용 수준이 q^*가 되도록 입장료를 높인다.

휴양지의 혼잡을 통제하는 데 다양한 수단이 있지만 효율성과 공평성에서 시사하는 바가 다르다. 앞의 세 방법은 가격에 의하지 않는 방법이다. 그러한 방법을 채용하는 것은 일부 유권자들의 압력을 받기 때문이다. 그들은 대체로 '모든 국민은 공평하게 이용할 수 있어야 한다', '국립공원은 모든 사람에게 열려 있다'라는 형평성 실현을 명분으로 내세운다. 또, 그러한 이용에 세금을 지원했으며, 무엇보다 입장료를 받는 것이 저소득자에게 불리하다고 주장한다.

가격에 의하지 않는 이용 제한은 수입을 확보하는 데 어려움이 생긴다. 공원의 관리비용을 다른 데에서, 예를 들어 세금으로 조달해야 한다. 그렇게 되면 일부 사람들은 공원을 거의 방문하지 않음에도 공원관리의 비용을 부담하게 된다. 공원이 제공하는 비이용 가치를 많은 사람들에게 충분히 제공한다면 그것도 정당화될 수 있다.

그러나 추첨 또는 선착순의 방법은 휴양 자원의 가치를 최대로 창출하는 데 효과적이지 못하다. 왜냐하면 휴양 자원 이용에 지불의사가 높은 사람들이 자원을 이용하도록 보장하지 못하기 때문이다. 혼잡으로 초래되는 휴양지의 질적 저하를 막을 수는 있다.

가격에 의한 이용 제한

입장료를 이용한 이용 제한은 스키장과 같은 민간 사업에서 일반적으로 채용하는 방법이지만, 공영 공원시설에서는 보통 적용하지 않는다. 공원 조성은 시장 밖의 활동이라 여겼다. 그러나 이러한 시각은 달라졌다. 우선 공원의 관리비용을 확보하는 데 입장료가 효과적인 방법이라는 것을 알게 되었다. 또 하나는 생태관광이 지역 활성화에 기여할 수 있다는 인식이 확산된 것이다. 그리고 민간의 휴양 서비스 시장이 성장하여 입장료가 중요하기 때문이다.

산림청이 운영하는 국립자연휴양림은 이용료를 받지만 시설 관리비에도 크게 미치지 못한다. 운영비의 대부분을 국가 예산에서 조달한다. 이는 또다른 문제를 가져오는데 근처의 사유림 자연휴양림의 경영을 위협한다는 점이다. 사유림 자연휴양림 경영자의 원성이 높다. 그러나 국립자연휴양림의 이용료를 인상하는 것도 쉽지 않은데 이는 정치적 이유이다.

가격설정과 총수입

이용료를 도입하는 것은 수입을 올리기 위함이다. 이 때문에 가격과 수입의 관계성을 밝힐 필요가 있다. 가격 인상은 수요량을 감소시키고 가격 인하는 수요량을 상승시킨다. 가격 변화가 수요량을 어느 정도 변화시키는가에 따라 수입은 증가하거나 감소한다. 총수입(TR)은 가격(P)×수요량(Q)이므로 이를 가격으로 미분해 보자.

$$\frac{dTR}{dP}=\frac{d(P\cdot Q)}{dP}=Q+\frac{dQ}{dP}\cdot P=Q\left(1+\frac{dQ}{dP}\cdot\frac{P}{Q}\right)=Q(1+E_p)$$

가격이 변화할 때 총수입은 증가할까 감소할까. 이것은 수요의 가격탄력성(E_P)에 따른다. $E_P = -1$이라면 가격 변화율과 수요량 변화율이 같다는 것이다. 가격이 달라져도 총수입은 달라지지 않는다. 한편 만일 수요곡선이 비탄력적이면 수요량 변화는 가격 변화보다 적으므로 가격을 올리면 총수입은 상승하고 가격을 내리면 총수입은 감소한다. 수요곡선이 탄력적이면 이와 반대이다.

그러나 총수입을 최대화하는 것이 국립공원과 국립자연휴양림, 기타 보호지역에서 적절한 것은 아니다. 효율성은 사회적 순편익의 최대화를 의미하는데, 순편익을 최대화시키는 비용 부담이 총수입을 최대화시킨다고 할 수는 없다. 그 괴리의 하나는 사회적 효율성을 결정할 때 환경비용을 포함하는 것에서 비롯될 수 있다. 특히 이용자의 지불의사액이 환경의 질과 강하게 상관된다면, 즉 환경에 미치는 악영향이 개인의 수요곡선에 강한 영향을 미친다면 그 악영향은 수입 감소에 충분히 반영된다. 다만 이용자가 모든 생태적 교란에 민감하게 반응하는 것은 아니기 때문에 지불의사액이 공원의 생태적 상황을 정확히 반영하지 않을 수도 있다.

또 하나 중요한 요인은, 공원과 보호지역은 일반적으로 시스템으로서 존재한다는 것이다. 정부가 여러 개의 국립공원과 국유림을 통일된 방법으로 관리하려는 것처럼 지자체도 여러 공원을 통일된 방법으로 관리하려 한다. 어떤 지자체는 공립 자연휴양림의 이용료를 낮추어 방문객을 늘리고 방문객이 지역농산물 구입에 지출하도록 유도하고자 한다. 이러한 경우 각 휴양림이 독립적으로 총수입을 최대화하려 노력하는 것은 적절하지 않을 수도 있다. 여러 휴양지의 이용 요금은 수요의 상호관계를 고려하여 통일된 방법으로 결정해야 한다.

다단계의 가격설정

현실 사회는 위의 모델보다 복잡하다. 지불의사액에 영향을 미치는 요소가 모든 사람에 공통되지는 않는다. 이 때문에 효율성 혹은 공평성의 관점에서 다른 이용자에게 다른 가격을 부여할 수 있다. 다음을 생각해 보자.

- 어떤 캠핑지에서 방문객의 지불의사액은 평일보다 주말에 높은 경우가 많다. 평일과 주말에 다른 가격을 징수하는 것은 효율적이고 공평한가?

- 같은 산림에서 다른 활동을 하는 이용자들이 있다. 어떤 사람들은 암벽을 오르거나 긴 거리의 종주산행을 즐기고, 어떤 사람들은 가벼운 산보를 하고 싶어 한다. 두 그룹에 다른 비용을 부과하는 것은 효율적이고 공평한가?
- 비슷한 특성을 가진 공원이 두 개 있다. 하나는 도시 가까운 곳에 있고 또 하나는 먼 곳에 있다. 각 공원에서 입장료를 달리 부과하는 것은 효율적이고 공평한가?

<그림 9.3>은 어떤 산림공원의 이용 행태에 따라 두 타입의 이용자가 존재하는 상황을 나타낸다. 각 이용자 그룹의 수요곡선을 D_A과 D_B라고 하자. B그룹의 수요곡선의 기울기가 더 급하다. 가격이 달라져도 이용량의 변화가 적은 비탄력적 수요 특성을 보여준다. 예를 들면 암벽 등반처럼 이용 장소가 한정되는 경우이다. A그룹은 가볍게 소풍을 즐기는 사람들이어서 가격이 오르면 쉽게 다른 곳으로 가 버린다. 이 산림공원의 집계 수요곡선 D_T는 D_A과 D_B를 수평으로 더한 것이다.

MC는 한계비용곡선인데, 수평으로 그린 것은 서비스 제공 비용이 모든 이용자에게 동일하다고 가정하기 때문이다. 이용자 수가 늘어도 혼잡의 문제는 없다고 가정한다. 사회 전체의 효율성은 집계된 한계지불의사액이 한계비용과 일치하는 것이다. 두 그룹 모두에게 한계비용과 일치하는 가격($MC=p$)을 부과할 수 있다. 합계의 이용자 일수는 q_T이고 각 그룹의

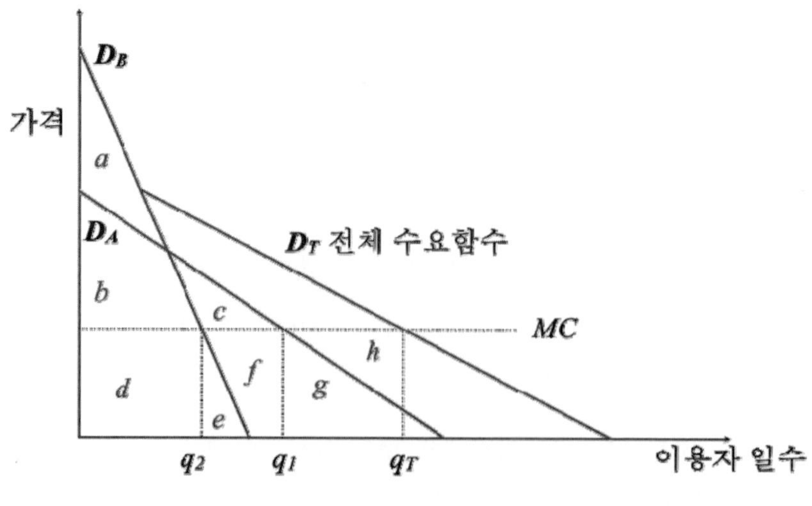

그림 9.3 두 형태의 이용자가 존재하는 경우 효율적 가격 설정

이용자 일수는 q_1과 q_2이다. 총수입은 총비용($d+e+f+g+h$)과 같은데, 총비용에서 A그룹은 $d+e+f$를지불하고 B그룹은 d를 지불한다. A그룹이 누리는 순편익은 $b+c$이고 B그룹의 순편익은 $a+b$이다. 두 이용자 그룹에 같은 가격을 부과하였을 때 순편익의 합계는 최대가 된다.

가격을 차별하는 경우는 어떻게 될까? 예를 들어 A이용자에 1만 원, B이용자에 5천 원을 부과하는 것이다. 이는 A이용자는 방문에 1만 원의 가치를 부여하고 B이용자는 5천 원의 가치를 부여하는 것을 의미한다. 전자를 입장시키고 후자를 입장시키지 않는 것은 사회적으로 효율적이지 않다. 이 때문에 한계비용이 같다면 다른 이용요금을 부과하는 것이 효율성 관점에서 정당화되지 않는다.

만일 두 집단에서 서비스 제공의 한계비용이 다르다면 다른 가격을 징수할 필요가 있다. 각 그룹에 $p=MC$를 달리 설정하면 이 결과를 얻을 수 있다. 특히 더 높은 한계비용을 발생시키는 그룹에 더 높은 가격을 받아야 한다. 암벽 등반과 종주 산행같은 익스트림 스포츠 이용자 그룹에서 대피소 운영과 구조대 대기 등 관리비용이 높은 상황을 생각할 수 있다.

비용 차이가 생기는 사례로서 시간에 따라 혼잡이 다른 경우가 있다. 많은 공원에서는 캠핑지 수 등의 시설, 혹은 혼잡의 외부효과가 생기기 시작하는 이용 수준에서 방문자 수를 제한한다. 단순한 사례로서 <그림 9.4>에서 q_0로 나타낸 일정 수의 캠핑지가 있는 캠프장을 생각해 보자. 이를 제공하기 위한 한계비용은 매우 낮고 MC라고 가정한다. 두 개의 수요곡선 D_A과 D_B가 존재하는데, A는 평일 이용자, B는 주말 이용자이다. 아무래도 주말 이용자는 같은 이용 수준에서 더 높은 지불의사를 가질 것이다. 이 사례에서 효율성을 달성하는 데 두 개의 가격이 필요하다. 평일 기간에는 $p=MC$로 설정한다. 이 경우 평일 방문은 q_1이다. 이 가격은 주말에 적용되지 않는다. 주말에는 이 가격의 수요량이 공원의 수용력을 초과하기 때문이다(즉 $q_2 > q_0$).

의회 또는 주민의 압력을 받아 평일 요금을 주말에도 적용한다고 해 보자. 텐트 칠 곳을 찾지 못한 사람들이 여기저기 서성일 수도 있다. 자리 다툼이 발생할 수도 있다. 이용을 제한할 필요가 있다. 즉 가격 $p_1(=MC)$을 주말에 설정하면 주말을 즐겁게 보낼 수 있다는 보장이 없다. 일찍 와서 줄을 서야 할 것이다. 어쩌면 웃돈을 주거나 뒷거래가 생길지도

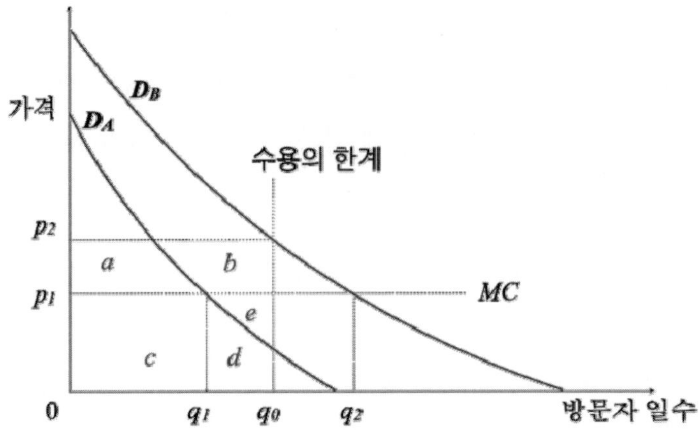

그림 9.4 공원 수요에 대응한 가격 설정

모른다. 이렇게 되지 않으려면 $p_1 = MC$를 평일에 적용하고 주말에는 p_2를 적용해야 한다.

비용과 수입의 관점에서 생각해 보자. 주말에 총비용은 $c+d+e$와 같고 입장료 수입은 $a+b+c+d+e$와 같다. $a+b$의 이익을 얻을 수 있다. 이것은 또 문제가 될 수 있다. 만일 공원운영이 비영리라고 해 보자. 이익이 발생하면 곤란하다. 두 가지 방법이 있다. 하나는 주말에도 p_1의 가격을 적용하면서 가격에 의하지 않는 이용 제한을 병용하는 것이다. 또 하나는 이익에 걸맞게 관리비용을 증대시키는 것이다. 이 방법은 필요한 수준 이상으로 공원을 관리하기 때문에 본래 필요하지 않는 비용을 사용하는 것이다.

고정 운영비용을 확보하기 위한 비용분담

앞에서 방문자가 몇 명이든 한계비용(MC) 곡선은 모두 같았다. 새로운 이용자가 들어오면 모두 같은 비용이 추가로 발생하고 이용자 수에 따라 총비용이 선형으로 증가한다는 것이다. 이 가정은 현실적이지 않다. 공원의 관리비용은 보통 어느 정도 고정적이다. 최소한의 직원을 두어야 하고 일부 고정비용이 필요하지만 방문자 수에 따라 자유롭게 조정하지 못한다. 혼잡한 상황에 이르는 경우가 아니라면 추가 이용자를 받아들이는 한계비용은 거의 0에 가깝다.

한계비용이 0인 사례를 생각해 보자. 효율성의 관점에서 가격은 한계비용과 같아야 하므로 입장료는 0원이 된다. 이 경우 공원의 수입도 0원이다. 공원관리자는 운영비용을 조달할 수 없다. 어떻게 해야 할까. 이 상황에는 2단계 가격 설정이 유효하다. 이용요금을 2개 부분으로 분해한다. 하나는 현재의 한계 방문비용에 기초한 부분이고, 또 하나는 이용자가 희망하는 시기에 희망횟수만큼 이용할 수 있는 권리를 부여하는 1회의 시즌 지불 부분이다. 이러한 연간 입장권의 가격은 고정 운영비용을 조달하도록 설정된다. 1년에 한번만 방문하는 이용자에게 두 가격은 1회 지불에 포함되고 여러 차례 방문하는 경우만 두 가격이 구별된다.

참고문헌

김선희. (2005). “관광지의 적정 수용력 산정과 관리 방안 연구-광릉지역을 사례로.” 대한지리학회지 40(3): 321~334.

김성일. (2017). 공원휴양학. 서울대학교출판문화원.

한국갤럽조사연구소. (2021). “마켓70 2021 (3) 아웃도어 활동, 실내외 운동 경험률-코로나 19 전후 비교.” <gallup.co.kr>

Fields, B.C. (2008). Natural Resource Economics: An Introduction. Waveland Pr Inc.

Zhang, D. & P. Pearse. (2011). Forest Economics. UBC Press.

제 10 장

산림정책의 경제학

정책은 정부가 사회 문제를 해결하거나 어떤 목표를 달성하기 위하여 결정한 행동 방침 또는 지침인데, 법령, 사업, 사업계획, 결정 등의 형태로 표현된다. 한편, 민주적 절차에 따라 결정된 정책은 사람들이 행정기관을 통해 취하는 집단행동이라 할 수도 있다.

이러한 행동은 산림을 비롯한 자연자원을 이용하는 조건을 만든다. 정책 결정은 단순히 기술적인 실행가능성뿐만 아니라 정치 과정도 크게 관계한다. 물론 비용과 편익을 포함하지만 마찬가지로 정치 이념과 전략도 포함한다. 예를 들어 어떤 사람들은 사유림의 경영에도 국가가 강하게 개입(보조 또는 규제)할 것을 주장하고, 어떤 사람들은 소유자와 시장에 맡겨야 한다고 주장한다. 이러한 생각의 차이가 산림정책을 둘러싸고 격렬한 논쟁을 가져온다.

산림정책은 대개 '임업 진흥'이라는 목표와 '산림의 공익기능 증진'이라는 목표 사이에서 균형점을 찾는 과정이기도 하다. 사유림 관리는 소유자에게 맡기면서 동시에 사회적으로 바람직한 생태계 서비스를 생산해야 한다. 산림정책은 산림자원 이용의 효율성을 증진하는 데 초점을 두면서도 동시에 공익기능의 유지·증진을 위해 산림자원 이용에 강한 규제를 둔다. 또, 농산촌의 인구감소가 사회적 과제가 되어 임업진흥은 형평성 측면에서도 중요하다.

이 장은 다양한 산림정책의 유형과 목적, 정책 수단, 정책 효과 분석을 위한 개념과 분석 틀을 다룬다. 그리고 시장경제에서 중요하게 여겨지는 재산권과 관련된 몇 가지 이슈를 다루는데, 코즈의 정리, 국유림, 공유자원의 관리 등이다.

정책의 목적

사회적 문제에 최선으로 대응하기 위해 정책이 어떠해야 하는가를 생각할 때 정책의 목적을 잘 이해하는 것이 중요하다. 달리 말하면 다양한 정책의 유효성을 판단하기 위해 어떤 기준을 사용해야 하는가 생각해야 한다. 정책을 둘러싼 논쟁은 다양한 이유로 벌어지지만 정책 목표에 합의가 도출되지 않거나 목표가 명확하지 않은 것이 큰 이유이기도 하다. 정책의 목적을 이해하려면 효율성과 형평성이 중요하다.

효율성

효율성이란 사회구성원의 순편익을 최대화하는 것인데, 최소의 비용으로 최대의 효과를 구한다는 경제 행위의 원칙이다. 효율성은 정책 목표로서도 타당하다. 다만 이것이 어떤 금전적 수익을 최대화해야 한다는 의미는 아니다. 핵심은 비시장 편익을 포함하여 모든 편익을 다룬다는 데 있다.

효율성을 목표로 공공정책을 추진하는 것에 큰 이견은 없다. 그러나 산림자원 이용에서 효율성 추구는 논란을 부르기도 한다. 그것은 사람들이 각자 가치를 부여하는 산림의 기능이 다르기 때문이다. 사적재라면 문제되지 않는다. 그러나 공공재의 경우 어떤 특정 수준에서 생산되고 그것이 모두에게 같게 공급된다. 그 수준을 어떻게 결정할까, 이를 둘러싸고 의견 대립이 생긴다. 또, 효율적 수준이 달성된 것을 어떻게 확인할 수 있을까. 효율적이라 판단하는 데 정보·지식의 질과 양이 다르면 정책 판단도 달라진다.

우리나라는 대규모 재정사업을 시행하기 전에 그 사업의 예비타당성을 평가하도록 한다.[45] 또, 새롭게 보조사업을 개발할 때는 사전 적격성 심사를 거치도록 한다.[46] 이는 정책의 경제적 효율성을 평가하는 것이다.

45) 1999년 도입된 예비타당성조사는 국고지원을 수반하는 총사업비 500억 원 이상의 공공개발사업을 대상으로 경제적·정책적 타당성을 검증하며, KDI가 담당한다.

46) 국고보조금 규모가 100억 원 이상의 신규보조사업을 대상으로 하는데, 대개의 보조사업이 일단 도입되면 그 성과를 평가하여 폐지하는 것이 매우 어렵기 때문이다.

형평성

형평성은 편향됨없이 공평하다는 것인데, 사회 정의에 비추어 판단하는 규범적 기준이다. 이는 편익과 비용을 어떻게 사회구성원에 배분할 것인가의 문제이다. 어느 지역에 노령림 자원이 있다고 하자. 효율성 관점에서 그 숲을 즉각 수확하는 것이 필요할 수도 있다. 국가 전체에서 보면 일부 노령림을 손실하는 것이 사소한 문제일 수도 있다. 그러나 그 지역 주민들이나 환경보호주의자는 그것을 심각하게 받아들일 수도 있다.

산림정책에서 중요 이슈의 하나는 보호와 개발 사이의 갈등이다. 어느 지역에 대규모 산림이 있다고 하자. 국가 전체로 보아 이 산림을 보호하는 것이 효율적일 수도 있다. 그러나 이들 자원에 생계를 의존하는 지역주민 입장에서 공평하지 않을 수 있다. 백두대간 보호의 사례를 생각해 보라.

산림정책은 편익과 비용의 배분에서 이해당사자들 사이에 차이가 있는 것이 큰 특징이다. 흔히 보는 사례는 (1)편익은 전체 국민이 누리는데 비용은 지역에 한정하는 경우, (2)편익은 지역에 한정되고 비용은 폭넓게 발생하는 경우이다. 야생동물 서식지 보전을 위해 어느 산림을 보호구역으로 지정하면 편익은 모든 국민이 누리지만 비용은 산림소유자 개인에 집중된다. 국립공원으로 편입된 사유림의 경우도 그러하다.

형평성 문제에서 또 하나 중요한 것은 소득이 다른 사람들에게 어떻게 편익과 비용을 배분할 것인가의 문제이다. 시장에서 저소득층 사람들의 기호와 선호가 잘 나타나지 않기 때문이다. 세대간 형평을 고려하는 것도 중요하다. 현재 세대와 미래 세대, 그리고 먼 미래 세대 사이의 형평이다. 미래 세대는 자신의 의사를 표현할 수 없는데, 현 세대 사람들이 모두 자신의 후생에만 관심을 갖는다면 세상은 지속되지 못하고 멸망할 것이다. 특히 산림은 한번 훼손되면 원래 상태를 회복하는 데 오랜 시간이 소요된다. 현 세대의 과다한 이용은 미래 세대의 이용에 영향을 미친다. 이는 지속가능성의 문제이다.

유연성

정책을 평가할 때 변화하는 상황에 얼마나 잘 대응할 수 있는가도 중요하다. 상황의 변화는 크게 두 가지 방향에서 나타난다. 하나는 수요 측면의 변화이고, 또 하나는 공급 측면의 변화이다. 수요 측면의 예로서, 최근 산림보호에 대한 사람들의 관심이 크게 높아진 것을 들 수 있다. 산림휴양 수요도 크게 증가하였다. 목재공급을 중요하게 여기던 시대에 맞는 정책을, 생태계 보호를 강조하는 시대에 적용하는 것은 현명하지 않다. 공급 측면의 예로서, 임업의 경제 환경 변화를 들 수 있다. 목재가격이 비싸고 인건비가 낮은 시대의 임업 방식이 목재 가격이 낮아지고 인건비가 높아진 시대에는 적절하지 않을 것이다.

실행가능성

정책은 이익단체와 업계가 대립하고 충돌하는 정치 프로세스를 거치면서 만들어진다. 대립하는 이해를 절묘하게 조화시키는 것보다 대충 타협하고 절충하는 경우도 있다. 그리하여 법의 실행가능성을 살피지 않고 단지 도덕적 상징으로서 법제화하는 경우도 있다. 비용이 너무 많이 들어 집행할 수 없는 법률도 있다. 정당성이 있고 자원이 충분하다면 집행할 수 있다고 생각할 수도 있지만 현실 사회에서 결코 그렇지 않다. 집행의 자원은 항상 부족하다. 그렇기 때문에 실행가능성은 중요한 판단기준이다.

공공정책의 종류

정책은 국민들의 개인 행동을 어떻게 하면 사회적으로도 바람직한 상황에 도달하도록 이끌 수 있을까의 문제이다. 그 방법은 크게 두 가지이다. 하나는 인센티브 시스템을 통해 개인 이익의 최대화가 사회적인 이익의 최대화에 부합하도록 설계하는 것이다. 시장 혹은 소유권 정책, 세금과 보조금 등의 정책 수단이 있다. 또 다른 방법은 규제를 설정하여 사람들의 행동을 제한하거나 정부가 직접 생산과 배분을 실행하는 것이다.

물론 정부는 여러 정책 수단을 조합하여 집행한다. 예를 들면 임목수확에 대한 직접 규제를 보조금 또는 조세 감면과 조합할 수 있고, 소유권 설정은 산지이용 구분과 조합할 수 있다. 이러한 조합의 형태는 매우 다양하다.

사적소유권

자연자원의 많은 문제는 자원에 접근하는 권리가 불충분하게 혹은 부적절하게 설정된 것에서 기인하는 바가 크다. 재화의 법적 소유자가 존재하지 않기 때문에 발생하는 문제들이다.[47] 맑은 공기와 국가안보의 가치를 부정하는 사람은 없지만, 거기에 가격을 매겨 이득을 취할 권리를 가진 사람도 없다.

산림자원 관리에서 사회적 효율성의 본질은 사회의 순편익을 최대화하도록 산림을 이용하는 것이다. 소유권을 이용한 접근은 민간 토지소유자가 자신의 사익을 최대화하는 것이 공익 최대화에 기여하도록 자원의 권리를 명확히 정의하는 것이다. 효율적인 자원 이용이 되려면 소유권이 완전하게 설정되어야 한다. 완전한 소유권의 중요한 특징은 다음과 같다(Fields, 2008).

첫째, 배타적일 것. 자원을 소유하고 이용하는 데 발생하는 모든 편익과 비용이 소유주에게 귀속되어야 한다. 소유자 또는 이용권자가 가치를 최대화하는 방법을 스스로 찾아내는 인센티브를 어떤 형태로든 제한해서는 안된다는 것이다. 예를 들어 국유림관리소에서 지역주민에게 국유림 이용권리를 1년으로 제한한다고 하자. 권리를 가진 사람은 임지의 생산성 증대를 위해 장기 투자를 하려 하지 않을 것이다.

현실에서 모든 소유권은 어느 정도 불완전하다. 국유림을 임대하여 산림작물을 재배하는 사람들이 거기에 식당을 영업할 권리를 갖고 있지 않다. 물론 이러한 제한은 공익에 기여한다고 볼 수 있다. 그러나 이러한 제한이 이용자의 창의성을 억제하는 경우도 있다.

둘째, 이전 가능할 것. 모든 소유권은 자발적 거래를 통해 다른 사람에게 이전될 수 있어야 한다. 예를 들어 어느 임가가 국유림 일부를 임차하여 산림작물을 재배한다고 하자. 장기간 이용할 수 있지만 양도할 수 없다. 이 토지는 사실상 매물이 되지 않으므로 토지의 시장가치를 최대화할 인센티브가 감소한다.

자연자원의 양도를 제한하는 것은 어느 시대에나 존재하였다. 특히 농지에서 그러하다. 우리나라는 헌법으로 경자유전의 원칙을 천명하고 농업인 이외의 농지거래를 규제한다. 그

---

47) 존 레논은 'Imagine'에서 소유가 없으면 탐욕과 굶주림도 없을 것이라 노래했지만 세상은 그의 생각대로 움직이지 않는다. 사실 그는 고급주택가의 대저택에 살았다.

이유는 사회적인 이유 때문이다. 토지가 유일한 생산적 자산일 때 효율성 혹은 공평성의 이유가 존재해도 그 자산이 비농업인의 손에 넘어가는 상황을 보고 싶지 않을 것이다.

셋째, 강제력을 가질 것. 강제력이란 소유자가 합리적인 비용으로 침입자를 배제할 수 있는가, 소유자가 자신의 재산을 위법하게 사용하지 않도록 강제할 수 있는가이다. 먼저, 무단 이용을 물리적으로 막을 수 있어야 하는데, 경계를 확정하고 울타리를 사용할 수 있어야 한다. 그리고 경계를 사법당국이 인정해야 한다.

합법적으로 오픈 액세스가 되면 권력자 또는 폭력세력이 외부인을 배제하여 본질적으로 사유화된다. 한편 법적으로 특정 개인과 그룹이 소유한 재산이라도 오픈 액세스의 영향을 받는 경우가 많다. 토지를 불법으로 점거하거나 이용하는 사람들을 쫓아내는 비용이 그 사람들을 쫓아내어 얻는 이익보다 큰 경우이다. 산림에서 임산물의 무단 채취를 차단하는 것은 매우 어렵다. 또, 많은 국가에서 산림벌채를 규제하는 법을 두고 있지만, 이를 강제하지 못하는 경우가 많다.[48] 감시 비용이 너무 높아 이를 강제할 수 없다면 규제는 효력을 갖지 못하고 완전한 소유권을 행사하기 어렵다.

넷째, 시장이 존재할 것. 어느 임가가 자신이 소유한 산림에서 약한 벌채와 소규모 복합경영을 하고 있다고 하자. 한편 이 곳은 생물다양성이 풍부한 장소라고 하자. 산림을 농지나 택지로 전환하면 생물다양성 보호 기능은 감소한다. 만일 이들 생물다양성의 가치만큼 수입을 얻을 수 있는 시장이 있다면 이 수입은 토지가격에 반영된다. 그것은 토지 전용의 기회비용으로서 기능한다. 그러나 이러한 시장이 존재하지 않으면 토지가격에 생물다양성의 가치는 반영되지 않는다.

소유권은 효율성과 밀접한 관계에 있지만 배분과 공평성에서도 중요하다. 만일 오픈 액세스의 산림에 입산을 제한한다면, 지역주민들 특히 소득이 낮은 사람들은 쫓겨날 수도 있다. 자연자원 문제에서 소유권에 기초한 해결책을 강구하면 대개 배분에서 중대한 귀결을 가져온다. 구 사회주의 국가의 체제전환 과정에서 자연자원을 사유화하였는데, 좋은 배경을 가진 소수 사람들에게 돌아갔다.

우리나라에서 산림의 소유가 확립된 것은 일제시대이다. 조선시대 왕실은 백성들과 산림

48) 세계적으로 불법벌채한 목재와 그것으로 제조한 목재제품이 수백만 달러의 시장을 형성한다.

을 공유한다고 하였지만(山林川澤與民共之) 실제는 무주공산(無主空山)이었다. 1910년 일제(日帝)는 우리나라 산림에 임적조사를 실시하였다. 임적조사는 산림의 소유권을 조사한 것인데, 크게 국유림, 사유림, 주인없는 산림 등으로 구분하였다. 일제는 주인없는 산림으로 분류된 산림을 일단 국유화한 다음 불요존(不要存) 국유림을 민간에 이양하였다. 그냥 넘긴 것이 아니라 조림대부제를 실시하였는데, 국유림을 대부하여 조림에 성공한 자에게 그 임목은 물론 토지까지 무상으로 양여하는 제도이다. 일제의 정책은 우리 산림에 소유권을 부과하여 산림녹화를 추진하려는 것이었다. 그 결과 무립목지에 조림이 늘어나면서 산림률이 증가하였다. 이와 관련하여 이우연(2010)과 배재수(2000, 2002)를 참조바란다.

세금

산림에 대한 과세는 여러 형태를 취하는데 무엇을 과세기반으로 하느냐에 따라 다르다. 일반적인 과세 기반은 토지, 입목, 수확, 재산권이다. 세금은 아니지만 임업에서 나타나는 부담금이 있는데, 산림에서 재산권의 취득 또는 갱신에 부과하는 형태로서, 예를 들면 라이센스와 리스의 요금이다. 이것 외에도 우리나라에는 산지를 개발할 때 부담해야 하는 산지전용부담금(대체산림자원조성비)이 있다. 각각은 산림경영에 어떤 형태로든 경제적 영향을 미친다. 산림분야에서 흔한 조세의 종류는 <표 10.1>과 같이 분류하였다.

표 10.1 산림자원에서 과세의 일반 형태

과세기반	형 태	내 용
토지	토지세	토지가치 또는 산림생산성에 대한 비율, 또는 면적당 고정세. 연간 과세
	토지 지대	보통 임의적. 연간 과세
입목	입목세	입목가치에 대한 비율. 연간 과세
토지와 임목	공통 재산세	토지와 입목에 대한 부가세의 조합. 연간 과세
수확	로열티, 채굴세, 벌채요금	수확량에 따라 정해진 금액, 보통 임의적 수확량과 제품에 따라
	수확세	수확판매액에 대한 비율
	입목대금	경쟁입찰 또는 감정, 수확 또는 일시불에 따라
권리	토지임대, 라이센스 요금, 행정비용	다소 임의적, 일시불 또는 연간 요금

자료: Zhang & Pearse (2011)

이러한 과세의 형태, 금액 결정방법, 평가방법 등은 나라마다 다르다. 가장 흔한 정부 조세는 재산세, 소득세, 소비세, 양도소득세, 상속세, 수출세와 수입 관세 등이다. 재산세는 부동산에 부과되고 소비세는 동산에 부과된다. 소득세는 개인과 법인의 소득에 부과되고 양도소득세는 장기 자본투자에서 발생한 수입에 적용된다. 사유림 소유자가 임지를 다른 사람에게 임대하였다면 임목을 판매할 때 입목대금을, 헌팅 리스 요금과 같은 요금을 부과할 수 있다.

임지와 임목은 부동산이므로 재산세에서 시작한다. 산림 재산세는 토지와 임목에 동시에 과세되지만 이들을 구분할 필요가 있다. 토지에 대한 조세를 생각할 때 나대지(임목없는)의 가치에 대한 과세를 의미하는지 또는 자본화된 토지 가치에 대한 과세(임목 포함)를 의미하는지 살펴야 한다.

외부불경제와 환경세

어떤 재화 생산과 함께 오염물질이 발생하는 경우를 생각해 보자. 정부는 아직 어떤 규제를 취하지 않고 생산자는 자유롭게 매연과 폐수를 방출한다. 생산자는 생산비용을 계산하고 제품이 소비자의 수요에 따라 어느 정도 팔릴까를 감안하여 생산계획을 세운다. 문제는 생산에 따라 오염물질을 배출하여 시민의 건강 피해와 자연훼손을 가져오는 것이다. 이른바 사회적 비용의 발생이다. 시장을 경유하지 않고 피해를 가져오므로 외부불경제가 발생하는 상태이다.

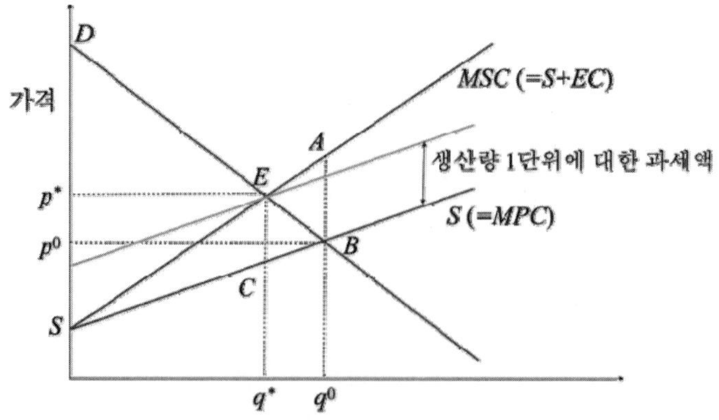

그림 10.1 외부불경제의 발생과 환경세

<그림 10.1>를 보자. 생산자의 공급곡선(S)은 생산에 소요되는 사적 비용을 나타내므로 사적 비용곡선이라 한다. 이 곡선은 생산자가 생산량을 한 단위 늘리는 경우에 소요되는 비용이므로 사적한계비용(MPC)이라고 표현한다. 생산을 하면 오염이 나타나는데, 생산량 증가에 따라 그 정도가 심해진다고 가정한다. 이것을 사회적 한계비용(MSC)이라고 표현한다.

오염이라는 사회적 비용이 발생하지만, 그에 대한 대책은 요구되지 않으므로 생산자의 사적 비용에 반영되지 않는다. 이 때문에 생산자의 사적 한계비용곡선과 수요곡선이 교차하는 $B(q^0, p^0)$에서 가격과 생산량이 결정된다. 소비자잉여는 DBp_0, 생산자잉여는 SBp_0이다. 사회적 잉여는 이를 합한 SBD일까. 문제는 사회적 비용이다. 생산량 q_0에서 SBA만큼 사회적 손실이 나타난다. 따라서 생산량 q_0에서 사회적 잉여는 $SBD-SBA$이다.

여기에서 사회적 비용을 내부화해 보자. 세금을 부과한다. 우선 사회적 한계비용곡선과 수요곡선이 만나는 E를 통과하여 사적 한계비용곡선과 평행한 선을 긋는다. 이는 균형가격 p^*에서 사적 한계비용과 사회적 한계비용의 차액인 EC만큼 과세하여 생산량 1단위당으로 부과하는 것을 의미한다. 세금이 부과되면 생산자는 자신들이 초래했지만 전에는 부담하지 않던 외부비용을 이제는 직접 부담해야 하기 때문에 생산량을 결정할 때 오염의 외부비용을 고려한다.

여기에서 소비자잉여는 DEp^*, 생산자잉여는 $SCEp^*$이다. 생산자잉여에서 과세부분은 최종적으로 정부에 가지만 생산자에 포함하여 생각한다. 다만, SCE는 사회적 손실로서 외부비용이므로 그만큼을 빼면 최종의 사회적 잉여는 SED이다. 이와 같이 세금을 통해 시장의 성과를 개선하는 것을 외부효과의 내부화(internalizing an externality)라고 표현한다.

외부불경제를 바로잡기 위해 고안된 세금을 교정적 조세(corrective tax)라고 한다. 또는

표 10.2 환경세의 효과

	환경세 부과 이전	환경세 부과 이후
균형	$B(q^0,\ p^0)$	$E(q^*,\ p^*)$
소비자잉여	DBp_0	DEp^*
생산자잉여	SBp_0	$SCEp^*$ (과세 포함)
사회적 손실	SBA	SCE
총잉여	$SED-ABE$	SED

제창자 아서 피구(A.C. Pigou)의 이름을 따서 피구세(Pigouvian tax)라고도 한다. 사적 비용에 사회적 비용을 더한 비용곡선과 수요곡선이 만나는 곳의 균형가격과 생산량이 사회적 잉여를 최대화한다는 사고이다.

이상은 외부불경제가 발생하는 경우 과세를 통해 조정하는 방안을 검토한 것이다. 긍정적 외부효과가 발생하지만 사회적 필요보다 생산이 적을 때 보조금을 지급하는 방식으로 외부효과를 내부화할 수 있다. 이 경우의 후생효과를 검토해 보라.

생산비 보조

산림은 공익기능을 발휘하여 외부경제를 발생하므로 임업에 보조금을 주어 사회적 한계비용에 맞는 크기까지 사적 한계비용을 낮추어 사회적 최적 공급을 달성해야 한다고 한다. 이것이 정부가 임업 활동에 보조금을 지급하는 주요 근거이다.

생산비 보조는 정부가 조림·육림비용을 일부 또는 전액 보조하는 것이다. <그림 10.2>은 정부의 생산비 보조정책으로 한계생산비용이 절감되어 공급곡선이 아랫쪽으로 이동하는 것을 보여준다. 공급곡선이 S_1으로 이동하면 가격은 p_0에서 p_1으로 하락하고 생산량은 q_0에서 q_1으로 증가한다.

생산비 보조의 경제적 효과는 <표 10.3>과 같다. 생산비 보조 정책으로 발생하는 정부지

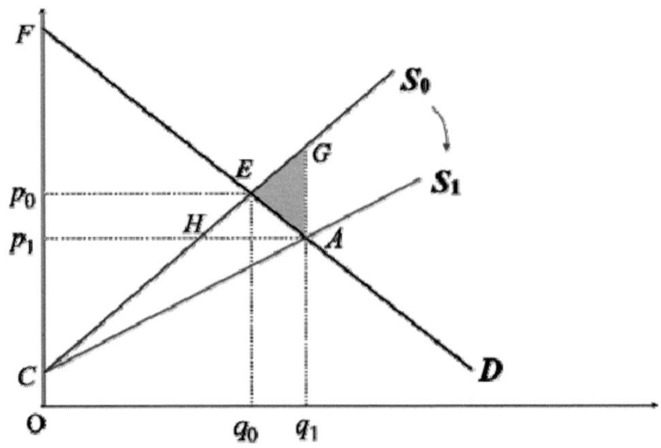

그림 10.2 생산비 보조

표 10.3 생산비 보조의 효과

	보조 이전	보조 이후	증감
소비자잉여	FEp_0	FAp_1	p_1p_0EA
생산자잉여	CEp_0	CAp_1	$CHA-p_1p_0EH$
납세자 잉여	-	$-CGA$	$-CGA$
총잉여	CEF	$CAF-CGA$	$-AGE$

출은 CGA이며, 사회적 총잉여는 AGE만큼 감소한다. 생산비 보조는 생산자 잉여를 낮출 수도 있는데, 가격에 비탄력적일 때 그러하다.

우리나라 임업에서 생산비 보조 비율은 매우 높다. 이것은 몇가지 문제를 가져오는데, 생산자들 또는 사업자들이 생산비를 절감할 인센티브를 거의 갖지 않는다. 비용의 대부분을 보조받기 때문이다. 또, 보조금 신청 절차의 편리성을 고려하여 사유림의 조림·육림을 산림조합 또는 산림법인 등이 하청을 받아 신청하는 경우가 많다. 이 때문에 산림경영에서 산림소유자들의 책임과 주도권이 크게 약화되었다.

직접지불제

직접지불제는 정부가 농림업 생산자에게 면적당 일정액을 지원하는 소득보조정책이다. WTO체제는 시장가격지지 정책을 제한하기 때문에 그 대신으로 생산자의 소득 감소를 보상하는 차원에서 직접지불정책의 비중을 확대하는 추세이다.

<그림 10.3>은 직접지불을 통한 농림가 소득 지지의 효과를 보여준다. 정책 개입이 없다

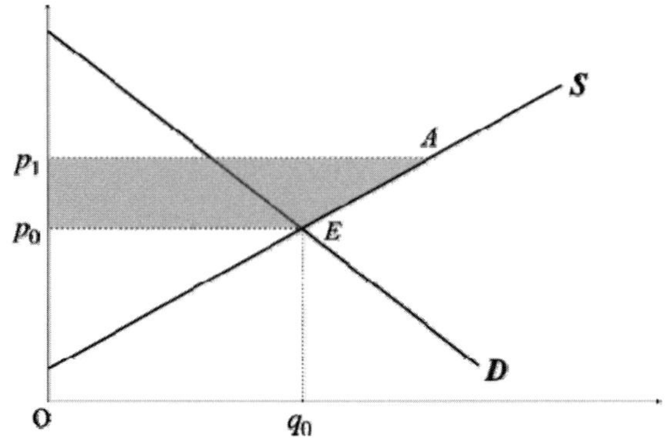

그림 10.3 직접지불제

면 수요와 공급은 $(q_0,\ p_0)$에서 균형을 이룬다. 여기에서 정부가 p_0p_1AE만큼을 생산자에게 직접 지불하고 시장에 개입하지 않는다고 하자. 그러면 시장균형은 달라지지 않는다. 즉 생산과 소비에 영향을 미치지 않는 것이다. 납세자에게서 생산자에게 소득을 이전한 것이기 때문에 납세자 잉여가 줄고 생산자 잉여가 늘어나며 사회적 잉여는 변화하지 않는다.

WTO 협정문은 이처럼 생산과 연계되지 않는 순수 직접지불제도를 허용대상정책(Green Box)으로 분류한다. 다만, 막대한 재정이 뒷받침되어야 한다는 점, 높은 행정비용이 소요된다는 점, 다른 부문과 형평성 문제가 제기될 수 있다는 점도 고려해야 한다.

공익형 직불제

공익형 직불제는 어떤가? 공익형 직불제는 공익을 위해 수행한 것에 대한 대가라는 의미를 포함한다. 임업은 다양한 공익기능을 제공하고 그 공익기능의 가치가 막대하기 때문에 산주에게 그 대가를 지불한다는 의미이다. 이것을 PES(Payment for Environmental Service)라고도 한다. 그러나 어떤 공익기능은 방치된 산림에서도 창출된다. 공기정화기능이나 경관 등이 여기에 해당한다.

그렇다면 자연이 창출한 공익기능, 방치한 산림이 제공하는 공익기능에도 지불해야 하는가 아니면 인위적 기여에만 지불해야 하는가를 검토해야 한다. 또, 이미 생산비에 대한 보조율이 매우 높은데 산림소유자의 기여는 어느 정도인가 검토해야 한다. 이하 脇本(2005)에 따라 설명한다.

<그림 10.4>은 세로축을 금액(편익 또는 비용), 가로축을 임가의 산림자원 관리 수준으로 한다. 산림의 관리수준을 높이면 그로 인해 창출되는 공익기능도 늘어날 것이다. 곡선 MC는 산림자원의 관리 수준을 높일 때 임가들이 부담하는 한계비용인데, 산림자원 관리 수준을 한 단위 높일 때 부담하는 비용이다. 곡선 MB는 산림자원 관리 수준을 향상시켜 발휘되는 공익기능의 한계편익인데, 공익기능의 증가량을 화폐가치로 나타낸 것이다.

O는 산림이 전혀 없는 상태이다. L_1는 산림자원 관리의 시작점인데, 임업 활동을 하지 않고 방치하는 상태이다. L_1의 왼쪽은 마이너스의 산림자원 관리, 즉 각종 개발과 조림 포기 등으로 자연상태보다 산림훼손이 진행된 상태를 나타낸다. 현재의 산림 관리 수준을

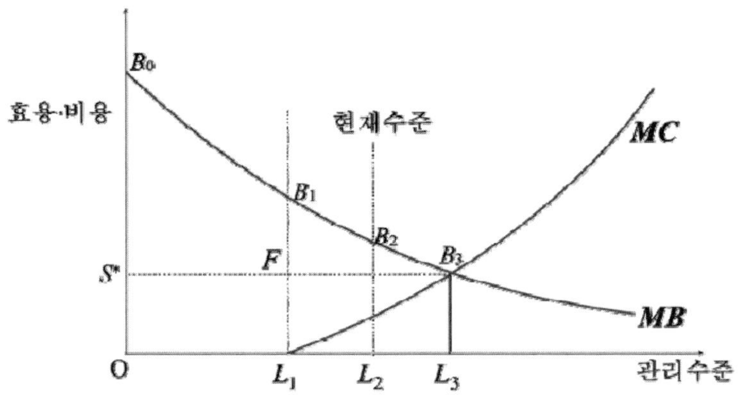

그림 10.4 산림관리 수준과 공익적 가치

L_2라고 하면 이 기능에 관한 외부효과의 가치는 $B_0OL_2B_2$이고, 산림자원 관리에 의한 외부경제효과의 증가분은 $B_1L_1L_2B_2$로 나타낸다.

또, 이 공익기능에 대해서 사회적으로 최적인 산림자원 관리 수준은 한계비용곡선 MC와 한계편익곡선 MB가 교차하는 L_3이다. 산림자원 관리를 이 수준으로 유도하기 위해 한 단위의 산림자원관리에 대한 보조금 수준 S^*를 채용하면 된다. 임가가 합리적으로 행동할 때 산림자원관리의 추가비용보다 보조금이 크다면 산림자원 관리수준을 향상시키고, 관리비용과 보조금이 같아지는 지점에서 추가의 산림자원관리를 멈추기 때문이다. 이 경우 환경보조금 총액은 $FL_1L_3B_3$가 된다. 또, 산주의 비용부담액은 $L_1L_3B_3$가 된다.

직접 규제

산림의 지나친 이용을 억제하는 가장 직접적 방법은 특정 행위를 못하게 하거나 의무화하는 것이다. 명령과 통제(command and control)라고 한다. 예를 들면 임목을 수확할 때 허가를 받도록 하거나 친환경벌채의 규제를 법제화하여 강제 수단(감시원과 경찰 등)으로 준수시키는 것이다. 산림의 이용 상황에 따라 다양한 종류의 규제를 이용한다. 몇가지 예를 들면 다음과 같다.

- 임업용 보전임지를 설정하고 그곳에서 임업외 이용을 제한한다.
- 벌기령을 법으로 규정하여 그 이하에서 임목수확을 금지한다.
- 일정 면적 이상의 임목 수확량을 제한한다.
- 임목을 수확할 때 지자체에 신고하고 허가를 받아야 한다.
- 임야에서 화장실 딸린 건물을 지을 수 없다.
- 국립공원의 입장객 수를 제한하거나, 일정 기간 입산을 금지한다.

명령과 통제는 단순하고 직관적이다. <그림 10.5>를 보자. 시장의 임목 수요와 공급을 나타내며 아무런 규제가 없다면 임목공급량은 q^m이다. 그런데 생산자들이 고려하지 않는 외부성이 있다고 하자. 예를 들어 임목벌채로 발생하는 생태적 비용이다. 산림당국이 조사하여 사회적 비용곡선이 MSC이고 사회적으로 효율적인 생산수준은 q^*라고 판단할 수 있다면 최대 허용 벌채량은 q^*이다라는 규제를 설정할 수 있다.

이러한 직접규제가 효율적이려면 규제 당국이 그 배후의 비용과 수익을 충분히 이해하여야 한다. 시장에서 고려하지 않는 생태적 비용만이 아니라 생산자의 사적 비용과 시장의 수요를 정확히 알아야 한다. 만일 q^*가 전체 생산량의 상한이라면 기업마다 생산량을 할당해야 할 것이다. 그렇게 하려면 정부가 해당 산업의 특성과 관련 기술을 잘 알아야 한다. 그러나 이러한 정보를 쉽게 얻을 수 없는 경우가 많다. 그러한 정보는 대개 규제 대상의 기업에 요청해야 하는데, 그 기업들이 정직하게 보고할 것인가 확신할 수 없다.

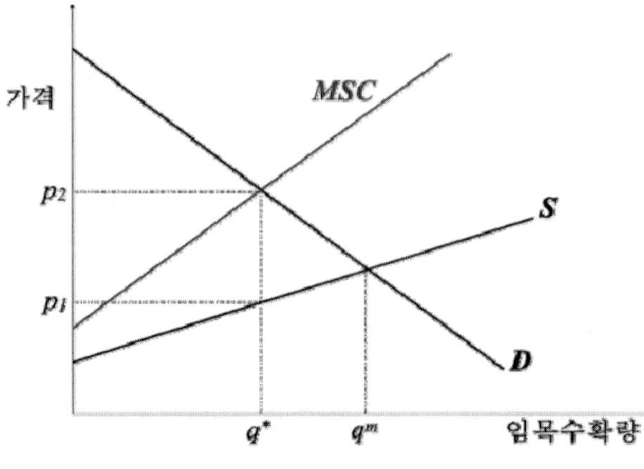

그림 10.5 직접 규제

명령과 통제 방식은 집행에도 문제가 있다. q^*까지 생산량을 규제한다고 하자. 이 상황에서 시장가격은 p_2인데 생산비용은 p_1이다. 만일 어떤 업체가 제도의 허점을 이용하여 생산량을 증가시키는 방법을 찾았다면 그 업체는 그 단위에서 $p_2 - p_1$의 이익을 얻을 수 있다. 규제를 지키지 않을 인센티브가 작동할 수 있다. 규제가 강할수록 이 인센티브는 커진다. 그렇다고 이러한 규제가 정당화되지 않는 것은 아니다. 직접 규제는 공공정책에서 우선 검토하는 방법이다. 그러나 집행과정 부분을 간과하기 쉽다.

정부의 직접 생산

정부 또는 공공기관이 산림서비스를 직접 제공하거나 또는 임산물을 직접 생산하는 사례를 흔히 볼 수 있다. 국유림은 임목을 생산하기도 하고 자연휴양림을 운영하여 산림휴양서비스를 제공한다. 국공립공원도 그러한 방법으로 운영된다.

산림자원이 사회적으로 효율적으로 사용된다면 공적 소유에서 굳이 사유로 바꿀 필요는 없다. 다만 시장에서 거래되지 않는 비용과 편익, 그리고 모든 외부 비용과 외부 편익을 반영한다는 것이 전제이다. 그러나 공공기관은 대개 사회적 효율성을 담보하지 못한다.

공공기관의 수입은 대개 국가의 세입으로 들어간다. 지출도 정부의 예산 배정에 의존한다. 문제는 공공기관이 사회적으로 효율적인 생산량을 달성하기 위해 이러한 관계를 이해하고 밸런스를 취할 수 있는가이다. 그렇게 되는 경우도 있고 그렇지 않은 경우도 있다.

산림자원 이용에서 정부의 직접 생산은 일정 조건에서 민간의 이용을 허가하는 형태를 취하는 경우가 많다. 국유림의 임목 생산은 민간 원목생산업자에게 임목수확의 권리를 매각하는 방식이다.

이러한 형태의 이용은 논란을 부른다. 흔히 비판받는 것은 국유림 임목자원의 판매가격이 공정한 시장가격 또는 생산원가보다 낮다는 것이다. 그럼에도 목재기업은 시장가격보다 높다고 이의를 제기한다. 국공립 자연휴양림은 적자 경영을 하면서도 근처의 사립 자연휴양림보다 낮은 이용료를 받는다. 또, 국유림 관리자는 산림자원 이용에서 목재생산보다 공익기능 생산을 우선하라는 압력을 받는다. 특히 지역사회는 임목수확에서 비롯하는 환경문제에 관심이 높다.

정부는 어떤 재화 또는 서비스의 직접 생산을 시작하면서 민간 시장이 성장할 때까지 마중물 역할을 할 것이라고 한다. 이러한 경우 대개 민간 부문의 참여는 제한적이고 그 산업은 발전하지 못한다. 공공사업과 경쟁할 수 없기 때문에 민간 부문이 선뜻 투자하지 않는다.

정부의 개입과 정부 실패

지금까지 산림자원 관리를 위해 정부가 취할 수 있는 수단을 살펴보았다. 경제학자의 주장은 산림의 이용 수준이 판매자와 구매자의 상호작용으로 정해지도록 소유권을 확립하고 시장의 법제도를 정비하라는 것이다. 다른 편에는 공공기관이 직접 생산하는 방법이 있다. 그리고 여러 수단을 조합하여 다양한 종류의 정책개입이 있다.

정부가 다양한 정책개입을 공공연히 실행하는 것은 완전한 소유권 확립과 시장 메카니즘이 사회적으로 공평하고 효율적인 결과를 가져오지 않기 때문이다. 이를 '시장의 실패'라고 한다. 시장의 실패는 외부효과와 공공재, 현 세대의 근시안적인(myopic) 판단 등과 관계한다. 이러한 문제가 존재하면 시장은 효율적으로 기능하지 않고 정책개입이 필요하다.

시장이 더 효율적으로 작동하도록 하기 위해 또는 공공의 이익에 가깝게 수행하도록 만들기 위해 시장에 개입하는 것은 정부의 주요 역할이지만 시장 실패를 바로잡는 것은 결코 쉬운 일이 아니다. 행정 관리에 비용이 발생하고 민간의 조정과 준수에도 비용이 발생한다. 그렇기 때문에 시장 실패가 존재한다고 해서 정부 개입이 정당화되는 것은 아니다. 정부가 개입하여 얻는 사회적 편익이 그 비용을 초과하는지 따져야 한다. 정부의 개입이 자원 배분의 효율성과 소득 분배의 바람직한 수준을 달성하는 데 실패하면 '정부 실패(government failure)' 또는 '정책 실패(policy failure)'라고 한다. 이는 다양한 형태로 나타나는데, 몇 가지 예를 들면 다음과 같다.

- 상황을 개선하려는 것이 오히려 상황을 악화시키는 역의 인센티브를 낳는 규제를 만든다.
- 규제를 충분히 강제할 수 없음에도 규제를 법제화한다.

- 효율성의 명목으로 규제를 실시하지만 실제 재분배의 결과를 가져온다. 즉 어느 집단이 사용하던 자원자원의 이용권을 다른 집단에 재배치하는 형태가 된다.
- 시장의 실패를 바로잡는 명목으로 규제를 실시하지만 실제는 특정 집단의 기득권을 보호하는 것이기도 하다.
- 정부가 파악하지 못한 정보를 필요하게 되는 법률과 규제를 실시하려고 한다.

때로는 시장 실패를 수정하기 위해 채용한 정책이 다른 곳에서 새로운 비효율성을 초래할 수 있다. 이럴 때는 차라리 시장 실패를 묵과하는 것이 나을 수도 있다. 예를 들어 어느 분야에서 두 개의 시장 실패 요소를 발견했을 때 둘 다 해결하지 못하더라도 그중의 하나를 해결하면 차선이 될 것으로 생각하지만 사실은 그렇지 않다. 오히려 두 개의 시장 불완전성이 서로 상쇄하게 두는 것이 어느 하나를 고치려고 노력하는 것보다 나을 수도 있다는 것이다. 이를 차선의 이론(theory of second-best)이라 한다.

예를 들어 독점 광산업체를 생각해 보자. 광석을 채굴하면서 폐기물이 발생하고 환경을 오염시킨다. 여기에는 두 개의 시장 실패가 있는데, 독점과 외부불경제이다. 정부가 경쟁을 원한다면 독점을 깨야 한다. 그렇게 만들어진 경쟁시장은 독점시장보다 생산량을 증대시키겠지만 오염 발생도 증대하며 상황은 더 악화될 것이다.

의도가 무엇이든 정부의 개입이 언제나 올바르거나 효과적인 것은 아니다.[49] 정부도 완전한 정보를 갖고 있지 못하며 실수를 하고 비효율적으로 움직이며, 사회경제적 환경 변화에 신속히 대응하지 못한다. 어떤 사안에 대처하기 위해 정책을 개발하고 입법화하고 예산을 배정하는 데 상당한 시간이 소요된다. 정책이 집행되는 시점에 이미 그 사안은 더이상 중요하지 않을 수도 있고, 정책이 유효하지 않을 수도 있다. 그 결과 의도한 대로 상황을 개선하지 못하고, 또는 대안 대책보다 덜 효과적이고, 또는 예상치 못한 부작용을 초래한다. 정부의 개입이 나쁘게 설계되고 잘못 실행되면 시장의 힘보다 훨씬 더 잘못된 자원 배분을 초래한다. 예를 들어 쌀 농업을 유지하기 위해 막대한 보조금을 지급하는데 그 결과는 쌀의 과잉생산에 의한 쌀 가격 하락과 막대한 저장 비용의 부담이다. 뿐만 아니라 다른 작물을 재배하는 농업인에게 가야할 보조금 예산을 깎는다.

49) 최성락(2020)은 선의의 정부 규제가 의도치 않은 결과를 가져오는 사례를 다수 보여준다.

이상적인 정책이란 이론에 따르고 예상 결과를 숙지하고 항상 공익을 위해 노력하는 청렴결백의 공무원이 실시하는 정책이다. 그러나 현실은 그렇지 않다. 공무원도 여론의 관심이 어디에 있는가 독자의 견해를 가진다. 그들의 견해는 불완전한 것이 많고 그들도 편향된 정보에서 일한다. 이 때문에 현실의 정책은 이론과 다른 결과를 가져온다.

정부가 언제나 공공의 이익을 우선하여 움직이는 것은 아니다. 민주적 거버넌스의 표준 이론은 공익 이론(public interest theory)인데, 정부는 언제나 국민 전체의 이익을 위해 사회후생함수의 최대화를 추구하며, 정책 실패는 단지 정직한 실수라는 것이다. 또 다른 관점은 이익집단 이론(interest group theory)이다. 스티글러(G. Stigler)는 기업과 이해관계 집단이 정부를 '포획(capture)'하여 자원을 자신에게 유리하게 재배분하기 위해 행동하며 공공의 이익은 대체로 이들 집단의 이익때문에 희생된다고 본다. 이익집단의 이러한 노력을 지대추구(rent seeking)라고 한다.[50] 우리는 정치가 말없는 다수보다 지대를 추구하는 소수의 이익집단에 좌우되는 것을 자주 본다.[51] 뷰캐넌(J. Buchanan) 등 공공선택 이론가들은 정치인이든 관료든 자신의 이익을 위해 행동한다고 보며, 관료들은 조직의 이해를 우선하여 조직과 예산 확대를 추구한다는 것이다. 공무원들이 규제 완화에 소극적 자세를 보이거나 어떤 사업을 추진할 때 기대효과 이상으로 과다한 예산을 편성하는 사례를 자주 본다. 또, 정치인과 관료들은 이해관계자 사이에 갈등이 심하거나 골치아픈 문제를 나중으로 미루는 태도를 보이기도 한다(not in my term of office). 이러한 관료주의 속성으로 정부 실패가 발생할 수도 있다.

시장의 단점이라고 지적되는 것들이 시장의 불완전성에서 유래하는 것이 아니라 오히려 제도적 실패, 예를 들면 잘못 정의된 재산권, 비효율적인 법·제도, 불합리한 규제, 빈약한 거버넌스에 기인하는 경우가 많다는 것도 알아두어야 한다. 제도는 인간의 상호작용을 조직하고 이끄는 사회의 규칙과 제약이다. 잘못 설계된 제도 또는 약한 강제력은 인센티브를 왜곡하고 생산자와 소비자의 행동을 왜곡하며 경제 성과를 약화시킨다. 산림자원 관리에서

50) 원래 지대는 토지의 임대료를 의미하지만 경제학에서는 공급이 제한된 상황에서 공급자가 얻는 이익을 뜻한다. 지대 추구란 이익집단이 로비, 소송 등 비생산적 활동을 통해 자본을 늘리는 행위를 의미한다. 즉 특정 집단이나 경제 주체가 독점권이나 특권을 얻기 위해 정부를 이용하고 이를 통해 이익을 취하는 행위를 포함한다.

51) 이익집단이 부도덕하다거나 다수의 이익을 무시한다는 것은 아니다. 이익단체의 활동은 사회 발전에서 자연스럽다. 그들의 활동이 없다면 국민의 의사를 모르는 채 정책을 만들게 될 것이다.

정부는 민원이 요구하는 모든 문제를 해결하겠다고 직접 나서기 보다 시장의 불완전성에 대응하는 역할을 수행해야 한다. 이를 위해 문제의 원인이 어디에 있는가를 잘 파악해야 한다.

불완전하게 기능할 수밖에 없는 시장 시스템에서 초래되는 결과를 완전한 형태로 설계되어 실행되는 정책의 결과와 비교하는 것은 옳지 않다. 오히려 불완전한 시장과 동시에 불완전한 정책을 비교해야 한다. 시장이 왜 효율적으로 기능하지 않는가를 찾아내어 해결하는 편이 정책을 강제 집행하는 것보다 더 효과적인 경우가 많다. 물론 그 반대가 옳은 경우도 많다.

재산권과 경제적 효율성

시장이 제 역할을 할 수 있으려면 정부가 법을 잘 집행하고, 시장경제의 기본이 되는 제도를 잘 관리해야 한다. 특히 중요한 것은 개인이 자원을 소유하고 통제할 수 있도록 재산권을 보장하는 장치이다. 농업인이 자기 수확물이 도둑맞을 것이라 예상한다면 성실하게 농사를 지을 리 없다. 불법복제가 성행하여 무료로 영화를 보는 사람이 아주 많아지면 영화사는 영화를 만들지 않을 것이다. 정부가 법 집행을 통해 우리가 생산한 물건에 대한 권리를 보장해 줄 것이라 믿기 때문에 자유로운 경제활동을 할 수 있다.

누가 숲을 소유하는가, 누가 숲을 이용하는가, 누가 숲을 관리할 것인가, 누가 숲에서 편익을 얻는가, 이는 산림정책에서 매우 중요한 문제들이다. 모든 사회는 나름의 재산권 제도를 가지고 있지만 그 제도가 반드시 같은 것은 아니다. 제산권 제도는 그 나라의 역사·문화적 배경에 따라 다르게 구축된다. 그 차이가 산림자원 이용에 미치는 영향을 파악하는 것도 중요한 과제이다.

재산권

보통 재산을 생각할 때 토지와 건물 등 유형의 자산을 떠올린다. 그러나 법률가들은 재산을 권리의 묶음으로 생각한다. 그것이 제공하는 편익을 누리는 권리, 다른 사람에게 팔 수 있는 권리, 다른 사람의 이용을 배제하는 권리 등이다. 재산권은 권리 소유자가 특정 재화 또는 자산의 편익을 누릴 수 있는 범위를 정한다.

임지, 목재, 기타 산림자원에 대한 권리는 다양한 형태로 나타난다. 우리나라 사유림은 개인의 재산이지만 정부 규제의 제약을 받는다. 자신의 산림이어도 집을 짓고자 하면 정부의 전용허가를 받아야 하고 대체산림자원조성비를 납부해야 한다. 어떤 산림은 정부가 소유한다. 그러나 정부가 숲을 소유해도 기업과 개인이 임대(lease), 허가(permit), 이용권(licence) 등의 형태로 이용의 권리를 가지기도 한다. 사실 임지와 목재의 재산권에는 여러 형태가 있으며, 토지소유자, 차지자, 정부에 귀속하는 경제적 편익과 권리, 책임을 포함한다.

재산권은 공식·비공식 권리를 포함한다. 전자는 정부가 인정하고 보호하는 것이며 후자는 그렇지 않다. 선착순 기준으로, 관습에 따라, 또는 무력의 사용으로 비공식 재산권이 인정되는 경우도 더러 있다.

산림정책은 재산권에 관한 것이거나 또는 재산권을 다루거나 또는 적어도 재산권에 영향을 미친다. 분명 사유와 국유는 근본적으로 다른 재산권 제도이며, 민간이 국유림을 이용하고 관리하는 이용권 제도도 그러하다. 법과 규제는 국민의 산림이용을 통제함으로써 개인의 이해와 공공 이해를 조정하려고 노력한다. 또, 특정 이익집단에 편익을 주는 규제도 있다. 누구의 재산권을 확대하고 다른 사람의 어떤 권리를 제한함으로써 재산권을 조정한다. 세금공제, 보조금, 기술지원 등 정부의 인센티브 정책은 산림소유자의 재산권 가치를 증진시키고, 조세와 부담금은 반대의 효과를 가진다.

재산권과 가치

재산의 가치는 두 가지 요소에 의존한다. 하나는 재산권이 미치는 자원 또는 재화에 내재한 물리적·경제적 특성인데 이는 그 자원이 창출하는 경제적 편익이다. 또 하나는 재산권 소유자가 누릴 수 있는 편익의 범위이다. 어떤 자원에 재산권을 가졌어도 마음대로 권리를 행사할 수 없다면 그 재산의 가치는 그다지 높지 않을 것이다. 권리의 유효기간이 짧거나, 재산권을 자유로이 처분할 수 없거나, 또는 편익을 다른 사람과 공유해야 한다면 역시 그 재산의 가치는 낮아진다.

산림에 대한 재산권의 가치도 두 가지 요소에 의존한다. 첫째는 숲이 생산할 수 있는 임산물과 서비스의 가치로서 산림의 내재적 생산성이다. 지대 창출의 능력이다. 둘째는 권리 소유자가 누릴 수 있는 편익의 크기이다. 권리 소유자가 산림을 영원히 이용할 수 있다면 1~2년 이용할 수밖에 없는 경우보다 그 권리의 가치는 더 크다. 임지를 다양하게 이용할 수 있는 권리를 포함한다면 임목 수확만 할 수 있는 경우보다 그 권리는 더 큰 가치를 가진다. 예를 들어 개발의 여지가 있는 준보전임지의 가격은 개발의 여지가 낮은 보전임지의 가격보다 높다. 숲에서 얻는 편익에 별도의 세금이 부과되지 않는다면 그 권리의 가치는 더 크다.

경제학자들은 재산권을 매우 중요하게 생각하는데 그것이 소득분배뿐만 아니라 자원이용의 효율성을 지배하기 때문이다. 완전경쟁 시장체제에서 모든 생산요소는 사적으로 소유되고 재산권은 완전하다. 소유자들은 자기의 이익에 따라 최고의 보상을 가져오는 형태로 자원을 이용할 것이며 이는 사회 전체의 후생 증진에 기여한다. 같은 과정을 통해 생산요소의 소유는 소득 분배를 결정한다. 경제학자들은 모든 생산요소에서 보편적이고 완전한 재산권을 확립하면 시장 메커니즘을 통해 경제 생산의 최대 효율성을 보장한다고 주장한다.

거래비용과 코즈의 정리

재산권을 다룰 때 중요한 개념이 거래비용(transaction cost)이다. 거래비용은 재산권을 획득하고 지키고 다른 쪽으로 이전하는 데 소요되는 비용이다. 즉 시장에 참여하기 위해 드는 비용이다.

거래비용은 발생원을 기준으로 구분할 수 있다. 구매자 또는 판매자를 찾는 정보 비용도 거래비용의 일부이다. 임목을 판매할 때 검척하는 비용과 교섭하는 비용도 거래비용이다. 도난 방지를 위한 감시, 보호, 축출 비용도 모두 거래비용이다. 식품 구입에서 거래비용의 비중은 크지 않다. 그러나 임목 판매에서 거래비용의 비중은 상당히 크다. 임목의 절도 또는 불법벌채가 일어날 수 있는 곳이라면 숲을 지키는 비용도 상당할 것이다. 정부가 공정한 보상없이 산지를 수용할 수도 있다면 소유자에게 산림보호 비용은 엄청나게 높을 것이다.

이론적으로 완전한 경쟁시장은 거래비용이 없을 때 최대의 경제 효율성을 달성한다. 사실 거래비용이 없다면 최대의 경제 효율은 달성되는데 이는 재산권의 초기 배분 상태와 상관없다. 이것이 '코즈(Ronald Coase)의 정리'이다.

어느 강 근처에 제지공장이 있어 강을 오염시키고 주민들의 고기잡이를 감소시키는 경우를 가정해 보자. 생산량이 증가하면 오염 배출량도 증가할 것이다. 먼저 제지공장과 주민의 한계편익과 한계비용을 생각해 보자. <그림 10.6>에서 가로축은 제지공장의 생산량이다. MB 곡선은 제지공장의 한계편익을 나타낸다. 생산량이 증가하면서 추가되는 한계이윤은 감소한다. 한계비용곡선 MC는 주민에게 발생하는 피해이다. 생산량이 늘어나면 오염 배출로 생기는 추가 피해는 증가한다.

먼저, 주민이 먼저 살고 있어 기득권을 가지고 있다고 가정하자. 공장은 주민의 피해를 보상해야 한다. 초기에는 생산을 늘려서 얻는 제지공장의 추가 이윤이 주민의 추가 피해보다 크다. 제지공장은 주민의 피해를 보상할 의사가 있다. 산출 Q에서 제지공장의 추가 이윤과 주민의 추가 피해는 같아진다. 산출 Q에서 외부성의 비용은 한계비용곡선의 아래 면적(OEQ)으로 나타난다. 양측은 교섭하여 잉여한계편익 OAE을 나누는 방법에 관해 협정을 맺고 Q를 생산한다. Q를 넘어서면 MC는 MB보다 크다. 공장이 얻는 추가 이윤보다 주민의 추가 피해가 더 크다. Q이상의 수준에서 교섭은 합의되지 않는다. Q는 주민이 기득권을 가진 경우의 균형 생산량이다. 이는 가해자 책임의 원칙이다.

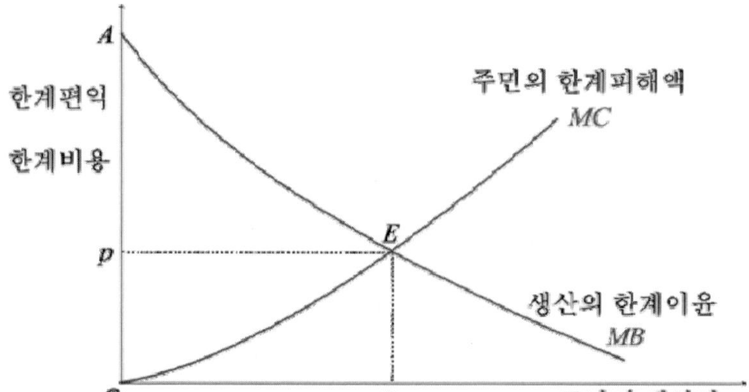

그림 10.6 코즈의 정리

이번에는 공장이 먼저 자리를 잡아 강에 폐수를 방류하였고, 주민이 나중에 전입해 왔다고 해 보자. 공장이 기득권을 가진다. 주민은 공장이 오염배출을 줄이도록 요구하려면 돈을 내야 한다. 피해자 책임의 원칙이다. *Q*에 이를 때까지 MB는 MC보다 크고 제지공장이 생산을 줄이도록 요구할 만한 금액을 주민이 부담할 수 없다. *Q*를 넘어서면 상황은 달라진다. 주민은 *Q*까지 오염배출을 줄이도록 요구할 의사가 있다. 제지공장은 보상을 받고 생산을 줄일 의사가 있다.

그러므로 권리를 어느 쪽에 부여하느냐는 편익과 비용의 배분만을 결정하며 효율적인 생산 수준은 항상 *Q*이다.

여기에서 중요한 점은 주민들이 기꺼이 논의에 참여하고 소송도 원활하게 진행한다는 가정이다. 주민들이 서로 만나기도 싫어하고 논의하는 것도 귀찮아한다면 어떻게 될까. 많은 서류를 만들어야 하고 논의에 긴 시간이 소요된다면 어떻게 될까. '거래비용'이 매우 큰 경우에 어떻게 될까 하는 것이다. 교섭이 진행되지 않는다.[52)]

코즈의 정리는 시장이 기능하기 위한 법적 규칙의 중요성을 깨닫게 해 주고, 그러한 형태에서 정부의 개입을 최소화할 수 있음을 보여준다. 이 정리가 성립하는 것은 외부불경제의 발생자 혹은 수용자가 모두 소수이고 정보를 공유하는 경우에 한정된다. 그러나 보통 거래비용과 교섭비용 등 합의에 이르는 비용은 상당히 높다. 또, 사례에서 보듯이 소득분배의 관점에서 큰 차이가 있다. 이는 형평성 또는 사회적 공정의 관점에서 문제가 될 수 있다. 따라서 시장의 기능이 작동할 때 사회의 법적 규칙을 제외하고 이 정리의 타당성을 논할 수 없다는 것에 유의해야 한다.

현실에서 이를 적용한 사례로 탄소배출권을 생각할 수 있다. 탄소배출의 권리를 기업에 나눠주어 소유권을 확립하고, 이를 자유롭게 거래하도록 하면 시장에서 저절로 적정 가격이 형성된다는 논리이다.

코즈의 정리와 정부의 역할

외부경제와 외부불경제가 존재할 때 시장이 실패하는 것은 각 경제주체가 다른 경제주체

52) 이를 연구하는 것이 법경제학이다.

에 미치는 영향을 고려하지 않고 자기 이득만을 기준으로 행동하기 때문에 사회 전체의 최적 귀결에 도달하지 않는다는 것이다. 외부경제의 영향이 소수 사람에 한정된다면 당사자들의 교섭을 통해 파레토 최적에 도달할 수 있을지도 모른다. 그러나 다수에 미치는 경우라면 거래비용이 매우 커지고 당사자 교섭에 맡겨둘 수 없을 것이다. 민간 주체들의 자발적 협상이 불가능할 때 정부가 일정한 역할을 할 수 있다. 정부의 제도적 기능 중 하나가 바로 집단행동(collective action)을 취하는 것이다.

공공재는 원래 다수의 수익자가 존재한다. 수익자가 다수이기 때문에 자발적 교섭으로 파레토 최적에 도달하기 어려우므로 정부가 직접 관여하여 최적 조건을 만족하도록 공급한다.

외부성의 경우는 주된 경제주체의 경제활동이 다른 경제주체에 나쁜(또는 좋은) 영향을 미치기 때문에 더 적게(또는 많게) 활동하도록 정부가 억제(또는 장려)할 필요가 있다. 그 수단에는 활동수준을 정하는 규제 방식과 보조금을 주는 경제적 유인 방식이 있다. 전자에는 임목수확 면적의 상한 설정을 예로 들 수 있다. 후자에는 외부불경제의 경우 세금을 부과하는 것인데, 이를 피구세(Pigouvian tax)라고 한다.

임업은 임목을 팔아 이익을 취하는 사적 경제행위이지만 나무를 키우면서 대기정화와 수원함양기능 등 생태계서비스 공급이라는 외부경제를 발휘한다. 그러나 임업의 수익성이 낮아서 산림소유자가 외부경제를 적정 수준으로 공급하지 않을 우려가 있다. 이 때문에 보조금을 지급하여 생산을 장려할 수도 있다. 또는 산림소유자가 산림을 관리하면서 사회적으로 필요한 외부경제를 고려하는 것은 당연하다고 생각할 수도 있다. 이에 미달하면 벌금을 부과할 수 있다. 외부경제의 권리가 누구에게 속하는가 관점에 따라 차이가 있다. 산림소유자의 소유로 볼 것인가, 그렇다면 이를 누리는 공중이 비용을 부담해야 한다. 그 편익에 상당하는 금액을 재정지출의 형태로 지불한다. 아니면 공중의 소유로 볼 것인가, 그렇다면 산림소유자가 이를 제공하지 않을 때 그 대가를 지불하게 한다. 우리나라 산림정책은 양면으로 정책을 취한다. 벌채허가제와 벌채 후 조림의무제 등의 직접 규제와 함께 각종 보조금과 직불금을 지급한다.

시장실패와 이를 수정하기 위해 어떤 정책을 취할 것인가. 이는 코즈의 정리에서 이야기한 권리의 귀속과 밀접히 관련된다. 권리의 귀속과 조정을 위한 규칙은 현실 사회에서 법률과 정치제도로 뒷받침된다.

국유림

산림의 국유는 동서양과 제3세계를 통틀어 널리 존재하는 산림의 소유형태이다. 다양한 공공기관뿐만 아니라 중앙정부, 광역지자체, 기초지자체가 임지를 소유한다. 임목생산을 목적으로 하는 경우가 많지만 특별한 공공 목적(공원, 그린벨트, 수원지, 학술림, 군사용 등)도 정부가 산림을 소유하는 목적에 해당한다. 사유재산권이 널리 확립된 서구 국가에서도 국가가 산림을 소유하는 경우가 농지와 기타 토지를 소유하는 경우보다 훨씬 많다.

국유림이 형성되는 과정은 나라마다 조금씩 다르다. 미국은 건국 이후 전쟁과 매수로 국토를 확대하지만, 초기 연방정부는 새롭게 확보한 영토를 민간에 불하하여 재원을 조달하였다. 그러나 19세기 후반에 진행된 대규모의 토지개간과 철도 부설 등은 미국 전역의 산림을 다 잡아먹을 듯 환경을 위협했다. 급기야 일부 토지의 민간 불하를 포기하고 국가가 직접 관리하기 위해 국유림을 창설하게 되었다. 자연을 지켜야 한다는 발상에서 시작한 것이다.

임지의 국유를 일부 유지하는 방향으로 전환할 때 세 가지를 고려한 것으로 보인다. 첫째는 예고된 위협이다. 동부 숲이 고갈되고 서부 숲의 개발을 시작할 때 목재부족에 대한 두려움이 생겼다. 숲이 토지 귀족과 개발업자의 손에 들어가면 그들은 숲을 아주 빨리 착취할 것이라고 보았다. 이 때문에 미국 국유림지의 87%가 서부에 편중되어 있다.

두번째는 재무 이익을 보호하는 것이다. 임목은 지역경제의 바탕이었고 나중에 가치가 오를 때를 대비하여 광대한 천연림을 유지해야 한다고 생각하였다. 민간 사업자들은 산림의 미래 가치를 제대로 판단하지 못한다고 보았다.

세번째는 산림의 공익 기능에 대한 공공의 이해를 강조하는 것이다. 산림의 공익적 가치는 국유를 통해 더 잘 보호할 수 있다는 것이다. 이러한 생각은 미국 국유림 경영에서 다목적 경영과 에코시스템 매니지먼트 패러다임을 만들었다. 국유림은 야외휴양, 가축 방목, 목재수확, 유역보호, 어류 및 야생동물 서식지를 포함하여 다양한 용도의 지속적 생산을 목적으로 한다. 미국 Forest Service는 'Caring for the Land and Serving People'를 모토로 한다.

초기 국유림의 경영 목적의 하나는 지속적인 목재 공급이었다. 미국 Forest Service의 초대 장관 핀쇼(G. Pinchot)는 목재생산으로 기관이 자급자족할 수 있다고 믿었지만 결국 그 생각을 포기했다. 2차 세계대전 이후 주택시장의 호황 그리고 민간 목재생산과 경쟁의 감소로 국유림의 목재판매는 크게 늘었다. 이후 수년간 국유림은 미국 목재공급량의 20~25%를 담당하였다. 그러나 1990년대 이후 국유림의 목재생산은 크게 감소하였으며 2011년 미국 목재 및 종이 제품의 2%를 공급하였다. 목재생산 감소에는 다양한 요인이 있는데, 법·제도의 변화, 소송을 포함한 시장의 변화가 큰 요인이다. 이는 국유림에서 생산된 재화와 서비스에 대한 상대적 가치가 달라졌음을 반영한다.

미국에서 국유림의 토지 소유권과 이용은 수년간 논쟁의 대상이었다. 국유림이 지니는 여러 공공 가치는 자주 충돌하며 이와 관련하여 많은 논란이 있었다. 대표적으로 어떻게 용도의 균형을 맞추고 우선순위를 정해야 하는지, 특별한 목적을 위해 해당 지역을 할당해야 하는지, 해야 한다면 그 장소는 어디여야 하는지, 그리고 언제 어떻게 토지와 자원 이용의 수수료를 징수하고 분배해야 하는지 등의 문제가 있었다.

일본에서 19세기 후반까지 임지의 소유권 개념은 확립되지 않았다. 메이지 유신(1868년)으로 탄생한 신정부는 근대국가 수립을 지향하는데, 봉건시대 막부와 영주, 사찰이 소유한 토지를 거두어 많은 토지를 획득하였다. 이후 관민유 구분을 통해 국가 소유의 토지를 확정하였다. 그리고 관림(官林)을 관리할 조직으로 산림과를 설치하였다.

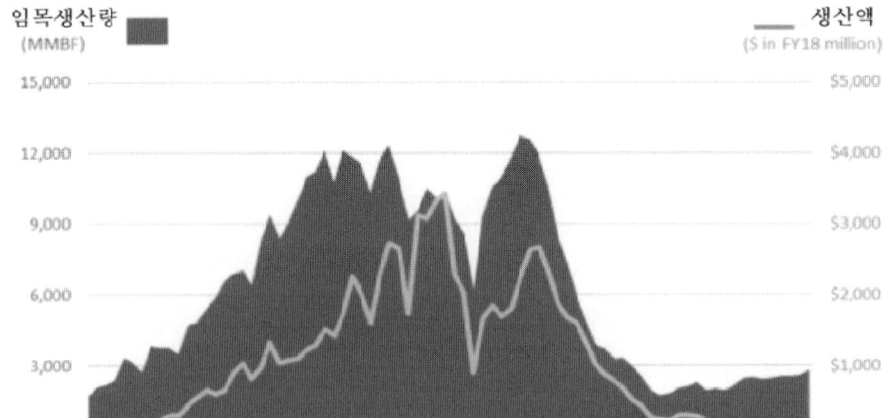

그림 10.7 미국 국유림의 목재생산 동향

자료: Riddle (2019)

1875년부터 목재생산을 시작하는데 그것은 산업을 진흥하고 정부 재정에 기여하는 것을 목적으로 하였다. 1897년 명칭을 국유림으로 하고, 시업안 편성 등 본격적 경영활동을 하였다. 전쟁과 패전, 전후 복구 등에서 국유림도 우여곡절을 겪는다. 전후 복구과정에서 목재가격이 폭등하면서 목재증산과 인공림 확대를 추진하였다. 1965년 목재수확량은 2천만m^3 이상이었다.

그러나 1970년대에 외재 수입이 늘어 목재가격이 하락하고 인건비 등의 경비도 계속 늘어 국유림 회계는 적자로 전락한다. 여러 가지 경영개선을 시도하지만 잘 진행되지 않았고 국유림 누적 채무는 1994년 3조 엔을 넘게 된다. 이후 국유림 경영의 중점을 목재생산에서 공익 기능으로 전환하고 특별회계를 폐지하고 일반회계로 운영하게 된다. 현재 국유림은 산림의 31%를 차지하지만 벌채활동은 많지 않고 기능별로도 공익림이 91%(2022년)를 차지한다.

우리나라에서 근대적 산림소유권은 일제 시대에 확립되었다. 일제는 1908년 삼림법을 제정하고 지적(地籍)신고를 하도록 하였다. 이때 기한내 신고하지 못한 산림 약 1,400만 정보를 국유화하였다. 이는 산림면적의 86.4%이다. 이후 조림대부처분, 연고산림의 민유전환, 원래 사유림임에도 신고치 않아 국유림으로 처분된 산림의 소유권 인정 등을 통해 국유림은 1941년 전체 산림면적의 32.9%로 감소하게 되었다. 이 가운데 17%가 남한에 있었다. 광복 이후 일제의 귀속임야 국유화, 조림대부에 의한 민유화 과정이 있었고, 1970년대 이후 국유림 확대 정책으로 약간 증가하여 현재에 이르렀다. 2020년 우리나라 국유림은 165만ha이고 산림면적의 26.2%를 차지한다.

우리나라 국유림은 다양한 수단을 통해 국유지를 민유화하면서 남은 산림으로 형성되었다. 접근성이 좋고 경제성이 있는 산림은 우선 민유화되었고 접근성이 좋지 않은 오지의 산림이 국유림으로 남게 되었다. 토지 이용의 조방한계를 넘어서는 임지가 많다. 국유림의 임상이 좋다는 것도 그만큼 자유접근체제에서도 이용하기 어려웠다는 뜻이기도 하다. 지금의 국유림이 대개 강원도 등 오지에 위치하고 임목축적이 사유림보다 높은 것도 그러한 이유 때문이다.

국유림의 존재 의의는 학계와 정치계에서 종종 논쟁이 된다. 경제이론은 사회적 이해가 시장의 힘보다 빠르게 또는 느리게 자원을 이용하는 데 있다는 것을 결정적으로 보여주지 않는다. 그리고 실증적으로 정부가 민간보다 더 잘 또는 더 나쁘게 숲을 관리하는 것을 보여주지 않는다. 서구에서도 국유림의 민유화가 거론되기도 하지만 아직 폭넓은 지지를 얻지 못한다.

국유림에서 임목은 실제 민간이 이용한다. 민간이 국유림 자원을 이용할 때 이용권에 여러가지 의무를 부과한다. 그러나 권리보유자가 사회 전체의 이익을 위해 자원을 이용하도록 유도하는 용익권(用益權, usufruct)[53]을 설계하는 것은 매우 어렵다. 임업에는 아주 긴 계획과 투자기간이 필요하고 이용자들이 매우 긴 시간의 권리를 가질 때만 자기 행동의 미래 비용과 편익에 반응할 것이기 때문이다. 게다가 다목적 이용, 공공재, 외부 영향이 폭넓게 존재한다. 이러할 때 주요 대안은 정부가 행위를 직접 규제하는 것이다.

자유접근체제와 '공유지의 비극'

공유자원은 재산권이 명확히 확립되어 있지 않기 때문에 누구나 마음대로 사용할 수 있는 자원을 말한다. 그러나 소비에 경합성이 있다. 어느 한 사람이 공유자원을 사용하면 다른 사람이 사용에 제한을 받는다. 누구나 마음대로 사용할 수 있기 때문에 과다소비로 고갈되는 현상이 나타난다. 소유자가 딱히 정해져 있지 않은 물고기, 지하수, 야생동물 등은 공유자원의 대표 사례이다.[54] 대기에 이산화탄소를 배출하는 것도 여기에 포함할 수 있다. 공중화장실, 해변 등에서도 이런 사례를 흔히 볼 수 있다. 대부분의 사람들은 누가 보지 않을 때 공동의 재산을 함부로 다루는 경향이 있다.

이 문제는 하딘(G. Hardin)의 논문, '공유지의 비극(Tragedy of Commons)'에서 처음 제기되었다. 하딘은 개인주의의 사리사욕은 결국 공동체 전체를 파국으로 몰아 간다고 말하면서 그 유명한 목초지의 예를 들었다. 누구나 자유롭게 이용할 수 있는 목초지가 있다.

---

53) 용익권은 타인의 소유물을 그 본체를 변경하지 않고 일정 기간 사용하여 이익을 얻는 물권을 말한다.

54) 공유자원은 개인이 아니라 마을과 같이 어느 집단에 소유권이 부여된 경우가 많은데, 그런 점에서 소유권이 아예 설정되지 않은 개방자원(open access)과 구별하기도 한다.

주민들은 공유지를 이용하여 자기 소를 키우고 그로부터 최대의 이익을 얻고자 할 것이다. 갑돌이는 생각한다. '내가 만약 소 한 마리를 더 키운다면 이득이 있을까?' 갑돌이가 추가로 키우는 소 한마리, 즉 공유지를 이용하여 얻는 수입은 온전히 갑돌이의 것이다. 그러나 소 한마리를 더 방목하여 발생하는 비용은 갑돌이 혼자가 아니라 다른 주민들과 분담하게 된다. 한계편익이 한계비용을 초과하므로 갑돌이는 더 많은 소를 공유지에 방목하려고 한다. 그런데 갑돌이만이 아니라 차돌이도 그렇게 생각하고 다른 사람들도 똑같이 생각한다. 공유지가 충분히 넓다면 문제되지 않는다. 인구가 늘어나고 더 많은 사람들이 경쟁적으로 소를 풀어놓으면 공유지는 결국 황폐해지고 말 것이다. 각자의 선택이 겉보기에 이익인 것 같지만, 결과적으로 모두에 손실을 가져온다. 공유지의 비극은 자유접근체제에서 비롯하며 비극을 막으려면 우선 자유접근체제를 해체해야 한다.

우리나라 산림도 공유자원으로서 비극을 겪은 역사가 있다. 조선 후기 인구가 급증하면서 더 많은 경작지와 건축용 목재, 취사·난방용 땔감이 필요했다. 이 때문에 '무주공산(無主空山)'이라는 말 그대로 주인 없는 산에서 수많은 나무가 베어졌다. 이러한 추세는 인구가 늘면서 가속화되었다. 농토를 갖지 못한 사람들은 산에 들어가 화전을 통해 농토를 만들었고 산림과 산지토양은 점점 황폐해졌다. 우리나라에 소나무가 특히 많은 것도 산지토양이 빈약한 것에도 원인이 있다.

그렇다면 공유자원은 이런 비극을 피할 수 없는가? 그렇지 않다. 몇가지 방법이 있다. 첫째, 정부가 법이나 제도를 만들어 개인의 이기심을 규제하는 것이다. 국가 주도의 접근이다. 공유자원의 이용 한도를 정한다든가, 일정 기간 이후에는 이용을 금지하는 방식이다. 예를 들어 미국에는 물고기와 야생동물의 남획을 억제하는 여러 법률이 있다. 낚시나 사냥을 하려면 면허를 받아야 한다. 또 작은 물고기는 잡아선 안되며, 잡을 수 있는 동물의 숫자를 제한한다. 그러나 정부 개입이 만병통치약은 아니다. 현실적으로 법 집행이 어려운 경우가 적지 않다. 광대한 산림을 가진 국가들에서 효과적인 감시와 집행체제를 갖추기 어렵다. 또 정부가 이 문제를 제대로 해결하지 못하면 정부실패로 연결되지 말라는 법도 없다.

둘째, 사유화하는 것이다. 시장 주도의 접근이다. 예를 들어 공유지를 주민들에게 분배하여 개인 재산으로 관리하게 하는 것이다. 이렇게 되면 공유지 남용의 피해가 자신에게 바로 돌아가니 자원을 아껴쓰게 된다. 보츠와나와 말라위 등에서는 코끼리 남획을 이 방법으로 해결했다. 부족별로 공유지를 할당하고 자기 토지에서만 사냥하도록 했다. 주민들은 '내 코끼리'가 되자 소중히 돌보았고, 멸종 위기까지 갔던 코끼리 숫자는 다시 늘어났다. 케냐와 탄자니아는 코끼리 사냥과 상아 거래를 금지했는데 잘 먹히지 않았다. 현실적으로 집행하기가 매우 어려웠기 때문이다. 사실 소나 닭이 멸종되리라 우려하는 사람은 없다. 상아의 가치는 코끼리 생존에 위협이 되지만 쇠고기의 가치는 소의 생존에 도움이 된다. 왜 그럴까? 소는 사유재산이기 때문이다. 그러나 모든 종류의 공유자원에 소유권을 설정할 수 있는 것은 아니므로 사유화도 완전한 대책은 아니다. 구 사회주의 국가의 체제 전환과정에서 국유재산이 특권계층으로 집중된 것을 볼 수 있는데, 후진 사회에서 공유지의 공정한 사유화가 사실상 가능하지 않다는 것을 보여준다.

우리나라 산림 회복의 직접적 계기가 된 것은 일제시대이다. 일제는 우리 산림자원에 소유권을 부과하여 공유지의 비극을 해결하려 하였다. 조선의 산림자원을 회복시키려는 본래 의도가 일본의 이익을 위한 것인지 여부는 차치하고 그러한 접근이 황폐해진 우리의 산림을 복원하는 데 기여한 것은 사실이다.

셋째, 지역공동체가 협의를 통해 자율적인 협약을 만들어 지키는 것이다. 미국 메인주 연안의 어민들이 그랬다. 1920년대 남획으로 바닷가재의 씨가 말랐다. 어민들은 바닷가재 통발을 놓는 규칙을 정하는 자율협약을 만들었다. 다른 어장과 달리 이 곳은 살아남을 수 있었다. 아프리카 니제르 남부의 부족들은 초지에 순번을 정해 돌아가며 이용하도록 하였다. 스위스 알프스의 마을도 16세기 초부터 공유 목초지를 성공적으로 운영해왔다. 조선 후기 사람들이 산림훼손을 막기 위해 사용한 방법도 자치기구의 결성인데, 송계(松契)가 그것이다.[55] 타지 사람이 마을 산림을 이용하는 것을 제한할 뿐만 아니라 자신들의 이용에도 일정한 규칙을 정하였다. 오늘날에도 경북의 송이산 주변에서 지역주민들이 송이산 이용의 규칙을 정해 둔 것을 볼 수 있다.

2009년 노벨 경제학상을 받은 오스트롬(Elinor Ostrom)은 공유지의 비극에 대한 해법으로 국가도 시장도 아닌 '제3의 길', 즉 공동체의 지혜를 제시했다.[56] 특정 자원에서 이해

---

55) 김흥순(2008)은 송계가 재지사족들이 자신들의 산지 소유권을 강화하기 위해 만든 조직이며 백성들을 수탈하는 데 일조했다고 하였다. 이와 관련하여 다양한 시각이 있다.

56) 오스트롬 교수는 2010년 IUFRO 서울 총회에서 기조강연을 하였다.

당사자들이 자주적으로 적절한 규칙을 정하여 적절히 집행하는, 즉 자주통치(self governance)로 보전관리가 가능하고 현실에 그러한 실례가 다수 있음을 밝혔다. 인간성에 대한 믿음을 갖게 하는 연구 결과이기도 하다. 그러나 이것 역시 근본적 해결책은 아니다. 오스트롬은 공동체가 공유지의 비극을 성공적으로 넘어선 사례에는 7가지 특징이 있다고 했다. 우선 공유자원의 범위와 사용자가 명확해야 한다는 점이다. 그래야 자치적 감시활동이 가능하다. 저렴한 비용의 갈등 해결 장치가 있어야 하고 최소한의 자치권이 보장되어야 한다. 이런 조건이 충족되지 않는다면 사람들의 이기심을 막을 수 없고, 자율규약을 지속하기 어렵다. 게다가 정치·경제 여건이 변할 때 이러한 규약은 쉽게 무너진다.

대부분의 문제가 그렇듯 공유지의 비극을 단번에 풀어내는 쾌도난마의 해법은 존재하지 않는다. 중요한 것은 공동의 것을 소중하게 여기고, 그것을 남용하면 결국 나에게 피해가 돌아온다고 인식하는 것이다.

참고문헌

그레고리 맨큐. (2021). 맨큐의 경제학 9e. (김경환·김종석 옮김). CENGAGE.

김남균. (2020). 산림정책학. 메이킹북스.

김흥순. (2008). "조선후기 산림정책 및 산림황폐화: 시장주의적 고찰과 그에 대한 비판." 한국지역개발학회지 20(2): 169-192.

나가타 신. (2017). 임정학강의. (김세빈 외 옮김). 충남대학교출판문화원.

배재수. (2000). "임적조사사업(1910년)에 관한 연구." 한국임학회지 89(2): 260-274.

배재수. (2002). "조림대부제도의 전개과정에 관한 고찰-일제강점기를 중심으로." 한국임학회지 91(1): 111-127.

배재수·김은숙·장주연·설아라·노성룡·임종환. (2020). 조선후기 산림과 온돌. 국립산림과학원.

배재수·노성룡·김태현. (2021). 일제강점기 산림정책과 산림자원의 변화. 국립산림과학원.

이우연. (2010). 한국의 산림 소유제도와 정책의 역사, 1600~1987. 일조각.

임정빈·이태호. (2012). "농업정책." 한국농업경제학회(편). 농업경제학. 율곡출판사.

엘리너 오스트롬. (2010). 공유의 비극을 넘어. (윤홍근·안도경 옮김). 알에이치코리아(RHK).

위클리비즈. 2010.8.28. "2009 노벨 경제학상 수상 오스트롬 교수 인터뷰".

전영우. (2022). 조선의 숲은 왜 사라졌는가. 조계종출판사.

최성락. (2020). 규제의 역설. 페이퍼로드.

一方井誠治. (2018). コア·テキスト 環境経済学. 新世社.

大田伊久生. (2000). アメリカ国有林管理の史的展開. 京都大学学術出版会.

大田伊久生. (2015). "我が国における国有林の存在意義に関する一 考察." 林業経済研究 61(1): 3-14.

脇本修自. (2005). "森林の公益的機能の評価と直接支払い." 地域経済研究 16: 101-112. 広島大学経済学部附属地域経済研究センター.

Fields, B.C. (2008). Natural Resource Economics: An Introduction. Waveland Pr Inc.

Hardin, G. (1968). "The Tragedy of the Commons." Science 162(3859): 1243-1248.

Ostrom, E. (1990). Governing the Commons: the Evolution of Institutions for Collective Action. Cambridge University Press.

Riddle, A. (2019). "Timber Harvesting on Federal Lands." R45688. Congressional Research Service. USA.

Zhang, D. & P. Pearse. (2011). Forest Economics. UBC Press.

제 11 장

임산물 무역

이 장은 임산물 무역을 다룬다. 세계무역기구(WTO)의 출범과 자유무역협정(Free Trade Agreement; FTA)의 확대를 통해 세계는 더욱 가까워졌다. 국제무역협정은 국가간 재화와 서비스 이동의 장애를 제거하는 방향으로 진행된다. 이에 따라 국가간 무역이 크게 증가하고, 임산물 무역도 지난 수십 년에 크게 확대되었다. 무역정책의 변화는 어떤 산업의 국제경쟁력에 영향을 미치고, 해당 산업의 생산, 고용, 임금에 영향을 미친다. 그러한 이유로 무역정책을 둘러싸고 산업 간 갈등을 겪기도 한다. 특히 무역의 확대가 지구 산림의 보전과 환경에 어떤 영향을 미치는가는 논쟁의 주제이다.

먼저 세계 목재무역의 수준, 제품, 패턴을 간단히 살펴보고 국제 무역의 몇 가지 기초 개념을 다루는데, 특화와 비교우위 등이다. 그리고 국제무역을 통해 두 나라가 얻는 편익을 분석하고, 국제무역을 분석할 때 자주 사용하는 방법론을 설명한다. 다양한 무역제한 조치와 무역 처방, 무역정책의 정치경제를 다룬다.

임산물 무역의 동향

1차 임산물의 국제 무역은 지난 수십 년간 금액과 수량에서 크게 확대되었고 세계 생산에서 차지하는 비중도 확대되었다. <표 11.1>을 보면 2000-2020년 세계 임산물 수출액은 명목 단위로 2.3배 증가하였고 금액은 2,000억 달러를 훨씬 넘는다. 임산물 수출에서 가장

표 11.1 세계 임산물의 수출액과 비중 (단위: 백만 달러)

제품	2000		2010		2020	
	금액	%	금액	%	금액	%
산업용재	8,206	5.7	12,831	5.7	12,946	5.7
제재목	24,096	16.6	29,549	13.2	37,137	16.4
종이·판지	69,664	48.0	99,128	44.4	89,137	39.4
목재펄프	21,208	14.6	35,044	15.7	34,177	15.1
목재패널	14,134	9.7	27,102	12.1	31,851	14.1
기타	7,810	5.4	19,692	8.8	21,131	9.3
합계	145,117	100.0	223,346	100.0	226,378	100.0

주: 기타에는 칩, 파티클, 숯, 목재연료, 목재잔재 등.
자료: FAOSTAT 2022.

큰 비중을 차지하는 것은 종이·판지 제품이다. 그리고 몰딩, 문, 가구 등 2차 가공제품과 라탄, 고무, 너트, 오일, 약재 등 비목재 임산물의 비중도 매우 크다.

1970-2020년 1차 임산물의 수출량은 크게 확대되는데, 이를 <그림 11.1>에 나타내었다. 산업용재의 무역량은 가장 적게 늘었는데 연간 약 0.9% 증가이다. 산업용재 수출에서 침엽수

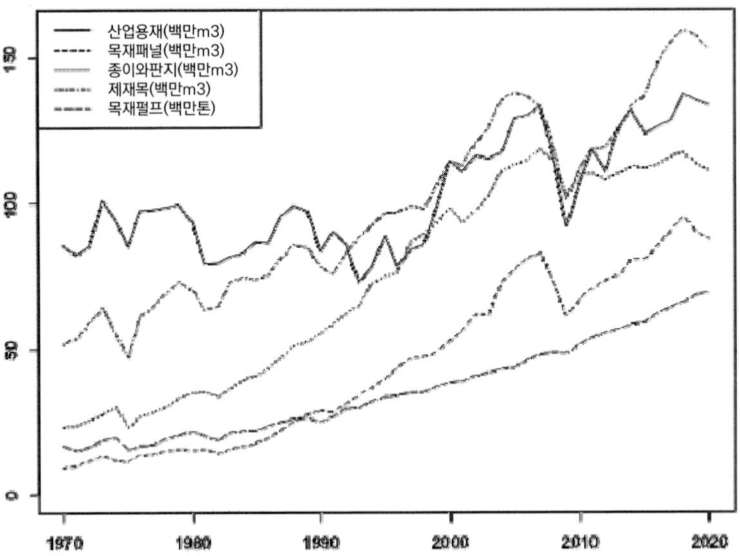

그림 11.1 세계 주요 목재제품 수출량, 1970-2020

자료: FAOSTAT 2022.

와 활엽수의 비중은 대략 6:4이다. 제재목 무역량은 거의 3배 증가하고, 목재펄프 무역량은 거의 4배가 되었는데, 연간 성장량은 각각 2.4%, 2.9%이다. 종이·판지의 무역량은 5배가 되었고 목재 패널은 거의 10배로 증가하였다. 두 제품군의 연평균 성장률은 각각 3.2%, 4.5%이다.

목재제품 무역에서 수출국과 수입국의 상대적 중요성은 시장의 변동성, 자원 조건, 국내 제품 생산과 소비 수준에 따라 변한다. <표 11.2>는 2020년 주요 목재제품 수출국과 수입국을 보여준다. 미국, 캐나다, 독일, 스웨덴, 중국, 핀란드, 러시아는 상위 7개 수출국이다. 중국, 미국, 독일, 영국, 일본, 이탈리아, 프랑스는 상위 7개 수입국이다. 상위 15개 수입국과 수출국이 세계 임산물 수입의 67%, 수출의 70%를 차지한다.

주요 목재제품 수입국을 보면 이들 나라들은 인구가 많고 1인당 소득이 높으며 경제성장률이 높다는 인상을 받는다. 반면 주요 수출국들은 산림자원의 부존량이 많고 목제품 제조에서 적절한 능력을 갖춘 나라들이다. 어떤 나라들은 주요 수입국이면서 동시에 수출국이다.

표 11.2 임산물의 주요 수입국과 수출국, 2020

순위	수입국	금액(백만 US$)	순위	수출국	금액(백만 US$)
1	중국	41,989	1	미국	22,117
2	미국	24,403	2	캐나다	20,777
3	독일	16,150	3	독일	19,610
4	영국	9,586	4	스웨덴	13,626
5	일본	9,213	5	중국	11,886
6	이태리	7,875	6	핀란드	10,994
7	프랑스	7,434	7	러시아	10,759
8	벨기에	5,589	8	브라질	9,734
9	네덜란드	5,515	9	인도네시아	8,509
10	대한민국	5,053	10	오스트리아	6,101
11	폴란드	5,021	11	벨기에	5,520
12	베트남	4,761	12	프랑스	5,305
13	캐나다	4,658	13	폴란드	4,208
14	인도	4,459	14	이태리	4,196
15	멕시코	4,437	15	칠레	4,155
	소계	156,145		소계	157,498
	세계	234,524		세계	226,378

자료: FAOSTAT 2022.

예를 들어 미국은 목재제품의 순수입국으로 목제품을 많이 수입하지만 종이·판지의 주요 수출국이기도 하다. 중국은 원목과 펄프와 종이제품을 대량으로 수입하지만 근래 목제품 수출을 늘리는데 특히 노동집약적 제품들을 수출한다. 독일은 대개 노르딕 국가에서 임산물을 수입하고 다른 유럽 국가들에 수출한다. 캐나다는 가장 큰 목재제품 수출국이며 자국 생산이 한정된 활엽수 목제품을 수입한다.

우리나라의 임산물 무역

우리나라 경제는 1960년대부터 무역이 발전하면서 급속히 성장하였다. 이 기간에 GDP는 28.14억 달러(1962년)에서 1조 6,309억 달러(2020년)으로 성장하였고 무역도 크게 증가하였다. 수출총액은 1962년 0.5억 달러에서 2020년 5,125억 달러로 성장하고, 같은 기간 수입총액은 4.2억 달러에서 4,676억 달러로 성장하였다.

우리나라는 천연자원이 부족하여 무역은 노동력을 활용한 경공업품 수출과 수입 원재료를 가공하여 수출하는 가공무역 형태로 시작하였다. 그 대표 품목이 합판과 제재목인데, 1960~1970년대 외화 획득에 중요한 역할을 하였다. 당시 합판은 인도네시아와 필리핀에서 원목을 저렴하게 들여온 덕분에 크게 성장할 수 있었다. 대표적 수출 목재제품이던 합판은 1968년 열대목재 합판 생산 세계 2위, 수출 세계 1위였다.

임산물 수출은 1962년 3백만 달러였지만 1989년 644백만 달러로 최고치에 달한 이후 감소하였다. 총수출액에서 임산물 비율은 1968년 16%였지만 이후 급감하여 현재는 0.08%(2019년)에 지나지 않는다. 비목재 임산물 수출에서도 1960년대 다양한 임산물을 채취하여 수출하였고 초기에는 수출액도 적지 않았다.

임산물 수입은 1960년대 이후 증감을 반복하면서 증가 경향을 보였다. 당초 가공무역으로 출발하였기 때문에 열대목재 수입이 큰 부분을 차지하였다. 1970년대 총수입의 7%를 차지할 정도로 임산물 수입액이 많았다. 1978년 원목의 관세를 완전히 철폐하고 목재산업은 수입원목을 가공하여 수출하면서 성장하였다. 지금도 다수의 목재가공업체들은 인천, 군산 등 항만에 위치한다.

그러나 열대의 원목 자원이 점차 고갈하고 원목생산국들이 원목 수출을 금지하고 자국의

표 11.3 우리나라의 임산물 수출입 (단위: 천 달러)

		2015	2016	2017	2018	2019	2020
수출	목재류	89,964	185,828	209,627	245,561	169,152	164,244
	석재류	34,758	88,890	117,855	158,209	131,502	129,615
	단기임산물	147,230	144,882	106,424	117,147	106,451	86,458
수입	목재류	3,111,956	4,640,485	5,165,348	5,873,108	4,793,059	4,208,967
	석재류	703,574	998,945	1,086,262	1,116,539	935,148	825,986
	단기임산물	804,196	764,352	758,283	832,222	783,371	756,935

자료: 산림청(2021) 임산물수출입통계

목재산업을 육성하면서 우리나라 목재산업은 원료 확보에 어려움을 겪게 되었다. 1990년대부터 인도네시아산 합판이 수입되면서 가격 경쟁에서도 밀리기 시작하였다. 1992년 유엔 환경개발회의의 환경선언에 따라 열대 활엽수재의 확보는 더욱 어려워지고 국내 합판산업의 경쟁력은 크게 약화되었다. 임산물 수입의 대부분은 목재류(HS 44류)인데, 1960년대에는 전체 임산물 수입의 90%를 차지하지만 1990년대 이후에 더욱 감소하여 최근에는 75%이다.

2020년 목재류 수입은 42억 달러이고, 목재류 수출은 1.6억 달러이다. 주요 수입품은 합판, 펄프 등이고 주로 베트남, 인도네시아, 중국에서 수입한다. 수출입 통계로 판단하면 우리나라 목재산업의 국제경쟁력은 매우 낮다. 한편, 2020년 단기임산물 수입은 7.6억 달러이고 수출은 0.9억 달러이다. 호두, 아몬드, 표고버섯, 도라지, 밤 등을 미국과 중국에서 수입한다.

비교우위와 무역의 발생

왜 미국은 임산물의 큰 수입국이면서 큰 수출국인가? 왜 중국은 최대 임산물 수입국인가? 우리나라는 왜 산림자원이 많으면서도 목재수입국인가? 국제무역은 왜 발생하며 어떻게 확대되는가?

국제무역은 개인간 거래가 발생하는 것과 같은 이유로 발생하는데, 양쪽 모두 얻는 것이 있기 때문이다. 보통의 거래는 두 사람이 수요에서 서로 다른 선호를 갖고 있기 때문에 형성된다. 거래는 대개 수요가 주도한다.

국제무역을 생각해 보면 각 나라에서 생산자원(노동력의 규모와 질, 자본, 자연자원과 기타 원료 등)의 부존과 기술 수준이 서로 다르며 이것이 어떤 재화의 생산 경쟁력을 가른다. 두 나라 국민들이 동일한 선호를 가졌다고 해도 더 잘 생산할 수 있는 재화와 서비스를 수출하고 상대방이 더 잘 생산하는 것을 수입하는 편이 서로 이득이다. 국제무역은 대개 공급 주도이며, 생산의 특화와 비교우위에 근거한다.

특화

특화는 재화 또는 서비스 생산과 관련한 과업이 나뉘어 있고 수많은 개인들이 그 과업에 참여하여 전체 생산을 증진하는 상황이다. 실제 모든 사람들은 특화에 참여한다. 어떤 생산 활동에 특화한 사람들은 그들이 더 잘 생산하는 것을 아는데, 그 일에 익숙하고 필요한 기술을 개발해 왔기 때문이다. 여러 사람이 분업하여 각각 하나의 생산과정에 집중하면 각 개인이 전체를 맡아 혼자서 생산하는 것 이상으로 산출은 늘어난다.

애덤 스미스는『국부론』에서 핀 제조를 사례로 분업의 원리를 설명하였다. 각자 핀을 만든다면 한 사람이 하루에 많아야 20개 정도의 핀을 생산할 수 있지만, 작업을 18개 조작으로 분할하여 10명이 분업하면 하루 48,000개를 생산할 수 있다고 하였다. 단지 분업만으로.

특화와 노동 분업은 산출을 증대시킨다. 모든 국가, 기업, 개인들은 재화와 서비스 생산에서 특화하며 그 정도는 다양하다. 사람들이 어떤 과업에 특화해야 하는가를 결정할 때 비교우위 또는 다양한 과업을 하는 것의 기회비용을 비교한다. 국가의 관계에도 같은 논리를 적용할 수 있다.

비교우위

비교우위(comparative advantage)는 어떤 사람(또는 기업, 또는 국가)이 다른 사람보다 더 낮은 기회비용으로 특정 재화 또는 서비스를 생산하는 능력이다. 한편 절대우위는 다른 사람보다 더 적은 투입으로 재화를 생산하는 능력이다. 기회비용은 비교우위를 측정하는

잣대이고, 생산성은 절대우위를 판단하는 근거이다.

간단한 사례를 보면 비교우위가 어떻게 교환에 적용되는지 알 수 있다. 어느 날 돈키호테와 산초가 바다로 여행을 나섰다가 폭풍우를 만나 어느 섬으로 떠밀려온다. 산초는 돈키호테를 바라보며 우선 살아남을 궁리를 하자며 다독인다. 두 사람은 움막을 세우고 물고기를 잡기로 했다. 여기에서 문제가 발생한다. 산초는 10시간 걸려 물고기를 잡고, 20시간 걸려 움막을 지을 수 있는데, 모든 일에 서툰 돈키호테는 물고기를 잡는 데 15시간이나 걸리고 움막을 짓는 데 45시간이나 걸린다. 먼저 그들이 자급자족(autarky)하는 경우, 시간의 절반을 할애해 각자 혼자서 물고기를 잡고 움막을 짓는다고 하면, 얼마나 많은 물고기를 잡고 움막을 지을 수 있는지 계산해 보자. 1년을 기간으로 하여, 산초는 2,000시간을 일하고 돈키호테는 3,600시간을 일한다고 가정하자. 만일 산초가 물고기를 잡는 데 1,000시간을 사용한다면 물고기 100마리를 잡을 수 있다. 그리고 움막을 짓는 데 나머지 1,000시간을 쓴다면 50채를 지을 수 있다. 한편, 돈키호테는 물고기를 잡는 데 1,800시간을 들인다면 120마리의 물고기를 잡을 수 있고 움막을 짓는 데 나머지 1800시간을 쓴다면 40채의 움막을 지을 수 있다. 따라서 두 사람이 잡을 수 있는 물고기는 모두 합해서 220마리이고 움막은 90채이다.[57)]

그렇다면 그들이 각자 잘 하는 분야를 전담할 경우 어떤 결과가 나올까? 산초가 움막을 짓는 일에만 전념하면 그는 100채의 움막을 지을 수 있다. 돈키호테가 물고기를 잡는 일에만 전념하면 그는 240마리의 물고기를 잡을 수 있다. 물론 산초가 물고기를 잡는 일에나 움막을 짓는 일에 모두 능숙하지만 두 사람이 각자 잘하는 분야를 나누어 전담할 경우 그 성과는 훨씬 크다.

표 11.4 산초와 돈키호테의 생산가능성, 기회비용, 특화와 교환의 이익

	산초	돈키호테	합계
물고기	100	120	
움막	50	40	
비율(기회비용)	2.0	3.0	
자급자족	물고기 100+움막 50	물고기 120+움막 40	물고기 220+움막 90
특화	움막 100	물고기 240	물고기 240+움막 100
특화·교역의 이득			물고기 20+움막 10

57) 토드 부크홀츠의 『죽은 경제학자의 살아있는 아이디어』(김영사)에서 가져왔다.

그렇다면 누가 무엇을 생산할 것인지 어떻게 결정할까? 산초는 움막 한 채를 짓는 것보다 물고기 한 마리를 잡는 데 2배나 많은 시간을 쓴다. 움막 한 채를 지으면서 물고기 2마리를 포기하는 셈이다. 하지만 돈키호테는 움막 한 채를 짓는 데 물고기 세 마리를 포기하는 꼴이다. 따라서 움막 한채를 짓는 데 포기해야 하는 물고기 수가 적은 산초가 움막을 지어야 한다.

폴 새뮤얼슨(P. Samuelson)은 변호사와 비서를 예로 들어 비교우위를 설명했다. 어느 변호사가 법무와 타이핑을 잘 한다. 그렇지만 그는 타이핑을 비서에 맡긴다. 변호사가 아무리 타이핑을 잘 한다고 하여도 직접 타이핑을 하는 것은 기회비용이 크다. 그 시간을 법정에서 보낸다면 더 많은 돈을 벌 수 있기 때문이다. 이는 낮은 기회비용의 재화를 생산하는 데 집중하고 높은 기회비용의 재화를 생산하는 다른 사람과 교환하는 것이 이득이라는 것을 의미한다.

리카도(D. Ricardo)는 사람이든 국가든 가장 적은 것을 포기하도록 하는 분야를 전문화해야 한다는 것을 보여 주었다. 이것이 각자의 '비교우위'이다. 비교우위는 한 경제주체가 어떤 활동을 다른 사람보다 상대적으로 더 잘한다는 것을 의미한다. 그것은 그 활동의 기회비용이 남들보다 낮다는 것을 뜻한다. 전문화는 기회비용이 낮은 쪽으로 결정된다.

자유무역은 교역 상대국이 경제적으로 앞서 있든 그렇지 않든 두 나라 모두에 이롭다는 것이다. 왜냐하면 두 나라 국민들이 더 많은 제품을 소비할 수 있기 때문이다. 이것이 많은 국가들이 자유무역을 신봉하는 이론적 근거이다.

리카도는 영국 하원의원을 지냈는데, 당시 그가 의회 연설에서 비교우위론을 이야기하면 다른 의원들이 잘 이해하지 못했다고 한다. 사실 지금도 보호무역과 무역장벽을 주장하는 사람이 적지 않다.[58]

58) 폴 새뮤얼슨은 "비교우위론은 논리적으로 사실이기 때문에, 굳이 수학자 앞에서 논쟁할 필요도 없다. 그리고 하찮지 않다는 점은 이를 이해하지 못하며 설명을 해 주어도 믿지 않는 수많은 지식인에 의해 증명된다."고 하였다. 또, 폴 크루그먼은 "매우 극소수의 예외를 제외하고는, 그들은 비교우위를 이해하지 않으며, 이에 대해 듣기를 희망하지도 않는다. 대체 왜?"라고 하였다.

헥셔-올린의 무역이론

현실적으로 국가에 따라서 기술 외에도 여러 조건이 다르다. 생산기술을 구성하는 요소로서 자본과 노동으로 무역 발생의 관계를 생각한 것이 '헥셔-올린 모델(Heckscher-Ohlin model)'이다.

산업에 따라 생산함수가 다른데, 어떤 산업은 상대적으로 자본을 더 필요로 하고 또 어떤 산업은 상대적으로 노동을 더 필요로 한다. 그러면 자본이 풍부한 국가는 자본집약적인 재화에 비교우위를 갖고 그 재화를 수출한다. 이러한 국가에서 자본의 양이 증가하면 보다 자본집약적인 재화의 생산량이 증가하고 상대적으로 노동집약적인 재화의 생산량이 감소한다. 또한 자본집약적인 재화의 가격이 상승하면 어느 국가에서도 자본의 가격이 상승하며 상대적으로 노동의 임금은 하락한다. 현대의 무역 이론은 이러한 헥셔-올린 모델을 기초로 발전한다.

산업내 무역과 산업간 무역

리카디안 모형과 헥셔-올린 모형은 국가 간에 기술격차 혹은 부존자원의 여건이 비교우위에 영향을 미치고 그것이 무역의 동기가 된다는 것을 보여주었다. 한 국가는 비교우위를 가진 산업의 상품을 수출하고 비교열위에 있는 산업의 상품을 수입한다. 이처럼 한 산업의 상품을 수출하는 대신 다른 산업의 상품을 수입하는 무역 형태를 산업간 무역(inter-industry trade)이라고 한다. 산업간 무역은 비교우위를 반영하는 무역형태로서 현실적으로 일어나는 많은 무역 흐름을 설명한다.

그런데 현대 국제무역을 살펴보면 산업간 무역만으로 설명하기 어려운 현상을 볼 수 있다. 많은 국가가 동일한 산업내 상품을 수출도 하고 수입도 하는 형태가 그것이다. 이러한 무역형태를 산업내 무역(intra-industry trade)이라고 하는데, 선진국 사이 무역에서 많이 볼 수 있다. 이는 전통적 무역이론에서 설명하기 어려운 현상이다. 지금까지 산업내 무역을 설명하는 대표적 요인으로 규모경제에 의한 수확체증 기술과 시장구조의 불완전성이 있다.

생산가능성과 무역의 조건

특화에 관한 논의를 국가 대 국가에서 다루기 위해 국가 사이에 특정 재화에서 특화 패턴을 관찰할 수 있다. 예를 들어 우리나라에서 소비하는 많은 재화는 대부분 국내에서 구할 수 있지만 어떤 상품은 국내에서 생산하지 않는다. 생고무는 전량 수입한다. 커피는 국내에서 상업적으로 재배하지 않으며 재배하려면 하우스 시설과 상당한 비용을 지출해야 한다. 국가 사이의 그러한 생산패턴은 비교우위, 특화, 무역의 기본 경제 개념에 의존한다.

무역의 승자와 패자

두 나라 사이에 특정 제품의 무역은 언제 발생할까? 두 나라 모두에서 임산물 수요가 있다면 제품의 가격 차이에 따라 무역이 발생한다. 두 나라 사이에 제품의 가격 차이가 운송 및 제반 비용보다 크다면 무역이 발생한다.

<그림 11.2>는 두 나라의 임산물 수요와 공급을 나타낸 것이다. 각각은 그 나라의 통화로 측정한 것이다. 두 나라 통화의 환율을 1이라고 하자. A국의 임산물 수요와 공급을 각각 D_A, S_A라 하고, B국의 임산물 수요와 공급을 각각 D_B, S_B라 하자. 무역이 없다면 각 나라에서 제품 가격은 각각 P_A, P_B로 정해지고, 균형 수급량은 Q_A, Q_B이다.

두 나라 사이에 거래가 자유롭고 운송비용이 매우 적다면 두 나라 사이에 무역이 발생한

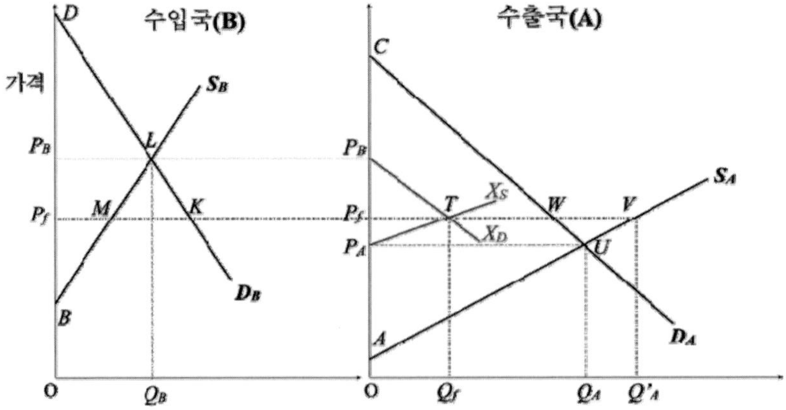

그림 11.2 두 나라에서 무역의 결정

다. 균형가격은 P_A와 P_B사이에 있고, A국의 수출량은 B국의 수입량과 같다.

A국의 초과공급곡선과 B국의 초과수요곡선을 구한다. 가격이 P_A와 같을 때 A국의 초과수요는 0이다. 따라서 A국의 초과공급(X_S)은 P_A에서 y축과 만난다. 가격이 P_A보다 크다면 초과공급이 발생하고, 이는 공급량과 수요량의 차이며 S_A와 D_A의 수평거리로 나타난다. 따라서 A국의 공급과 수요 함수를 안다면 가격 변화에 대응하는 초과공급곡선을 도출할 수 있다. 마찬가지로 B국의 초과수요곡선(X_D)을 유도할 수 있다. 이는 P_B에서 y축과 만나는데, 무역을 하기 이전에 초과수요는 0이기 때문이다. 초과수요와 초과공급곡선을 그리면 새로운 균형 T를 찾을 수 있다. T에서 가격은 P_f가 되고 무역량은 Q_f가 된다. 이는 수출국의 초과공급량 WV 또는 수입국의 초과수요량 MK와 같다.

두 나라에서 무역의 경제적 결과를 살펴보자. A국의 생산수준은 Q_A에서 Q'_A로 증가하여, 생산자 잉여는 P_AUVP_f만큼 증가하고 소비자잉여는 P_AUWP_f만큼 감소한다. 결과적으로 A국의 생산자는 좋아지고 A국의 소비자는 나빠진다. A국의 사회적 순편익은 UVW만큼 증가한다. 한편, B국에서 생산자 잉여는 P_BLMP_f만큼 감소하고 소비자잉여는 P_BLKP_f만큼 증가한다. B국의 사회적 순편익은 MLK만큼 증가한다.

두 나라가 무역에서 얻는 이익은 $(UVW+MLK)$이다. 초과수요곡선과 초과공급곡선에서 이는 P_ATP_B와 같다. 무역은 두 나라의 사회적 편익을 모두 증진시킨다. 지난 세기에 무역이 크게 증가한 근본 이유이다.

표 11.5 국제무역의 효과

	수출국(A)			수입국(B)		
	교역 이전	교역 이후	변화	교역 이전	교역 이후	변화
소비자잉여	P_AUC	P_fWC	$-P_AUWP_f$	P_BLD	P_fKD	P_BLKP_f
생산자잉여	P_AUA	P_fVA	P_AUVP_f	P_BLB	P_fMB	$-P_BLMP_f$
총잉여	CUA	$CWVA$	UVW	DLB	$DKMB$	MLK

다른 의견

무역의 이익을 지지하는 근거를 설명했으므로 여기에 다른 입장의 의견을 언급한다.59)

첫째, 두 나라 A와 B 사이에 교역되는 제품의 수요와 공급은 정태적이지 않고 무역 흐름에 영향받는다. 일단 무역이 촉진되면 A국의 생산은 증가한다. 이와 함께 고용과 소득도 증가한다. 고용과 소득의 증가 때문에 D_A는 바깥쪽으로 이동하고, 정태적 수요와 비교하여 수출의 수준과 무역 편익을 감소시킨다. B국에서 생산은 감소하고 일자리는 줄고 소득은 감소한다. 일자리를 잃은 사람들은 당분간 실업상태에 머물거나 더 낮은 임금의 일자리를 찾게 되고 D_B는 안쪽으로 이동한다. 따라서 B국에서 무역의 이득은 시간에 따라 사그라지는 경향을 보인다. 농업인들이 시장 개방을 반대하는 것은 대개 이러한 이유이다.

둘째, B국 생산자의 높은 비용이 높은 수준의 환경 규제때문이라면, 또는 A국 생산자의 높은 경쟁력이 낮은 수준의 환경기준때문이라면, 무역은 전체적인 순편익을 낮춘다. B국에서 깨끗한 공장을 폐업시키고 A국에서 더러운 공장을 확장하기 때문이다. 이른바 '외부성의 수출' 사례인데 더러운 공장에서 창출된 부정적 외부성을 수출한다. 모든 생산자에게 동일한 기준을 지키도록 요구하면 깨끗한 산업은 글로벌 경제에서 경쟁할 수 없을 것이다. 또, 탄소 배출 저감을 위하여 바이오매스 발전을 가동하면서 다른 나라의 목재를 수입하여 사용하는 것은 '그린워싱'이라는 지적도 있다. 이 경우 무역에서 얻는 이득에는 환경비용이 포함되지 않으며 환경비용을 개발도상국에 전가하게 된다. 이러한 주장을 지지하는 환경단체가 자유무역을 반대한다.

무역분석의 몇가지 방법

지역 및 세계 임산물 무역 모델

무역은 두 나라 모두에서 사회적 편익을 개선할 수 있으며, 다른 조건이 동일하면 무역의

59) 서점에서 자유무역 논리를 비난하는 책을 쉽게 찾을 수 있다. 이러한 책들은 '경제학 교과서에서 말하지 않는 불편한 진실', '자유무역의 신화와 자본주의의 숨겨진 역사' 등을 부제로 달고 나온다.

균형점은 두 나라 모두에서 사회적 순편익이 최대가 되는 곳이다. 따라서 다국간 무역 모델을 구축할 때 이들 국가들에서 사회적 순편익의 최대화를 목적함수로 하고, 수송비, 관세, 기타 무역장벽 등을 모델에 반영한다.

지역 수준 또는 세계 수준의 임산물 무역 모델을 구축하려면 방대한 양의 데이터(다양한 임산물의 가격, 비용, 수량)와 각 국가의 다양한 임산물의 수요 및 공급 함수를 엄밀히 추정해야 한다. 그리고 모델은 이들 국가의 산림자원 수요·공급과 연결되기도 한다. 그러한 모델을 구축하고 운영하는 데는 선형계획법 또는 기타 세련된 수학적 도구가 필요하다. 대표적인 것은 IIASA의 GTM(Global Trade Model), Buongiorno et al.(2003)의 GFPM(Global Forest Products Model) 등이 있고, 일본 삼림총합연구소는 WFPM(World Forest Products Model)을 구축한 바 있다.

이러한 모델은 다양한 목적에 응용된다. 무역 잠재력과 흐름, 원목 수출 금지와 관세 인상 등 무역 정책, 수확 규제와 같은 자원이용 정책, 불법벌채 규제의 영향, 운송비용 변화, 지역경제협력과 통합의 추진, 탄소 크레딧과 기후변화 관련 조세 등을 분석할 때 쓰인다.

국제경쟁력 비교

자유무역이 교역국 쌍방에 이익을 주는 것은 분명하지만 특정 산업을 연구하는 입장에서 우리나라 임업·임산업은 비교우위, 즉 국제경쟁력을 갖추고 있는가, 그것은 어느 정도인가 알고 싶다.

국제시장에서 어느 제품의 경쟁력을 분석할 때 가장 대표적으로 쓰이는 것은 Balassa(1965)의 현시비교우위(RCA: Revealed Comparative Advantage)지수이다. 이는 세계 전체 수출시장에서 각 품목의 수출이 차지하는 비중과 특정국의 수출에서 그 품목이 차지하는 비중 사이의 비율인데, 그 값이 1보다 크면 비교우위(경쟁력)가 있는 것으로 해석한다. 임산물의 경우 국민경제에서 차지하는 비중이 매우 낮기 때문에 이를 직접 적용하기에 곤란한 경우가 있다.

<11.1> $$RCA = \frac{X_i^H / \sum X_i^H}{X_i^W / \sum x_i^W}$$

X_i^H : 자국의 i 품목 수출액, X_i^W : 세계의 i 품목 수입액

무역특화지수(TSI: Trade Specialization Index)는 각 품목의 수출입 차이를 해당 품목의 교역규모(수출입의 합)로 나눈 값이다. 무역에서 상대적 비교우위를 나타내는 지표로 쓰이는데, 경쟁력있는 품목은 수입보다 수출이 많을 것이라는 생각에 기초한다. TSI는 -1에 가까울수록 수입특화의 정도가 높고 +1로 갈수록 수출특화의 정도가 높은 것으로 해석한다.

<11.2> $$TSI_{ij} = \frac{X_{ij} - M_{ij}}{X_{ij} + M_{ij}}$$

X_{ij} : i국의 j품목 수출액, M_{ij} : i국의 j품목 수입액

이 외에도 무역에서 국제경쟁력을 평가하는 지표가 다수 개발되어 있고, 다양한 목적으로 사용된다.

중력모형

중력모형은 뉴턴의 중력법칙을 차용하여 두 나라의 무역 흐름을 경제 규모와 거리라는 요인으로 설명한다. 이 모형은 1962년 최초로 사용한 이래, 현실 설명력이 높아 실증 분석에 널리 사용되었다. 기본적인 중력모형은 다음과 같이 나타낼 수 있다.

<11.3> $$F_{ij} = G\frac{M_i M_j}{D_{ij}}$$

여기서 F_{ij}는 i국과 j국 사이의 무역 흐름, 즉 양국 사이의 무역량을 나타낸다. G는 상수이며 M_i와 M_j는 각각 양국의 경제 규모(GDP)를 뜻하고 D_{ij}는 양국 사이의 거리를 의미한다. 즉, 양국의 경제 규모가 클수록 두 국가의 무역량은 늘어나며, 물리적인 거리가 멀수록 두 국가의 무역량은 감소한다. 일반적으로 중력모형을 적용할 때는 양변에 로그를

씌워 선형화하여 사용한다.

<11.4> $$\ln(F_{ij}) = \beta_0 + \beta_1 \ln M_i + \beta_2 \ln M_j - \beta_3 \ln D_{ij} + \epsilon_{ij}$$

여기서 β_0는 절편이며 ϵ_{ij}는 오차항이다. 실제 응용할 때는 기본 변수 이외에 다양한 변수들을 추가하여 확장된 모형을 사용한다. 일반적으로 추가하는 변수에는 양국 사이의 환율, 양국의 인구, 양국 이자율 등 수출에 영향을 미치는 변수와 무역 장벽을 나타내는 관세율 등의 변수가 있다. 또한 두 나라 사이의 문화적 유사성을 반영하기 위하여 언어, 종교 등의 변수를 추가하기도 한다.

아밍턴 탄성치

우리나라 시장에서 국산목재와 수입목재는 대체관계에 있다고 이야기하였다. 그러나 수입품과 국산품에는 소비자 선호와 품질 차이, 시장 차별화, 애국 마케팅 등의 이유로 불완전한 대체관계(imperfect substitute)에 있는 경우가 있다. 아밍턴 대체탄성치(Armington elasticity of substitution)는 이러한 관계를 추정하는 데 사용된다.

아밍턴 대체탄성치는 다른 지역에서 생산된 동일 재화의 대체가능성을 나타내는 척도인데 0이면 대체가능성이 전혀 없고 무한대이면 완전대체가 된다. 대체의 가능성이 크다면 자유무역의 효과도 크게 나타날 것이다(Armington, 1969).

<11.5> $$\sigma = \left(\frac{\frac{M'}{D'}}{\frac{M}{D}} - 1 \right) \Big/ \left(\frac{\frac{P'_d}{P'_m}}{\frac{P_d}{P_m}} - 1 \right)$$

여기에서 σ는 수입품에 대한 국산제품의 대체관계를 나타내는 아밍턴 대체탄성치이다. D는 국산제품 수요량, M는 수입제품 수요량을 나타내며, P_d와 P_m은 각각 국산제품과 수입제품의 가격을 가리킨다. 또한 여기에서 프라임(′)은 변화 이후를 뜻한다. 이 탄성치는 무역 정책의 영향을 분석할 때 자주 사용하는 CGE(Computable General Equilibrium)

모형을 구축하는 데 이용한다.

국제무역정책

세계무역기구 출범 이후 무역자유화 추세에도 불구하고 세계 각국은 국내 기업 보호를 위해 또는 무역 증진을 위해 다양한 무역정책 수단을 활용한다. 지나치게 낮은 가격의 수입품에 덤핑관세 또는 상계관세를 부과하거나, 수입량이 급증하는 제품에 긴급수입제한조치를 취하거나, 특정 제품에 수입량을 할당하여 수입을 규제한다. 반면, 세계 무역 증진을 위해 호혜적 또는 일방적으로 특정 국가나 지역에서 수입하는 제품에 관세양허 등의 특혜 조치를 제공한다.

환율

무역에서 균형가격을 찾기 위해 초과수요(X_D)와 초과공급(X_S) 곡선은 어느 한 나라의 통화로 다루어야 한다. X_D를 A국의 통화로 계측한다면 X_S도 환율을 적용하여 A국 통화로 전환해야 한다. 그 반대도 마찬가지이다.

환율은 두 나라 화폐의 교환비율이다. 환율에서 1달러가 1,200원에서 1,000원이 되는 것은 달러에 대한 원의 가치가 상승한 것이므로 '원화 강세'라고 한다. 환율이 오르면 1달러를 얻기 위해 필요한 원화의 양이 증가하므로 '원·달러 환율 상승=원화가치 하락(원화 약세)'이 성립한다. 환율은 두 나라의 물가 수준과 밀접하게 관련된다.

환율의 변화가 두 나라의 양자 무역에 어떤 영향을 미치는가? <그림 11.2>를 다시 보자. 여기에서 A국을 한국, B국을 미국이라 가정하자.

미국의 초과수요(X_D)와 한국의 초과공급(X_S)을 초기에 미국 달러로 평가하고 환율이 1000이라면, 미국 달러의 20% 가치상승은 미국의 초과수요곡선을 변화시키지 않는다. 반면, 한국의 초과공급곡선은 P_A에서 출발하여 평행하게 아래로 이동한다. 달리 말하면 미국 달러로 평가한 새로운 한국의 초과공급곡선은 원래 초과공급곡선을 16% 아래로 옮긴다.

한국에서 생산한 1000원의 재화는 미국에서 0.833달러에 팔린다. 이는 초과공급곡선을 증가시켜 미국이 더 많은 한국 제품을 구매하도록 한다. <그림 11.2>에서 가격이 내려가 초과수요곡선을 따라 오른쪽으로 이동하는 것으로(즉 수요량의 증가) 나타난다. 결과적으로 한국의 대미(對美) 수출은 증가하고 미국의 대한(對韓) 수출은 감소한다. 그러나 균형가격의 변화는 미국 달러로 계측된 16.7%보다 적은데 미국의 초과수요곡선이 완전한 비탄력은 아니기 때문이다.

한국의 초과공급곡선이 16.7% 아래로 이동한 것은 한국의 국내 공급·수요곡선에 영향을 미치지 않는데, 이는 한국 원화로 계측한 것이다. 이는 단지 미국 달러로 계측한 원래의 균형가격을 내려가게 하고 한국의 생산이 국내 공급곡선을 따라 증가하게 하여 수출을 확대한다. 또한, 한국의 수요량은 감소하는데, 더 많은 제품이 수출을 지향하여 국내 가격을 올리기 때문이다.

미국의 초과수요와 한국의 초과공급을 한국 원화로 표현했다면 미국 달러의 20% 상승은 한국의 초과공급곡선을 변화시키지 않는다. 그러나 미국의 초과수요곡선은 P_B에서 시작하여 20% 위로 이동한다. 원화로 측정한 미국의 구매력이 20% 증가한 것을 의미한다. 초기의 초과공급과 초과수요를 달러로 표현하든 원화로 표현하든 달러의 20% 가치 상승이 시장에 미치는 영향은 같다.

어느 나라 통화의 환율 변화는 긍정적 그리고 부정적 영향을 가진다. 예를 들어 원화의 약세는 국산 제품의 수출을 촉진하고 외국 제품의 수입을 억제할 것이며 무역 적자를 줄인다. 그러나 이는 수입 제품의 가격과 소비자의 해외여행 비용을 올리고 투자자의 해외 투자 비용을 인상시킨다. 환율의 변화가 기업과 산업의 수익성에, 그리고 국가의 무역수지에 미치는 영향을 이해하는 것은 중요하다.

관세와 수출세

관세(tariff)는 수입품에 적용하는 세금이고, 수출세는 국산품 수출에 적용한다. 관세는 수입제품 단위에 고정금액을 부과(종량세)하거나, 수입제품 가격에 일정 비율로 부과(종가세)한다. 동일한 세율의 관세와 수출세는 수입국의 산업을 보호한다는 점에서 동일한 시장

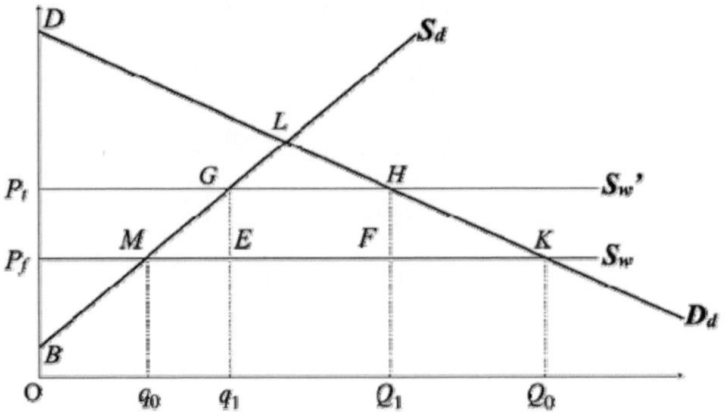

그림 11.3 관세가 수입국 후생에 미치는 영향

영향을 갖는다. 둘의 차이는 수입국 정부가 관세 수입을 얻느냐 수출국 정부가 수출세 수입을 얻느냐에 있을 뿐이다. 전체적으로 임산물의 관세는 낮아지는 경향에 있고, 전체 무역 확대와 일치한다.

대개의 관세율표의 특징은 관세 상승인데, 가공도가 높아지면 관세율도 높아진다. 예를 들어 원목은 보통 무관세이고 제재목의 관세는 낮고 가공 패널의 관세는 높고 고도로 가공된 제품들의 관세는 훨씬 높다. 이는 고도 가공제품의 국내 생산자를 보호한다. 이에 비하여 우리나라의 경우 1차 생산자 보호를 위해 농림산물에 높은 관세를 유지한다. 예를 들어 2022년 쌀의 수입관세는 513%, 건대추의 수입관세는 611.5%에 이른다.

관세가 수입국의 후생에 미치는 효과를 생각해 보자. <그림 11.3>에서 국내 수요과 공급을 D_d와 S_d라고 하자. 소규모 개방경제인 수입국에서 세계의 공급은 완전히 탄력적이고, 국내 가격은 P_f이다. 국내 생산자는 q_0를 공급하고 q_0Q_0를 수입한다.

정부가 수입 가격을 참고로 관세율(t)를 부과하면 소비자는 정부에 세금을 낸다. 그래서 가격은 $P_t(= P_f(1+t))$로 오르고, 수입 공급곡선은 S'_w으로 올라간다. 국내 생산자는 더 많이 생산(q_1)할 것이고 시장 점유율을 확대할 수 있다.

국내 소비와 수입은 모두 감소한다. 국내 소비는 Q_1으로 감소하고 수입은 q_1Q_1으로 감소한다. 정부의 관세수입은 $\square EFHG$이다. 또 다른 영향도 있는데 $\triangle MEG$는 산출을 늘림으로써 추가된 비용인데, 생산의 후생손실이라 한다. 또, $\triangle KFH$는 소비자잉여의 후생

표 11.6 수입국에서 관세의 효과

	관세 부과 이전	관세 부과 이후	변화
소비자잉여	DKP_f	DHP_t	$-P_tHKP_f$
생산자잉여	BMP_f	BGP_t	$+P_fMGP_t$
정부의 관세 수입	-	$EFHG$	$+EFHG$
총잉여			$-MEG-KFH$

손실이다.

관세는 수입량을 감소시켜 시장의 균형을 무역이 없던 상태에 가깝도록 변화시킨다. 총잉여는 감소한다. 두 삼각형의 합이 관세 부과로 초래되는 경제적 순손실이다.

할당과 수량제한

할당(import quota)은 수입량을 제한하는 것이다. 여기에는 전체적인 할당(제품의 원산지 상관없음)과 특정 원산지에 배분된 할당, 특정 관세의 적합성을 제한하는 할당(관세할당제)이 있다.

할당은 관세보다 효율성을 더 저해한다. 외국 생산자들이 생산의 효율성을 높여 관세 장벽을 극복할 수는 있겠지만 할당을 넘어설 수는 없다. 정부에 아무런 수입을 가져오지 않으면서 국내 산업을 심하게 보호한다. 또, 할당은 수입국의 전체 공급곡선(국내 공급과 수입 공급으로 구성됨)을 꺾이게 만든다. 수요가 변하면 가격은 관세 또는 수출세보다 훨씬 폭발하기 쉽고 국내 소비자를 희생한다.

수량 제한의 극단적 사례는 수출 또는 수입의 노골적인 금지이다. 목재 무역에서 원목 수출을 제한하는 경우가 대표적이다. 북미 정부는 국유림 또는 주유림에서 수확한 원목의 수출을 금지한다. 인도네시아와 말레이시아, 러시아는 원목 수출을 금지하거나 고율의 수출세를 부과한다. 대만은 중국산 표고버섯 수입을 금지하고 다른 나라에 수입량을 할당한다.

무역장벽과 규제

무역장벽은 음으로 양으로 무역을 제한하는 제도적 장치이다. 특히 관세에 의하지 않는 수입제한 조치를 비관세 장벽(Non-Tarriff Barrier)이라 한다. 또, 기술 규정, 표준 및 적합성 평가절차 등 국가간 교역에 불필요한 장애요인을 포괄적으로 무역기술장벽(Technical Barrier to Trade)이라고 한다. 무역장벽은 대체로 다음과 같이 분류한다.

- 수입 또는 수출 부담금: 관세, 수출세, 다양한 부담금, 관세 인상
- 수량 제한: 쿼터, 수출 통제, 원목 수출 금지, 수출입 중지
- 규제: 산업표준, 포장·라벨링, 시장 규제, 통관절차, 건강 및 위생규제, 라이센싱, 인증 요구, 검역
- 정부의 직접 개입: 보조금, 보복관세, 덤핑과 반덤핑 관세

둘 이상의 조치를 결합하여 무역을 제한하기도 한다. 예를 들어 관세할당 쿼터(tariff-rated quota)는 수입이 어느 수준에 도달하면 부과하는 관세이다. 어떤 조치는 이 범주에 해당되지 않는데, 예를 들면 환경 이슈와 관련된 것이 있다.

무역 관련 규제는 매우 넓다. 목재제품 수출업자에게 특히 골치아픈 것은 표준인데, 기술표준과 식물검역 표준이다. 환경과 관련된 기술표준(예를 들면 신문용지에서 폐지 함량의 기준, 목재 제품의 포름알데히드 접착제 사용 제한, 불법 목재의 무역 금지)은 무역을 왜곡한다. 유럽은 목재제품과 종이제품에 지속가능한 산림경영(SFM) 인증을 요구하는데, 이는 수출국의 생산비용을 인상시킨다. 이들 규제는 대부분 소비자 안전, 산림보호 등 좋은 의도를 표방하지만 자국 산업을 보호하는 무역장벽의 역할을 숨기는 경우도 있다.

다양한 비관세 장벽은 1947-1994년 GATT와 WTO가 주관하는 국제 다자무역 협상에서 다루어졌다. 결과로서 국제무역은 더 자유로와졌다.

위생 및 검역조치

위생 및 검역(SPS; Sanitary and Phytosanitary)은 동식물의 해충 또는 질병, 식품의 질병원인체로부터 국민을 보호하기 위해 시행하는 수입제재 조치를 말한다. 농림수산물, 식품, 건강기능식품, 의약품, 화장품 등을 주요 대상으로 한다. 예를 들어 일부 국가들은

농림식품 유통에서 PLS(Positive List System, 잔류농약 허용기준)를 운영하는데 등록되지 않은 농약의 사용을 원칙적으로 금지한다. 또, 대개의 국가들은 소나무와 소나무 목재제품의 수입을 제한하며, 조경수를 비롯하여 식물체를 교역할 때 흙의 반입을 금지한다.

보조금과 상계관세

생산자를 직접 보조하는 형태의 정부 보조금 또는 수출장려금, 일부 생산자 또는 산업에 부여하는 특혜 조치는 무역을 왜곡하고 다른 나라의 산업에 타격을 준다. 수입국은 자국 산업의 경쟁력을 유지하기 위해 수출국 보조금에 보복성 상계관세(Countervailing duty)를 부과할 수 있다. 최근 EU는 다른 나라의 탄소배출 산업에 상계관세를 부과하는 방안을 검토한다. 대부분의 국가들은 외국 정부의 공격성 보조금에 대응하여 무역법을 가지고 있다. WTO는 자세한 분쟁 조정장치를 운영하며 무역분쟁을 판결한다.

덤핑과 반덤핑 관세

수입품이 시장에서 불공정하게 낮은 가격으로 판매되면 덤핑이 발생하는데, 운송 비용을 고려하여 수출국 내수가격보다 낮은 경우도 있다. 덤핑 피해가 있다고 판단하면 정상 가격과 덤핑 가격의 차액 범위에서 해당 수입품에 반덤핑 관세(Anti-dumping duty)를 부과한다. 무역위원회의 조사, 법정의 교섭과 소송, 그리고 WTO의 규정과 절차에 따른다.

긴급수입제한조치

외국 제품의 수입이 급증하여 국내 산업에 심각한 피해를 준다고 판단할 때 수입국은 WTO 규정에 따라 잠정적으로 수입을 제한할 수 있다. 이를 긴급수입제한조치(Safeguard)라고 한다. 국내 산업의 구조조정을 위한 일시적인 구제조치라는 의미를 지닌다.[60]

60) 2000년 중국산 마늘이 헐값으로 수입되어 마늘농가의 피해가 우려되자 정부는 중국산 마늘의 관세율을 최고 315%로 올리는 세이프가드를 발동했다. 그러자 중국은 우리나라 주요 수출품인 휴대전화와 폴리에틸렌의 수입을 전면 중단하는 경제 보복을 했다.

원산지 규정

원산지 규정(Rules of Origin)은 국제적으로 거래되는 물품의 국적, 원산지를 결정하는 규정을 의미한다. 자유무역협정(FTA)은 협정 체결 당사국의 무역증대를 목적으로 하여 당사국을 원산지로 하는 상품에만 관세 혜택을 부여한다. 당사국에서 자란 식물 또는 동물성 생산품의 원산지에는 논란의 여지가 없지만, 여러 나라에서 분업 가공한 공산품의 원산지를 결정하는 일은 단순하지 않다. 이는 수혜국을 정확히 식별하여 다른 나라의 무임승차를 방지하기 위한 것이기도 하다.

무역 규제의 정치경제

무역 규제의 부정적 영향이 크다면 일부 기업가, 농민단체, 정치인들은 왜 그렇게 무역 장벽을 유지하려고 애쓰는 걸까?

관세, 할당, 기타 무역규제 조치들은 경제활동에 대한 정부 통제의 형태인데, 일반 대중의 이해 또는 특정 집단의 이익을 보호하기 위해 취할 수 있다. 마약이나 멸종위기 야생 동식물의 무역을 금지하는 것처럼 어떤 제한은 국민 전체에 이익을 주지만 대개의 무역 제한은 주로 외국 경쟁자로부터 특정 생산자 그룹을 보호하는 데 기여한다. 대개 생산자 보호의 편익은 소비자 손실보다 훨씬 적은데, 관세와 수출세로 징수하는 정부 수입을 모두 고려해도 사회 전체의 순이익은 감소한다.

국내 생산자들은 당연히 외국 생산자를 경쟁자로 여긴다. 외국 생산자들이 동일 제품을 더 낮은 가격으로 생산하여 판매하면 국내 생산자들은 판매량과 이익의 감소를 우려한다. 일자리가 줄어들고 공장은 문닫게 된다. 이 때문에 수입 증가로 피해를 겪는 사람들은 정치인들에게 보호를 요구한다.

정치인들은 다양한 이익집단의 요구에 대응하여 편익과 비용을 평가하고 자기 이익에 기초하여 판단하는데, 이익집단의 지지를 얻는 것도 포함한다. 자유무역의 주된 수혜자는 소비자인데, 이들은 널리 퍼져있어 단합된 목소리를 내지 못한다. 무역 규제를 통해 다수의 소비자가 개별로 입는 피해는 매우 적지만 소수의 생산자들이 얻는 이익은 적지 않다. 보호를 요구하는 사람들은 소수이지만 정치적으로 더 강력하다. 상대적으로 적은 수의 사람들은, 조직하기 쉽고 집단행동의 인센티브가 크며 정책 결정과정에 자신들의 이익을 반영시킨다. 어느 나라에서나 농업인의 수는 적지만 정치적으로 강한 영향력을 행사한다.

어느 산업이 시장 개방으로 위협을 받을 때 그 산업이 국가안보에 필수 산업이라는 주장을 하기도 한다. 아마 농업 분야의 '식량안보론'이 대표적일 것이다. 물론 국가안보에 정당한 우려가 있을 때 해당 산업을 보호해야 하는 것은 옳다. 그러나 대개 이러한 주장을 하는 사람들은 소비자의 희생을 대가로 하여 이득을 얻으려는 생산자인 경우가 많다.

새로 시작한 산업들은 그들이 제대로 경쟁할 수 있을 때까지 임시적으로 무역장벽을 통해 보호받아야 한다고 주장한다. 유치 산업 보호 논리이다. 이들 산업은 일정 기간이 지나면 성숙하여 외국 산업과 경쟁할 수 있다고 주장한다. 일부 오래된 산업들도 새로운 경제 환경에 적응하기 위해 일시적으로 보호가 필요하다고 주장한다. 그러나 기업이 성장하는데 보호 같은 조치는 필요하지 않다. 보호 기간이 지나면 그 산업이 경쟁력을 갖출지 알 수 없다. 보호 기간이 지나도 여전히 보호를 요청한다. 예를 들어 우리나라 합판 산업과 표고버섯 산업은 일정 기간 조정관세를 적용받는데, 그 기간이 지나도 경쟁력을 갖추지 못하고 조정관세 연장을 요청한다.[61]

한 국가가 자유무역을 실행하는 방법에는 두 가지가 있다. 하나는 무역의 규제조치를 일방적으로 철폐하는 것이다. 또 다른 방법은 다자간 협상을 통해 무역장벽을 철폐하는 것이다. 세계는 양국간 또는 지역의 자유무역협정을 통해 무역장벽을 완화하였다. 관세와 무역에 관한 일반 협정(General Agreement on Tariffs and Trade, GATT)은 세계 여러 나라가 모여 지속적으로 추진하는 무역자유화 협정이다. GATT 규약은 세계무역기구(WTO)에 의해 집행된다.

61) 조정관세는 지정된 물품의 수입이 급격히 증가하거나 저가 수입으로 국내시장이 교란되거나 산업기반이 붕괴될 우려가 있는 경우, 일시적으로 일정기간 세율을 조정해 부과하는 관세를 말한다.

참고문헌

그레고리 맨큐. (2021). 맨큐의 경제학 9e. (김경환·김종석 옮김). CENGAGE.

민경택. (2015). "목제품 시장에서 국산품과 수입품의 아밍턴 대체탄성치 추정." 한국임학회지 104(2): 254-260.

민경택·장철수·송성환·김진경. (2011). "한-중 임산물 교역의 분업·경쟁관계 분석." 산림경제연구 18(1): 39-55.

애덤 스미스. (1992). 국부론. (김수행 옮김). 동아출판사.

이병훈·장철수·송성환. (2013). "공간중력모형을 이용한 목재류 수출의 결정요인 분석." 농촌경제 36(1): 49-63. 한국농촌경제연구원.

토드 부크홀츠. (2015). 죽은 경제학자의 살아있는 아이디어. (류현 옮김). 김영사.

森林総合研究所. (2012). 森林·林業·木材産業の将来予測. J-FIC.

Armington, P. (1969). "A Theory of Demand for Products Distinguished by Place of Production." IMF Staff Papers 16: 159-176.

Balassa, B. (1965). Trade Liberalization and Revealed Comparative Advantage. Manchester School of Economic and Social Studies 33: 99–123

Buongiorno, J., S. Zhu, D. Zhang, J. Turner & D. Tomberlin. (2003). The global forest products model: Structure, estimation, and applications. Academic Press, San Diego. 301p.

Zhang, D. & P. Pearse. (2011). Forest Economics. UBC Press

제 12 장

세계의 산림자원과 환경

지구의 많은 사람들이 숲에 의존해 생계를 꾸려간다. 숲은 인간에게 목재, 연료, 수실류와 버섯 등 다양한 산물을 제공하고, 토양과 물의 보존, 맑은 공기 등 인간의 생존에 필수적인 활동을 한다. 또한, 숲은 토지가 황폐해지고 사막화하는 것을 방지하고 홍수, 산사태, 가뭄, 황사 등 각종 자연재해의 위험을 억지한다. 뿐만 아니라 숲은 수많은 동식물이 서식하는 장소이기도 하다. 마지막으로 숲은 다양한 생태계 서비스를 제공함으로써 기후변화 완화 및 적응, 생물다양성 보존에 기여한다.

산림의 문제는 어느 한 나라의 범위를 넘어서 지역적으로 그리고 지구적으로 대응해야 할 과제가 되었다. 농경지와 목초지 개발을 위한 열대우림 파괴, 호주와 북미, 한대림의 대형 산불 등은 지구 산림 보존을 어렵게 하지만, 기후변화와 인간의 경제활동이 얽혀있어 효과적 대응이 쉽지 않다. 국제 사회는 산림의 중요성을 인식하고 지속가능한 산림관리를 위한 목표 설정과 이행 등 다양한 노력을 기울여 왔다. 이러한 상황에서 세계 산림자원 관리에는 다음과 같은 과제가 있다.

- 인구증가와 경제성장에 따라 늘어나는 임산물 수요에 어떻게 대응할 것인가? 여기에서 임산물은 연료용재, 공업제품, 종이제품 등도 포함한다. 또 산림은 열매, 버섯, 유지, 향신료, 의약품, 코르크 제품 등의 목재 이외의 임산물도 생산한다.
- 개발도상국에서 산림전용의 압력은 여전히 강하다. 특히 자급적 혹은 상업적 농업·축산업을 목적으로 한 산림 개발이 많다.

- 생물다양성과 기후변화 대응, 생태계 보전 등 새로운 형태의 산림서비스를 어떻게 인식하고 보전할 것인가도 과제이다.

이 장에서 관심을 두는 것은 지구 규모의 산림 관련 이슈인데, 특히 경제 개발과 환경보호에서 산림의 역할이다. 한 나라의 산림자원과 산림경영은 그 나라 국민의 문화적·경제적 후생뿐만 아니라 지구 환경에도 영향을 미친다. 글로벌 이슈는 각국의 자발적 참여와 협력으로 대응해야 하기 때문에 국내 이슈보다 다루기 어렵다.

세계의 산림자원과 목재 생산

산림자원의 분포와 변화

세계의 산림이 어떤 상황에 처해 있는지 알아보자. 유엔 식량농업기구(FAO)는 5년을 주기로 세계 산림자원 현황을 조사하여 발표한다.

산림은 나무가 모여 자라는 곳인데, 그것이 기후에 따라 다른 형태로 나타난다. 그래서 FAO(2020)는 산림을 0.5ha 이상의 면적에서 수고 5m이상의 나무들로 수관률 10%를 넘는 곳으로 정의한다. 숲이 천연림일 필요는 없고 인공조림도 포함한다. 수목의 높이는 최저 5m라고 하지만 벌채후 조림목은 그에 이르지 않아도 된다. 여기에 농업용 또는 도시용 토지는 포함하지 않는다.

FAO가 발간한 『2020년 세계 산림자원 평가 보고서』에 따르면, 세계 산림면적은 40억 5,893만 ha이고 육지의 30.8%를 덮고 있다.[62] 산림면적이 많은 국가들을 보면, 러시아(8억 1,531만 ha), 브라질(4억 9,662만 ha), 캐나다(3억 4,693만 ha), 미국(3억 980만 ha), 중국(2억 1,998만 ha)은 세계 산림면적의 54%를 차지한다. 상위 10개국의 산림면적은 전체의 66%를 차지한다. 또, 캄보디아, 콩고공화국, 콩고민주공화국, 코스타리카, 에쿠아도르, 가나, 페루는 국토와 산림면적은 적어도 풍부하고 중요한 산림자원을 가지고 있다.

62) 세계 토지면적은 130억 ha이다. 농지가 48억 ha(37%)이고, 기타(32%)는 사막과 도시 등이다(FAO, 2022a).

표 12.1 세계의 지역별 산림의 특성

	인구 2018 (백만)	산림면적 2020 (천ha)	임목축적 (m^3/ha)	산림률 (%)	인공림 (%)	산림면적 변화 (2010-2020)	
						1000ha/yr	%
아프리카	1,276	636,639	120.0	21.3	2	- 3,938	- 0.60
- 동 · 남아프리카	488	295,778	64.7	31.2	2	- 1,907	- 0.62
- 북아프리카	237	35,151	23.9	4.5	6	- 168	- 0.47
- 서 · 중앙아프리카	550	305,710	184.6	24.3	1	- 1,862	- 0.59
아시아	4,561	622,687	100.4	20.0	22	1,173	0.19
- 동아시아	1,666	271,403	99.7	23.5	36	1,901	0.73
- 남 · 동남아시아	2,551	296,047	106.5	27.4	11	- 941	0.31
- 서 · 중앙아시아	343	55,237	71.2	6.3	10	213	0.39
유럽	746	1,017,461	114.2	46.0	7	348	0.03
- 러시아 제외	601	202,150	173.9	35.1	30	330	0.16
오세아니아	42	185,248	101.8	21.8	3	423	0.23
북중미와 카리브	583	752,710	126.3	35.5	6	- 148	- 0.02
남미	424	844,186	222.1	48.3	2	- 2,597	- 0.30
세계	7,631	4,058,931	137.1	31.2	7	- 4,739	- 0.12

자료: FAO (2020a)

산림은 기후대에 따라 분포 면적이 다르다. 세계 산림 가운데 열대림 45%, 아열대림 11%, 온대림 16%, 한대림 27%이다. 적도 주변의 중남미, 사하라 사막 이남의 아프리카, 동남아시아 등에 열대우림이 집중되어 있다. 보통 열대림과 아열대림은 활엽수종으로 구성되고, 한대림은 대개 침엽수종으로 구성되어 있다. 북반구 선진국은 대개 침엽수종으로 많은 목제품을 생산하지만, 활엽수종은 경관과 환경 서비스에서 중요한 역할을 한다.

숲에는 폐쇄림(closed forest)이 있고 소림(疎林, open forest)이 있다. 수관과 수관이 서로 접하여 닫힌 형태가 되면 폐쇄림이라 하고, 수관이 서로 겹치지 않고 듬성듬성 자라는 형태를 소림이라 한다. FAO에 의하면 세계 산림은 폐쇄림 85%, 소림 12%, 기타로 구성되는데, 기타(forest fallow)에는 화전농업을 실행하고 버린 토지가 숲으로 회복되는 곳이 포함된다. 폐쇄림은 보통 습윤 온대와 일부 열대 기후에, 소림은 러시아 시베리아처럼 추운 곳이나 사하라 이남 아프리카, 오스트레일리아처럼 건조한 기후에서 볼 수 있다. 소림을 산림의 정의에 포함하면서 산림면적은 인도네시아보다 오스트레일리아에서 더 넓다. 이렇듯 세계의 산림은 균질하지 않다. 세계의 산림 통계를 볼 때 질의 문제도 생각해야 한다.

표 12.2 산림면적의 연간 변화율

시기	순변화(백만 ha/년)	순변화율(%/년)
1990-2000	- 7.84	- 0.19
2000-2010	- 5.17	- 0.13
2010-2020	- 4.74	- 0.12

자료: FAO (2020a)

숲은 임종과 소유에 따라 구분할 수도 있다. 2020년 천연림은 세계 산림의 대부분(93%)을 차지한다. 천연림에는 원시림, 교란된 천연림, 준천연림이 있다. 인공림은 나머지 7%를 차지한다. 인공림은 세계 목재공급의 대부분을 담당한다.

산림 면적은 2010년 이후 10년간 연평균 470만 ha씩 감소하고 있지만 아시아와 유럽의 신규조림 등에 의한 증가를 고려하지 않으면 최근(2015-2020년) 연평균 1,020만 ha씩 감소하고 있다.

산림면적 감소가 세계 평균보다 높은 나라들은 대개 저개발국이고 열대에 위치한다. <표 12.3>을 보면 2010-2020년 산림면적 순손실 상위 10개국은 열대 개발도상국이고, 순증가 상위 10개국은 선진국 또는 최근 경제성장률이 높은 나라들이다.

2020년 세계 인구를 『세계인구전망 2019년』의 추산대로 77억 9,479만 명으로 가정하면,

표 12.3 산림면적의 순감소와 순증가가 큰 나라들, 2010-2020

순손실 국가	연간변화 (1,000ha/yr)	%	순증가 국가	연간변화 (1,000ha/yr)	%
브라질	- 1,496.1	- 0.30	중국	1,936.8	0.93
콩고민주공화국	- 1,101.4	- 0.83	오스트레일리아	445.9	0.34
인도네시아	- 752.6	- 0.78	인디아	266.4	0.38
앙골라	- 555.1	- 0.80	칠레	148.5	0.85
탄자니아	- 420.5	- 0.88	베트남	125.5	0.90
파라과이	- 346.8	- 1.93	터키	113.7	0.53
미얀마	- 289.7	- 0.96	미국	107.5	0.03
캄보디아	- 252.1	- 2.68	프랑스	83.4	0.50
볼리비아	- 225.2	- 0.43	이태리	53.8	0.58
모잠비크	- 222.8	- 0.59	루마니아	41.4	0.62
계	- 5,662.3		계	1,423.4	

자료: FAO (2020a)

세계의 1인당 산림면적은 약 0.52ha이다. 1인당 1ha를 넘으면 산림자원이 풍부하고 수출 여력이 있다고 볼 수 있는데, 러시아, 오세아니아, 북중미와 카리브, 남미 등이다. 아프리카와 아시아 열대림은 인구도 많기 때문에 그만큼 수출 여력이 있다고 할 수 없다.

세계의 목재생산

FAO는 매년 『Yearbook of Forest Products』를 발간한다. 이 연감에 의하면 세계의 연간 원목 생산량은 약 39억m^3(2020년)이다. 원목 생산량은 아시아가 가장 많고 약 29.6%을 차지한다. 인구로 나누어 1인당 소비량을 보면 연간 세계 평균 0.5m^3을 사용한다고 볼 수 있다. 북미, 유럽, 오세아시아 등 주요 선진국에서 1인당 원목 소비량이 높은 것을 볼 수 있다.

세계에서 생산되는 원목의 약 49.3%는 연료재(장작과 목탄 등)로 사용된다. 연료재는 아시아와 아프리카에서 많이 생산되고 소비된다. 수종을 구분하여 보아도 열대 활엽수재의 연료재 이용이 많음을 알 수 있다. 예를 들어 에티오피아는 원목 생산량의 97.5%를 연료재로 생산·소비한다.

원목의 약 47%는 제재목과 합판, 종이의 원료 등 산업용으로 이용된다. 북미, 유럽, 오세아니아 선진국 지역에서 산업용재 소비량이 높다.

표 12.4 세계의 원목 생산과 소비(2020년)

지역	원목생산량 (1000m^3)	1000인당 소비량(m^3)	산업용재 생산량	1000인당 소비량	연료재 생산량	1000인당 소비량
아프리카	791,610	589	79,202	57	712,408	532
북미	561,881	1,502	499,604	1,333	62,276	169
중남미	509,036	772	241,792	364	267,244	409
아시아	1,158,909	265	453,043	113	705,866	152
유럽	803,681	1,044	633,229	819	170,452	225
오세아니아	86,9836	1,284	76,818	1,051	10,018	233
세계	3,911,952	502	1,983,688	255	1,928,264	247
- 침엽수	1,375,249	-	1,144,245	-	231,004	-
- 활엽수	2,536,704	-	839,443	-	1,697,261	-

자료: FAO (2022c)

인구, 경제성장, 산림전이

인구와 경제성장

세계 인구는 1800년에 10억 명 이하였지만 1959년 30억 명을 돌파하고 1987년 50억 명, 2011년 70억 명으로 증가했다. 유엔의 『세계인구전망 2022년』에 따르면 세계 인구는 2030년에 85억 명, 2050년에 97억 명에 이를 것으로 전망된다.[63] 인구 증가는 경제 성장을 위한 노동력을 제공하지만 산림을 비롯한 자연자원에 압력을 가한다. 세계 산림면적은 지난 수십 년 계속 감소했는데, 손실율이 완화되고 일부 국가에서 산림면적이 증가하거나 안정되었음에도 그러하다.

산림 감소의 주요 원인으로 1인당 소득과 생활 수준의 향상을 꼽을 수 있다. 여러 세대의 소비 수준을 비교하는 것은 어렵지만 2세기 이전 사람들의 평균 소비는 현재 가격을 기준으로 연간 600~700달러로 평가할 수 있다. 지난 세기가 바뀔 쯤에 이는 연간 1,000달러 이상으로 증가하였다. 1950년에 연간 2,000달러를 넘었고, 지금은 연간 약 8,000달러이다. 세계 인구의 1인당 실질 소득은 꾸준히 증가했다.

인구와 생활수준의 향상은 지속적인 식량 증산과 경제 성장을 요구하지만 제한된 토지와 자연자원에서 장기적으로 가능한가? 자원의 희소성과 경제성장의 지속가능성을 둘러싸고 논쟁을 반복한다. 자연자원 부족으로 나타나는 경제 붕괴의 가능성을 생각할 때 사람들은 극단적 비관주의에서 극단적 낙관주의까지 폭넓은 입장을 취한다.

비관주의 입장은 18세기 토머스 맬서스(T. Malthus)까지 거슬러 올라간다. 그는 한정된 토지 기반에서 인구 증가의 속도가 식량생산의 증가 속도보다 빨라 결국 지구에 종말이 올 것이라고 설명하였다. 그의 예언은 20세기 중후반에도 위력을 발휘했다. 20세기 초반 환경운동은 자원의 수탈이 너무 빨라서 경제 성장을 지탱할 수 없다는 우려에서 시작하였다. 그리고 자연자원의 희소성에 대한 우려가 나타났는데, 석유자원을 둘러싸고 높아졌다. 1972년 로마클럽은 『성장의 한계』를 발표하는데, 대규모 컴퓨터 시뮬레이션 모델을 가동한 결과 현대의 경제활동이 21세기 초에 급격히 쇠퇴한다는 결론을 도출하였다. 그들이 인류를 위협

63) 2080년에 104억 명으로 최고점에 도달한 후 내려올 것으로 전망된다.

하는 요인으로 지적한 것은 인구 과잉, 환경 오염, 자원 고갈, 식량 부족 등이었다. 따라서 양적 성장을 지양하고 생태계에 부담을 주지 않도록 질적 경제를 추구해야 한다고 주장한다. 그럼에도 대부분의 국가에서 장기 경제성장은 지속되었다.

낙관주의자들은 토지와 일부 자연자원의 공급이 제한되어도 인력과 자본을 확장하여 성장을 지속할 수 있다고 주장한다. 영국에서 심각한 목재부족이 발생하였을 때 산업혁명을 이끄는 석탄 기술이 등장하였고, 석탄 부족이 시작되자 석유 기술이 개발되었다. 인구 증가로 식량 부족이 우려될 때 살충제, 비료, 농기계, 새로운 품종 육성 등 과학기술의 진보로 농업생산성이 크게 증가했다는 것이다. 1970년대 에너지 가격이 폭등하였을 때 에너지 효율화 기술과 대체 에너지원이 개발되면서 에너지 가격도 안정되었다. 그러나 더 많은 자연자원이 없다면 다른 생산요소를 추가 고용하여 얻는 이득은 점점 적어질 것이다.

경제 성장과 산림의 관계

경제 성장과 환경의 관계를 역사적 관점에서 파악하려는 생각은 환경 쿠즈네츠 곡선으로 설명한다. 이는 경제 성장 초기엔 환경 오염이 심해지지만 경제 발전이 어느 수준을 넘어서면 오히려 오염이 줄어들고 환경이 깨끗해진다는 것이다. 환경훼손의 지표가 <그림 12.1>과 같은 역U자 형태를 보인다는 것이다. 인간 사회가 발전 과정에서 환경을 심하게 훼손한 것을 받아들이고, 한편으로 경제성장이 진전하면 사람들의 환경 의식이 높아지고 그에 따라 대응 기술을 개발하거나 환경보호의 제도를 갖춤으로써 환경악화를 멈추고 개선 국면이

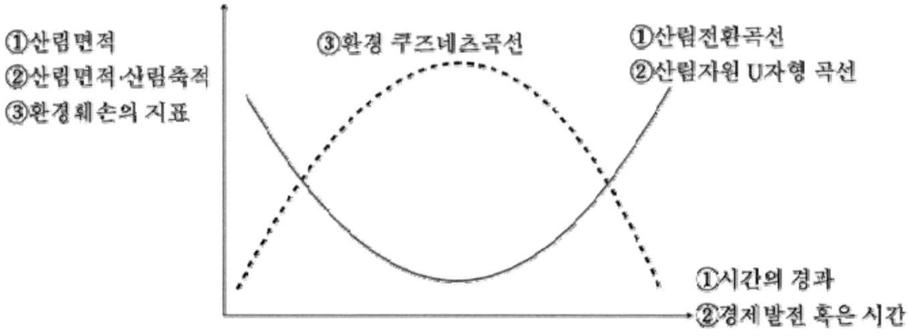

그림 12.1 산림의 풍부함과 경제 성장의 관계

시작된다는 내용이다.[64)]

이것의 유의성을 보여주는 연구는 많지만 해석에 주의할 필요가 있다. 첫째, 소득/오염 관계에서 구성이 달라질 수 있다. 잘 사는 나라들은 종종 고도의 기술산업 또는 서비스 산업에 집중하고 더러운 산업을 저개발국가에 떠넘긴다. 둘째, 모든 오염 물질이 쿠즈네츠 곡선의 형태를 따르는 것은 아니다. 예를 들어 이산화유황의 경우 발전과 함께 배출량이 늘다가 어느 단계를 지나면 감소하는 것으로 관찰되지만, 이산화탄소의 경우 이러한 관계를 그리기 어렵다. 셋째, 온실가스처럼 축적되는 오염 물질은 그 과정을 빠르게 뒤집지 못한다. 소득 수준과 관계없이 에너지 선택을 바꾸지 않는 한 성장을 유지하면서 배출감소를 달성하는 것이 어렵기 때문일 것이다. 넷째, 생물다양성의 손실은 완전히 비가역적이다. 지구에 얼마나 많은 종이 살아가는지 정확하게 모르기 때문에 얼마나 많은 생물종이 멸종하는지도 잘 모른다. 그럼에도 불구하고 지금이 심각한 생물다양성 위기라는 사실에는 대개 의견이 일치한다.

산림도 처음에는 풍부하였는데 경제발전에 따라 감소한다. 그리고 어느 시점부터 증가로 반전한다고 생각할 수 있다. 이를 산림전환(forest transition) 곡선, 산림자원의 'U자형 가설'이라 한다.[65)]

이 가설은 단계론의 입장을 취한다. 지금 산림훼손이 우려되는 지역도 앞으로 발전하면 마침내 산림훼손을 멈추고 회복될 것이라 한다. 그런 의미에서 낙관론이기도 하다. 그러나 이 가설은 경제발전의 단계에 따라 어떤 모양의 커브가 그려질까, 그것에 통계적 유의성이 있을까, 그런 문제가 아니다.

어떤 상황에서 '자본주의의 논리'가 환경을 악화시켰다고 하여도 시장이라는 제도 자체가 문제는 아니라는 것이다. 문제의 본질에 외부성이 존재한다. 환경보전의 인센티브를 잘 제도화하여 외부불경제를 내부화하는 것이 문제 해결의 처방이라는 것이다. 환경세, 적절한 규제의 확립 등이 그러한 제도의 사례이다. 따라서 산림면적의 회복은 단순히 국민소득 향상의

64) '쿠즈네츠 곡선'은 쿠즈네츠(S. Kuznets)가 소득 불평등도와 경제성장에서 발견한 역사적 변화의 패턴을 말한다. 애로우(K. Arrow)가 이 발상을 환경문제에 적용하면서 널리 사용하게 되었다. 근대의 일반적 추세는 맥닐의 『20세기 환경의 역사』를 참조바란다.

65) 지리학에서는 산림전환 곡선, 산림학에서는 U자형 가설이라 언급한다. 이를 산림에 적용한 연구에는 Mather(1992), 永田(1999) 등이 있고, 배재수(2009)는 우리나라 사례를 다룬다.

직간접 효과만이 아니라 산림경영의 기술과 제도의 적절한 발전, 나아가 시민들의 의식 변화의 결과이다.

다른 재화와 마찬가지로 깨끗한 환경도 하나의 재화이다. 다른 재화와 마찬가지로 깨끗한 환경의 소득탄력성은 0보다 크다. 잘사는 나라의 사람들이 환경보전에 가난한 나라보다 더 큰 비용을 지불할 수 있다. 그래서 선진국들의 환경보호 정책이 더 엄격하다. 또, 깨끗한 물과 공기도 수요의 법칙을 따른다. 환경보호 비용이 낮을수록 국민들은 더 적극적인 환경보호를 요구할 것이다. 교정적 조세나 배출권 거래와 같은 접근은 환경보호 비용을 낮출 수 있다.

개발도상국의 문제

개발도상국의 사례를 보면 인구 증가와 산림 파괴 사이에 인과관계가 있음이 지적된다. 인구 증가는 그 자체로 임산물 수요를 증가시키는 요인이다. 개발도상국에서 인구의 증가는 우선 연료재 소비를 늘릴 것이다. 또 식량 수요의 증가에 따라 산지를 개간하고 화전을 확대시켜 산림면적을 감소시킬 것이다. 이처럼 인구 증가는 산림 면적에 부(-)의 효과를 가진다고 볼 수 있다. 다만 그 관계가 항상 긴밀한 것은 아니다. 오히려 인구 성장이나 인구밀도의 증가를 불러오는 '매개요인'의 작용에 따라 상황은 크게 달라진다. 집약농업을 발전시킬 수 있는가, 정부가 산림보호구역을 지정하고 유지할 수 있는가, 정부가 지속가능한 산림경영 제도를 설계하고 실행할 수 있는가, 이러한 것들에 따라 영향이 달라지므로 결론은 뜻밖에 '분명하지 않다'는 것이다.[66]

특히 논쟁이 되는 것은 글로벌화의 영향인데, 그것이 산림파괴를 가속시키는 최대 요인이라는 주장이다. 예를 들어 무역자유화가 산림률에 미치는 효과는 정(+)일까 부(-)일까. 외국에서 저가의 목재를 수입하면 임업에 타격을 줄지 모르지만 이는 국내 환경보전에 기여할지도 모른다. 한편, 목재수출국에서 임업 육성을 자극할 수도 있지만 벌채 확대가 그 나라의 산림률을 저하시킬 수도 있다. 이러한 문제를 분석하는 것은 쉽지 않는데 개발도상국에는 정치사회의 성숙도와 경로의존의 문제가 있기 때문이다. 게다가 우리나라 산림이 풍부해진

66) 맥닐 『20세기 환경의 역사』 제9장을 참조할 것.

것은 싼 외재를 사들여 열대우림을 훼손했기 때문이다, 옛날에는 국지적 문제이던 산림소실을 지구적 문제로 바꾼 것은 글로벌화라는 지적도 있다.

개발도상국의 산림 상황은 여전히 위기이다. FAO 자료에서 브라질을 보면 1990년부터 2020년까지 30년간 산림면적의 15.7%가 감소하였다. 또, 같은 기간 인도네시아는 22.3%, 콩고민주공화국은 16.2%의 감소율을 보인다.

개발도상국에서 경제성장과 함께 산림을 회복한 곳도 있다. 중국과 인도, 베트남이 좋은 예이다. 현대 중국이 출발할 때(1950년 전후) 산림률은 8.6%에 불과하였다. 그런데 경제성장기에 국가 수준에서 조림을 추진하여 1980년에 12%, 1990년에 16.4%가 되었다. 그리고 2020년에는 23.0%로 증가하였다. 인도의 산림면적은 지난 30년 사이에 12.9%의 증가를 보였다. 또 베트남의 산림면적은 56.2% 증가하였다. 이들 국가에서 산림이 회복 기조로 바뀐 것은 1980년대부터라고 한다. 이 시기에 시작한 정부 산림당국과 지역 자치단체의 협력 프로그램처럼 적절한 인센티브 시책이 산림의 회복으로 이어졌을 것이다. 그리고 뉴질랜드와 칠레 등도 대규모 조림지를 만들었다.

열대림: 글로벌 공유자원

산림면적이 감소하는 상위 10개국은 모두 열대에 있다. 브라질에서 가장 심각한데 2010~2020년 전체 산림전용 면적은 1,496만 ha이며 그 크기는 우리나라 국토면적의 1.5배에 이른다.

열대림의 산림전용은 임지를 더 가치있는 이용으로 바꾼 결과인데, 자연자본을 인공자본으로 바꾼 것으로 이해할 수 있다. 그러나 지나치거나 또는 낭비적인 전용이 심각하며, 이것은 경제·사회·환경의 결과를 악화시킨다. 예를 들면 지역주민의 빈곤, 사회 갈등, 동식물의 멸종, 기후변화 등이다.

열대림 전용의 직접적 원인은 농지·초지 확장, 임목 벌채, 기반시설 확충, 도시화 등이다. 이것은 동시에 진행되기도 하고 순차적으로 작동하기도 한다. 상업적 농업과 식량 생산의 영향은 말레이시아, 인도네시아 등 동남아시아와 브라질에서 크게 나타난다. 특히 리스크가 높은 상업작물로서 동남아시아에서는 팜오일, 목재, 펄프, 브라질에서는 콩과 소고기 등이며 기타 작물로서 커피, 카카오, 고무 등이 있다. 우리가 먹는 식품은 세계 각지에서 생산되는데, 그중에는 숲을 베어내고 생산하는 것도 있다.

<그림 12.2>은 열대림의 산림전용이 행위자와 과정의 복잡한 혼합임을 보여 준다. 예를 들어 인구증가와 빈곤때문에 일부 사람들이 숲 근처로 이주하는데, 그들은 먹고 살기 위해 숲을 베고 화전(火田)농업을 한다.

화전농업을 영어로 slash and burn agriculture, 이동경작을 shifting cultivation이라 한다. 숲을 쳐내고 불태워 경작하고 이동하는 것인데, 열대에서는 아주 오래 전부터 실행해 온 농법이다.[67] 전통적 이동경작은 관습적으로 생태적 안정성을 지킨다. 보통 불태우고 나서 1년만 경작한다. 같은 장소에서 수년 경작하면 폭우에 토양이 유실되기 때문이다. 다른 곳으로 옮겨가며 화전을 하면 더 많은 토지를 망친다고 생각할 수 있지만, 한번 경작하고 버린 곳에는 다시 싹이 나고 자라 숲으로 복원된다. 10년 정도 지나면 숲이 재생되기 때문에 원래 자리로 돌아와 다시 경작할 수 있다. 반면, 그러한 관습적 기술을 알지 못하는 외지 사람이 숲에 들어와 화전을 하면 같은 곳에서 계속 경작을 한다. 외지 사람이라 공유자원관리의 자율 협약을 적용하기도 어렵다. 토양이 침식되고 작물이 생육할 수 없으면 어쩔 수 없이 옮겨간다. 그런 곳에서 숲은 쉽게 복원되지 않는다. 인구가 증가하면서 또는 정부의 무리한 주민 이주 계획에 따라 이러한 '비전통적 화전 이동경작'이 많이 나타났다.

정착 경작도 있다. 수출용 환금 작물을 재배하는 플랜테이션도 있고 주민들의 생활을 위한 경작도 있다. 숲을 베어내고 기름야자나무 플랜테이션을 만들기도 한다.

도로 확장 등 국가의 개발정책, 벌목기업의 진출은 이러한 과정을 촉진한다. 임목을 베어내면 길이 생기는데, 그 길을 통해 주민들이 숲으로 들어가 땔감을 채취하고 비전통적 이동경작을 한다. 그로 인해 산불이 발생하기도 한다.

또 하나 큰 문제는 국가가 산림을 소유하는 것이다. 국가는 재정 운영을 위해 또는 통치자

67) 열대림이 무성하게 성장하는 것은 나무들과 지표면 낙엽층 사이에서 진행되는 양분 순환 덕분이다. 토양은 양분을 거의 포함하지 않는다. 이런 토양에서 농사를 지으려면 특별한 영농기술이 필요하다.

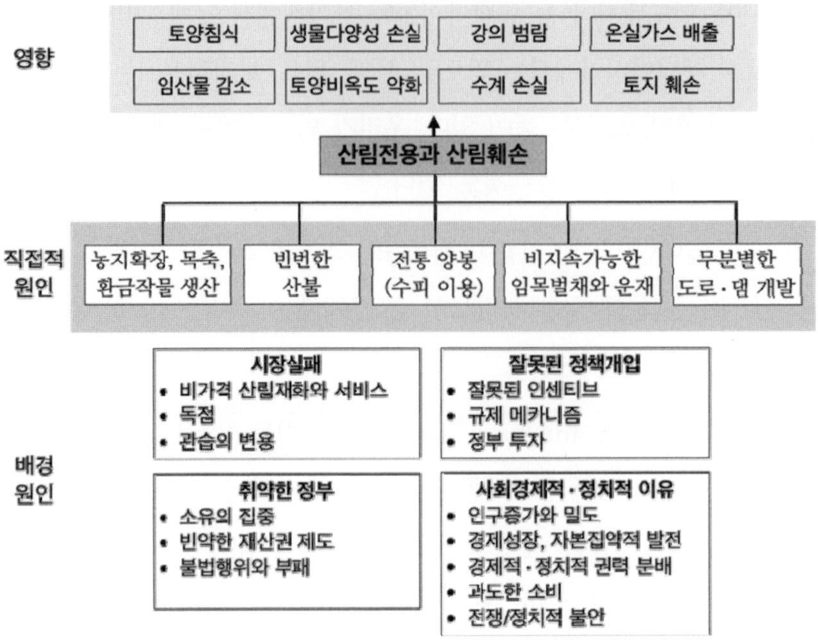

그림 **12.2** 열대림 감소의 직접적 원인과 배경 원인

자료: Zhang & Pearse (2011), FAO(2020)을 이용하여 작성

의 정치자금 확보를 위해 산림벌채권을 매각한다. 이에 따라 임목이 베어진다. 산림의 갑작스런 국유화는 전통적인 산림관리를 흔들게 된다. 정부가 잘 관리하면 좋겠지만 개발도상국에서 행정력이 충분하지 못한 경우가 많다. 이러한 경우 그동안 지역사회가 관리하던 산림은 무법천지가 된다. 생활을 의존하던 자원이 조만간 사라질지도 모른다는 두려움을 느끼면 그들은 당장에 그것을 최대한 확보하려고 나설 것이다. 정부가 넘긴 벌채권에 따라 기업이 벌채하기 때문에 산림감소 메카니즘은 계속 진행된다.

농업보조금, 조세혜택, 토지소유권, 어설프게 설계된 임목 컨세션은 산림 벌채를 촉진한다. 게다가 정치적 불안정성과 빈약한 거버넌스는 불확실성을 가져오고 재산권의 집행과 강제력에 문제를 만든다. 국가 외채와 같은 국제경제 문제, 열대 목재와 펄프용재에 대한 시장의 확대, 토지와 노동과 연료의 저렴한 비용 등은 지속가능한 토지이용 대신에 산림전용을 촉진할 수 있다. 정치적 문제가 산림훼손에 미치는 영향을 보여주는 대표 사례가 아이티와 도미니카공화국, 한국과 북한이다.

기술의 발전은 산림전용을 증대할 수도 저감할 수도 있다. 산업 규모의 농업을 가능하게 하는 기술은 산림벌채를 더욱 자극한다. 비효율적인 벌목 기술은 산림과 목재폐기물에서 동반되는 피해를 늘리고 그에 따라 산림전용의 가능성을 높인다. 반면, 목재제품 가공에서 목재절약 기술은 산림전용을 줄이는 데 기여한다.

열대림 감소를 억제하기 위해 다양한 접근이 시도된다. 직접 원인을 정책 대상으로 다루기는 어렵다. 개발도상국에 경제성장을 자제하라고 요구하는 것은 무리이다. 빈곤한 사람들에게 비전통적 화전 이동경작을 중단하라고 강요하기도 어렵다. 그러나 간접 원인에는 정책적으로 대처할 수도 있다. 교육, 특히 여성의 교육 수준을 높이는 것은 장기적으로 인구 억제에 기여한다. 산림소유권 또는 관리권한을 지역주민에게 부여하면 주민의 산림경영 의욕을 고취할 것이다. 열대에서 '사회임업' 또는 '주민참여형 산림관리'가 중요하게 다루어진다. 세계 경제의 영향을 능동적으로 활용할 수도 있다. 자본집약적 기술보다 노동집약적 적정기술을 개발하여 농산촌 인구를 흡수하는 것이 필요하다.

지금까지 열대림을 사적재로 다루어 정부와 기업, 지역 주민이 탐사하고 이용할 수 있다고 하였다. 동시에 열대림은 지구촌 주민 모두에게 소중한 글로벌 공유자원이다. 다른 생태계보다 훨씬 많은 종을 품고 있고 엄청난 양의 탄소를 저장하기 때문이다. 교란되지 않은 열대림은 탄소에 거의 중립이지만 산림의 전용과 훼손은 숲을 탄소배출원으로 만든다.

기후변화 대응에서 산림의 역할

기후변화는 인류가 당면한 가장 중요한 환경문제의 하나이다. '기후변화'는 지난 몇백 년 동안 지구의 평균 기온이 상승한 것을 가리킨다. 이 기간에 평균 기온이 상승한 것에는 거의 논란이 없다. 인간의 활동이 배출하는 이산화탄소가 영향을 미치는 것으로 여겨진다.

19세기 초 세계 탄소 배출은 연간 1,000만 톤 이하로 미미한 수준이었다. 19세기 탄소배출은 5억 톤을 넘었고 1950년에는 15억 톤까지 치솟았다. 세계의 경제성장과 함께 2000년에는 탄소배출이 약 70억 톤에 달했다. 21세기에 의미있는 변화가 있었는데, 2017년 탄소배출이 경제성장의 둔화와 인구 노령화로 유럽에서 15퍼센트 줄었고, 미국에서도 천연가스 사용량이 증가하여 탄소배출이 줄었다. 하지만 중국의 탄소배출이 10억 톤에서 30억 톤으로 크게 증가하였다. 중국에서 급증하던 속도도 둔화하기 시작했지만 현재 인도와 아프리카에서 배출량이 증가하는 추세이다. 가까운 시일에 세계 배출량이 상당히 감소할 가능성은 없어 보인다. 무엇보다 어려운 과제는 화석연료 연소에 의존하지 않고 수십 억 인구를 가난에서 끌어내는 것이다.[68)]

IPCC는 2021년 「제6차 평가보고서」를 발표하였는데, 지구온난화가 인간의 영향으로 일어난 것을 처음으로 '의심의 여지가 없다'고 평가하였다. 또, 2022년에 발표한 「제2실무그룹 보고서: 영향·적응·취약성」은 기후변화가 극단 현상의 빈도와 강도 증가를 동반하고 광범위한 악영향을 일으킨다고 하였다. 같은 해 4월에 발표한 「제3실무그룹 보고서: 기후변화의 완화」는 COP26 이전에 제출된 각국의 대책을 실행하여도 지구 평균기온의 상승이 21세기에 1.5℃를 넘어설 가능성이 높다고 전망한다.

기후변화는 산림에 얼마나 관련되는가? 숲은 다른 생태계와 마찬가지로 기후변화의 영향을 직접 받는다. 해수면 상승, 기온 상승에 의한 동식물 서식지의 이동, 날씨와 강우 패턴의 변화, 산불과 해충 발생 패턴의 변화, 산림 생산성의 변화이다. 그 영향은 어떤 곳에서는 부정적이지만 또 다른 곳에서 긍정적으로 나타나기도 한다. 대기의 이산화탄소 증가와 기온 상승이 산림면적을 확대하기도 한다. 기후변화는 세계 산림 관리에서 가장 중요한 과제이다.

기후변화와 산림

산림은 광합성을 통해 대기의 CO_2를 흡수하여 탄소를 저장한다. 그 탄소는 벌채와 고사, 부후, 연소를 거쳐 대기로 돌아가고 다음 세대의 산림이 또 흡수, 저장을 반복한다. 산림은 흡수와 배출을 반복하면서 장기간 탄소를 저장하고 대기의 CO_2 배출을 조정한다.

지구의 탄소순환을 <그림 12.3>에 나타내었다. 2010~2019년 화석연료 사용에 의한 배출은 94억 톤/년이고, 흡수는 육지의 34억 톤/년과 해양의 25억 톤/년이고, 그 차이 51억 톤/년이 대기에 축적되어 기후 변화가 진행된다.

68) 바츨라프 스밀. 2021. 숫자는 어떻게 진실을 말하는가. 김영사

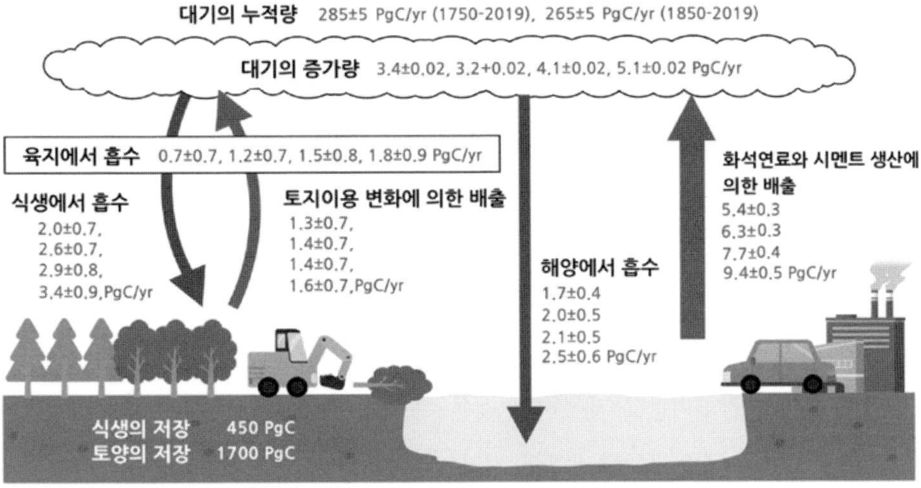

그림 **12.3** 지구의 탄소순환

주: 1Pg (peta gram)=10^{15} g= 10억 톤. 수치는 순서대로 1980-1989, 1990-1999, 2000-2009, 2010-2019년 변화량을 나타냄.
자료: IPCC(2021) Table 5.1과 Figure 5.12를 이용하여 작성함.

육지에 주목하면 산림과 농지, 초지 등 식생이 34억 톤/년을 흡수하지만, 산림감소 등 토지이용 변화에 의하여 16억 톤/년이 배출된다. 또, 식생 및 토양에 다량의 탄소가 저장되어 있는데 그것의 지속적 관리가 중요하다.

산림분야 대응 방안

산림분야의 기후변화 대응에는 산림관리에 의한 CO_2 흡수·저장과 목재 이용에 의한 배출 감축이라는 양면의 접근이 있다.

산림은 상태와 취급 방법에 따라 흡수원도 되고 배출원도 된다. 유령림은 성장이 왕성하고 흡수량이 크지만, 성숙한 산림에서 성장에 의한 흡수량과 고사·부후에 의한 배출량이 균형을 이룬다. 벌채는 일시적인 배출이 되고 산불과 병충해는 단기간에 큰 배출을 초래한다. 그렇지만 산림이 재생하면 다시 CO_2를 흡수하므로 그 차이는 0이 된다. 문제가 되는 것은 산림의 감소이다. 산림전용(deforestation)은 지난 2세기 동안 대기에 탄소를 구축하는 데 크게 기여하였다. IPCC는 산림의 벌채와 임지 전용이 대기로 들어가는 온실가스의 20%

정도에 기여한 것으로 추정한다. 또한 산림훼손(forest degradation)도 탄소 배출에 크게 기여한다. 산림전용은 일부 국가에서 여전히 지속되는데, 특히 열대 국가에서 심각하다. 이는 벌채에 의한 배출만이 아니라 장래의 흡수와 저장 기회도 빼앗는다. 산림관리에 의한 대응책은 산림의 면적·축적의 증대에 의한 흡수량 증가, 지속적 산림관리에 의한 흡수와 저장, 그리고 산림의 전용·훼손 억제에 의한 배출 감소로 집약된다.

목재 이용으로 배출을 감축할 수 있다. 목재는 건중량 절반의 탄소를 포함하므로 목조주택과 목재가구 등 목재제품의 이용은 숲이 흡수한 탄소를 사회에 옮겨 축적하는 효과를 가져온다. 또, 철이나 알루미늄을 제조하는 것은 목재를 제조하는 것보다 훨씬 많은 에너지를 사용하기 때문에 이들 물질재료를 목재로 바꾸어 사용하면 화석연료 사용을 줄이고 배출을 감축할 수 있다(에너지 절약 효과). 그리고 목재제품으로 이용하고 난 다음 폐재를 연소하여 에너지로 만들면 화석연료 사용에서 유래하는 CO_2 배출을 감축할 수 있다(화석연료 대체효과). 목재의 재활용과 다단계 이용(제재 → 보드 → 칩 → 에너지의 다단계 재이용)을 통하여 이들 효과를 복합적으로 발휘하는 것이 중요하다.

국제 동향

1992년 유엔은 제1차 기후변화협약을 맺었고 그 이후 일련의 회의와 기후관련 조약이 뒤따랐다. 기후변화 대책은 과학·기술·사회경제 평가와 정책을 제언하는 '기후변화에 관한 정부간 패널(IPCC)'과 국제 정책을 실시하는 '유엔 기후변화협약(UNFCCC)'을 중심으로 추진된다.

교토의정서

1997년 UNFCCC 당사국 총회(COP3)에서 교토의정서를 합의하였다. 교토의정서는 각 선진국에 배출 감축 목표를 제시하고 제1약속기간(2008~2012년)의 목표를 기준년(1990년)과 비교하여 EU 8%, 미국 7%(그후 이탈), 일본 6% 감축으로 하였다.

교토의정서는 1990년 이후의 신규조림·재조림(3조3항)과 산림경영을 실행한 산림(3조4항)에 한정하여 산림에 의한 CO_2 흡수량을 배출 감축의 목표 달성에 이용할 수 있도록 하였다. 이리하여 기후변화 대응에서 산림의 역할이 주목받게 되었다.

REDD+

열대림의 감소는 일찍부터 문제로 인식되었지만 브라질과 인도네시아, 중앙아프리카 등 열대지역의 산림감소가 진행되고 그로 인한 온실가스 배출량이 2019년 전체 배출량의 11%를 차지하는 것으로 평가되었기 때문에 기후변화대책으로서 산림감소 억제의 필요성이 제기되었다. 2005년 COP11에서 열대림 보전의 제도로서 REDD+를 논의하고 2015년 COP21 파리협정에서 그 실시와 지원을 결정하였다.

REDD+는 '개도국의 산림감소·훼손에서 유래하는 CO_2 배출의 감축 및 산림보전, 지속가능한 산림경영, 산림탄소 축적의 증가'(reducing emissions from deforestation and forest degradation)의 줄임말이다. 그 특징은 산림감소·훼손의 억제와 보전의 활동으로 배출량 감축·흡수량 증가를 할 수 있으면 경제적 보상을 얻을 수 있는 장치에 있다. 그리고 그 활동을 통해 생물다양성 보전과 지역환경 보전, 주민소득에 공헌 등도 기대된다.

현재 개도국에서 REDD+ 체제는 정비 단계에서 실시 단계로 이행하는 과정에 있다. 브라질 등 산림감소 대책을 앞서 추진한 국가도 있고, 세계 규모에서 이미 산림감소·훼손에 의한 배출량은 감소하기 시작하였다.

파리 협정

2015년 UNFCCC COP21의 파리 협정은 개발도상국을 포함하여 모든 국가에 자발적인 감축 목표의 제출과 대책 실행을 요구하였다. 온도 상승을 2℃ 이내로 억제하는 것을 목표로 하고 1.5℃ 이내 억제로 노력할 것을 제시하였다. 또, 금세기 후반에 온실효과 가스의 인위적인 배출과 흡수의 균형을 목표로 설정하고 산림에 의한 흡수·저장의 증가와 산림감소·훼손에 의한 배출 감축을 기대한다.

우리나라는 2030년 배출감축 목표로서 2018년도 대비 40% 감축을 제시하고 감축량의 6.1%를 흡수원에 의한 것으로 제시하였다.

글래스고 협정

2021년 10~11월 영국 글래스고에서 개최된 기후변화협약 당사국총회(COP26)에서 140개국 이상이 참가하여 2030년까지 산림감소와 토지 훼손을 멈추게 하고 산림보전과 재생의 가속화, 산림감소·훼손을 초래하지 않는 제품의 생산·소비, 지속가능한 산림경영에 대한 투자의 확대 등을 위해 '산림·토지이용에 관한 글래스고 정상 선언'을 공표하였다. 목표 실현을 위해 개발도상국의 산림보호·회복·지속가능한 경영을 지원하며, 2025년까지 산림 분야의 기후변화 대책에 120억 달러의 공적자금 지원을 약속했다.

탄소시장

화석연료 사용은 인위적인 온실가스 배출에서 가장 큰 비중을 차지하고 화석연료 이용을 줄이는 몇가지 대책이 제안되었다. 에너지 이용을 줄이는 기술 개발과 이전, 에너지 소비를 제한하는 규제, 재생에너지 사용 증대, 탄소세와 배출부담금 등이다. 그리고 배출권 거래제는 배출 감축의 목표를 달성하는 데 시장 메카니즘을 도입한 것이다.

배출권 거래제는 배출의 전체 양을 의무 상한으로 정하고 이를 배출허가권으로 개별 기업에 배분하는 것이다. 초기 분배는 배분 시스템을 이용하겠지만 허가권을 거래할 수 있다. 이는 기업들이 탄소배출을 줄이는 방법에 유연성을 줄 수 있다. 기업들은 배출 억제의 한계비용이 허가권 가격과 같아지는 수준에서 배출량을 제한할 것인데, 한계비용은 배출자들 사이에 같아질 것이다.

어떤 기업은 탄소배출을 줄이는 데 다른 기업보다 낮은 비용으로 할 수 있을 것이다.

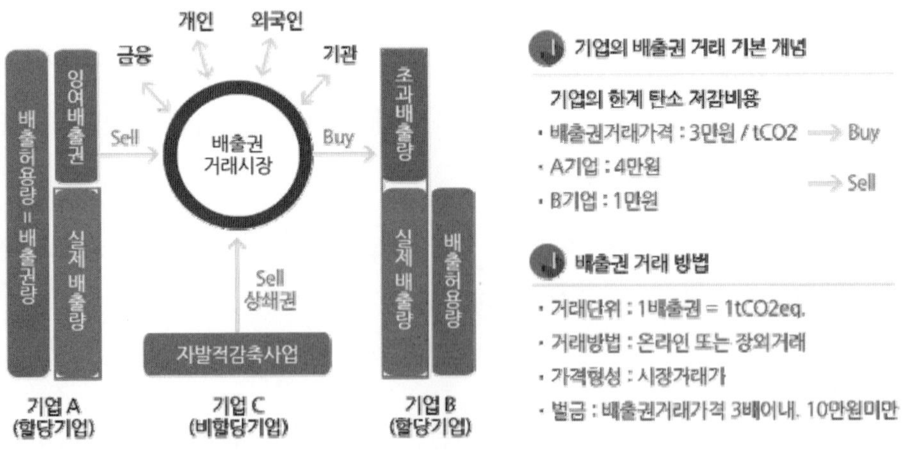

그림 12.4 배출권거래제 개념

자료: KSA 한국표준협회 홈페이지

효율적인 기업들은 배출량을 쉽게 줄일 수 없는 기업에 여분의 허가권을 판매할 수 있다. 이는 전체 감소량의 정해진 수준을 보증하는 시스템을 만들고, 효율적인 기업들을 보상하여 가장 낮은 비용으로 상한을 달성할 수 있도록 한다. 이러한 접근은 직접 규제보다 비용 효과적이라 한다.

탄소시장에서 거래 프로그램은 탄소허용량(carbon allowance)과 탄소상쇄량(carbon offsets)을 포함한다. 탄소상쇄는 이산화탄소 배출 기업에게 다른 기업이 감축한 CO_2 배출량을 획득하여 그 배출을 상쇄할 수 있도록 한다. 임업 프로젝트를 기업의 탄소배출 상쇄에 이용할 수 있는데, 거래형 산림탄소상쇄에 해당하는 사업은 신규조림, 재조림, 지속가능한 산림경영이다. 거래되는 탄소의 가격은 탄소 크레딧에 기초한다. 1 배출권은 1 tCO2-eq와 같다.

산림 탄소상쇄의 기본 원칙은 UNFCCC의 세 가지 핵심 원칙과 관련되는데, 추가성, 영속성, 누출 방지이다. 추가성의 원칙은, 사업을 하지 않았을 때 발생하는 것 이상으로 고정된 추가적 탄소에만 보상한다는 것이다. 프로젝트의 탄소고정 편익을 계산하는 기준을 베이스라인이라 한다. 산림 탄소고정의 베이스라인을 계산하는 것은 쉽지 않은데 장기 사업의 불확실성이 있기 때문이다. 따라서 그러한 수준을 결정하는 명확하고 상호 수용할 수 있는 방법을 개발해야 한다.

영속성 원칙은 사업으로 획득한 온실가스 배출 감소가 영원해야 한다는 것이다. 배출을 단지 미루는 것은 인정받을 수 없다. 이 원칙은 임업 사업에서 달성하기 어려운데, 임업에는 오랜 시간이 소요되고 불확실성이 크기 때문이다. 이를 보완하기 위해 버퍼 배출권을 두기도 한다.

누출 방지의 원칙은 사업의 편익 영향이 사업 범위 바깥에서 무효화되지 않아야 한다는 것이다. 예를 들어 프로젝트 대상지에서 산림감소를 억제하였는데 다른 곳에서 산림훼손이 나타나면 사업의 의미를 잃게 된다.

지속가능한 산림경영

국제동향

산림과 자연환경은 인간 사회가 공존하고 공생해야 하는 존재이다. 서구 중심의 고도 경제성장기에 자연환경을 충분히 고려하지 못하였기에 지금과 같은 지구 규모의 환경문제를 초래하였다. 이에 성장 지향의 나라들도 1972년 로마클럽 보고서에 따라 인구 증가와 환경 악화에 의한 '성장의 한계'를 인식하게 되었다.

유엔 인간환경회의와 로마클럽의 『성장의 한계』 발표 이후 20년의 시간이 지나고, 1987년 유엔 브룬트란트 위원회의 『지속가능한 개발』 발표 이후 5년이 지나 1992년 유엔 환경개발회의(리우 회의)가 개최되었다.

국제 산림정책에서 1992년 리우 회의는 큰 분기점이 된다. 유엔 환경개발회의(UNCED)

표 12.5 지속가능한 산림경영을 위한 국제 동향

연 도	사 항
1972	유엔 인간환경회의(스웨덴, 스톡홀름)
1987	환경과 개발에 관한 세계위원회 '지속가능한 개발' 발표
1992	유엔 환경개발회의(UNCED) 지구정상회의(브라질 리우데자네이루) 아젠다 21, 산림원칙성명, 기후변화협약, 생물다양성협약
1993	산림경영협의회(FSC) 설립
1995	몬트리올 프로세스 7기준 67지표 합의
1997	환경과 개발에 관한 유엔특별총회(UNGASS), 기후변화협약 교토의정서 채택
1998	ISO14001(환경매니지먼트 규격) 발효
2000	유엔 밀레니엄 정상회의(미국, 뉴욕), 21세기 국제사회의 목표, 밀레니엄 선언의 채택
2001	밀레니엄 개발 목표(MDGs) 2015년까지 달성 목표로서 극도의 빈곤과 기아의 박멸, 환경의 지속가능성 확보, 개발을 위한 글로벌·파트너십 추진 등 8개 목표와 18개 타깃을 설정
2002	지속가능한 개발에 관한 세계정상회의(WSSD)(남아프리카 요하네스버그)
2010	생물다양성 COP10(나고야), 나고야의정서 채택
2015	지속가능한 개발을 위한 2030 어젠다(SDGs) COP21(파리), 파리협정 채택
2017	유엔 산림전략계획 채택
2021	산림과 토지이용에 관한 글래스고 정상선언

는 '산림원칙성명'을 발표하는데, 산림을 생태계로 다루어 보전과 이용을 양립하고 산림에 대한 다양한 요구에 영속적으로 대응해야 한다는 '지속가능한 산림경영'의 이념을 제시하였다. 동시에 '기후변화협약', '생물다양성 협약'을 채택하지만, 산림 분야는 협약에 이르지 못하고 '산림원칙성명'과 행동계획 '어젠다 21' 수립에 머물렀다.

이후 지속가능한 산림경영의 진전을 평가할 수 있는 국제적인 '기준과 지표'(Criteria and Indicators) 작성 및 평가를 여러 지역에서 진행하였다. 그것은 몬트리올 프로세스(환태평양지역, 한국, 일본, 캐나다, 미국, 중국 등 12개국 참가), 헬싱키 프로세스(포레스트 유럽, 유럽의 여러 나라 등), ITTO(국제열대목재기구) 등이다.[69] 국가와 지역마다 지표에 따라 정기적으로 데이터를 수집하고 그것들의 변화를 비교·분석·평가하여 산림 관리가 지속가능한 방향으로 진행하는가 판단하는 체크리스트로서 사용된다.

몬트리올 프로세스는 1995년 7기준 67지표를 합의하지만 그후 7기준 54지표로 수정하였다. '지속가능성'을 평가하는 기준으로서 '자원(생산력)', '환경보전', '사회경제'의 3분야가

표 12.6 몬트리올 프로세스의 7기준 54지표

기준	지표수	개요
1. 생물다양성 보전	9	생태계 다양성, 종 다양성, 유전 다양성, 유형에 따른 산림 면적, 산림에 분포하는 자생종의 수 등
2. 산림생태계의 생산력 유지	5	목재생산림의 면적과 축적, 조림지 면적, 연간 목재수확량, 비목재 임산물의 수확량 등
3. 산림생태계의 건강성과 활력 유지	2	통상의 범위를 넘어 병충해·산림재해 등의 영향을 받은 산림의 면적 등
4. 토양과 물 자원의 보전과 유지	5	토양과 수자원 보전을 목적으로 관리하는 산림의 면적 등
5. 지구 탄소순환에 기여	3	산림생태계의 탄소 축적량, 임산물의 탄소저장, 산림바이오매스 사용으로 인한 화석연료 배출저감량 등
6. 장기·다목적, 사회·경제적 편익의 유지 강화	20	임산물 생산액, 산림 투자액, 고용과 지역사회의 요구, 휴양과 관광, 문화적 요구와 가치 등
7. 법·제도·경제적 체계의 확립	10	법률과 정책, 부문간의 조정, 파트너십, 모니터링과 평가의 능력 등

자료: 국립산림과학원(2014)

69) 프로세스란 논의를 위한 그룹을 말한다. 사무국은 당초 캐나다 정부에 있었으나 2007년 일본 임야청으로 옮겼다.

기본적 합의 내용이다.

한편, 산림보전의 실천 활동으로서 캐나다 모델 포레스트 정책이 1990년 시작하였다. 10만 ha 이상의 임업지대를 각 주에서 10개소 선정하여 환경보전 및 야생동물과 공존을 추구하고 지역주민과 합의를 바탕으로 '지속가능한 산림경영'의 현실적 모델 제시를 지향하였다. 이 활동은 국제 모델산림 네트워크로 발전하였다.

1997년 환경과 개발에 관한 유엔 특별총회(UNGASS), 2000년 유엔 밀레니엄 정상회의 개최와 21세기 국제 사회의 목표, 유엔 밀레니엄 선언의 채택이 이어졌고 2001년 밀레니엄 개발 목표(Millenium Development Goals: MDGs)가 설정되었다. 이는 2015년까지 달성해야 하는 목표이고 극도의 빈곤과 기아의 퇴치, 환경의 지속가능성 확보, 개발을 위한 글로벌 파트너십 추진 등 8개 목표와 18개 타깃을 설정한 것이다.

그후 2015년 '지속가능한 개발을 위한 2030 아젠다'를 채택하고 지속가능한 산림경영은 중요한 과제의 하나가 되었다. 여기에서 17개의 '지속가능한 개발 목표(Sustainable Development Goals: SDGs)'를 정하였다. 산림은 여러 부문에 관련하고 타깃으로서 2020년까지 지속가능한 산림경영의 실시를 촉진한다. 그 내용에는 세계 전체에서 신규조림과 재조림을 증가시키는 것이 포함되며 그 외에도 2030년의 목표를 다수 설정하였다.

2017년 4월 국제산림협정(IAF)의 전략계획인 '유엔 산림전략계획 2017-2030(UNSPF)'이 UNFF의 논의를 거쳐 유엔 총회에서 채택되었다. 산림전략계획은 SDGs를 비롯한 국제적 목표 등을 달성하는 데 산림분야의 공헌을 목적으로 하며 2030년까지 달성해야 하는 6개 '글로벌 산림 목표' 및 26개 세부 목표를 제시한다.

그리고 2022년 5월 서울에서 제15차 세계산림총회(WFC)가 개최되었다. '숲과 함께 만드는 푸르고 건강한 미래'를 테마로 하여 장관급 포럼과 6개 주제별 분과회의 등 다양한 이벤트를 개최하였다. 총회는 기후변화와 식량안보, 지역주민의 생활 향상 등의 목표를 달성하는 데 산림이 중요한 해결 방안이 될 수 있음을 강조하였다.

산림인증

산림인증제도는 제3자기관이 산림경영의 지속성과 환경보전 활동 등에 관한 일정의 기준

표 12.7 주요국의 산림인증면적과 그 비율

	FSC(만ha)	PEFC(만ha)	산림면적(만ha)	인증산림의 비율(%)
오스트리아	0	332	390	85
핀란드	205	1,885	2,241	84
독일	144	870	1,142	79
스웨덴	1,963	1,683	2,798	82
캐나다	5,041	12,817	34,693	46
미국	1,433	3,417	30,980	13
일본	42	215	2,494	10
한국	4	71	629	12
뉴질랜드	131	64	989	20

자료: FSC Facts and Figures(2021년12월), PEFC Global Statistics (2021년12월)

에 기초하여 산림을 인증하고 동시에 인증된 산림에서 산출된 목재 및 목재제품(인증재)을 구별하고, 표시 관리와 소비자의 선택적 구입을 촉진하는 활동이다. 그 배경에는 1980년대 후반 열대목재 불매운동에 대한 유럽 환경 NGO의 제안이 있었다.

국제적 산림인증제도로서 세계 자연보호기금(WWF)를 중심으로 발족한 산림관리협의회(Forest Stewardship Council: FSC) 인증과 유럽 11개국의 인증 조직들이 발족한 PEFC(Programme for the Endorsement of Forest Certification Schemes)의 산림인증 프로그램이 대표적이다. 우리나라에는 독자의 산림인증제도로서 임업진흥원의 KFCC가 있다.

FSC는 산림경영의 인증 업무를 하는 기관을 평가·인정·감시하기 위해 또 목재인증제도의 신뢰성과 투명성을 확보하기 위해 활동하는 제3자기관이다. 1993년 설립되어 독일 본에 본부를 두며 환경 NGO, 목재유통업 등을 회원으로 구성하였다. FSC의 목표는 산림경영을 환경보전, 사회적 이익, 경제적 지속성 3가지에서 평가·인증하고 인증된 산림에서 생산된 목재·목재제품에 라벨링하여 유통을 촉진하고 지속가능한 산림경영을 실현하려는 것이다. FSC는 두 종류의 인증을 한다. ① 산림관리(forest management) 인증, 특정 기준에 비추어 산림경영 상황이 그것을 충족하는가 여부를 인증·평가하는 것인데, 산림경영 단위에서 실시한다. ② CoC(chain of custody) 인증, 하나의 제품에 산림에서 소비자에 걸쳐 모든 생산·가공·유통과정을 추적하여 인증한다.

ISO(국제표준화기구)는 국제 표준과 규격을 제정하는 기구인데, 환경경영에 관한 규격(ISO14001, 14004)을 제정하였다. 기업과 공장의 활동이 지구환경에 부하를 가하지 않도록 하기 위한 국제 표준규격이다. 이것은 PDCA (plan-do-check-action) 사이클의 프로세스를 반복하여 환경 관리의 수준을 꾸준히 개선하는 것이다.

ISO 인증은 시스템 인증(문서관리)이 중심이고, 관청과 기업에 보급하였다. FSC 산림인증은 퍼포먼스 인증이라 하는데, 현지 심사로 산림관리의 실천 상황을 조사한다. 둘 다 세계 표준의 제3자 인증이고, 인증 취득에 의한 제품 차별화와 프리미엄의 획득, 인증 취득자의 협력 확대 등을 기대하지만 그다지 큰 변화는 보이지 않는다. 앞으로 친환경제품 구매제도와 ESG(Environmental, Social, Governance) 활용, 산림관리 방침 등 사업체로서 관리체제의 강화, 대외적인 인지도 향상 등의 효과를 기대한다.

생물다양성 보전

생물다양성은 생물학적 유기체의 여러 수준에서 존재하는 다양성을 가리키는 말이다. 생물다양성을 생각하면 생물 '종(種)'의 다양성을 떠 올리지만 그것에 한정되지 않는다. 예를 들면 개와 은행나무는 각각 하나의 생물종이지만 각각 수놈과 암놈이 있고 유전자를 주고받아 자손에 전한다. 유성생식은 다양한 유전자를 가지고 환경 변화에 대응하면서 '종'을 계승한다. 또, '종'은 분화하여 다양한 생물을 등장시키고 그 생물의 조합이 '생태계'를 형성한다. 다양한 생물종이 존재하기 때문에 생태계도 다양하다. 생물다양성에는 '유전자', '생물종', '생태계' 3개 레벨이 있다. 생물다양성을 잃어버린다는 것은 생물종만이 아니라 이 3개 레벨 모두에서 잃어버릴 가능성을 생각해야 한다. 이 다양성이 인간을 포함한 모든 생명의 존속과 번영을 책임지는 안전망을 제공한다.

산림은 생물다양성의 보고(寶庫)라고 한다. 산림은 세계 식물의 절반 이상, 또 절반 이상의 곤충에게 고향이다. 인간에게도 산림은 자원을 얻는 장소이고, 종교적 의미의 장소이기도 하고, 때로는 쉼터이기도 하다. 그리고 산림은 목재와 물의 공급원이고 홍수와 산사태에서 지켜준다. 지구 전체로 보면 이산화탄소의 흡수원이고 그 혜택을 다 알 수 없다. 이러한 생물다양성이 제공하는 혜택 덕분에 우리가 생명을 이어갈 수 있다.

지구의 생물다양성을 보전하는 데 '자연의 혜택'을 제공(수출)하는 국가와 그것을 이용(수입)하는 국가가 협력할 필요가 있다. 생물자원을 수출하는 국가와 그것을 마음대로 사는 국가가 있다면 생물다양성의 위기를 초래한다. 예를 들어 선진국의 제약회사가 개발도상국의 열대우림에 서식하는 생물의 유전자원을 이용하여 신약을 개발한 경우가 있다. 제약회사는 이익을 올릴 수 있지만 생물자원을 가진 나라 입장에서 아무런 혜택도 없다면 그 토지 고유의 생물다양성을 지키려 하지 않을 것이다. 또는 양국에 경제적 이익이 있더라도 인류에게 회복할 수 없는 손실이 될 수도 있다. 그러한 손실을 막기 위해 국제사회가 함께 대응하는 것이 중요하다.

선진국의 이익을 위해 개발도상국의 산림을 파괴하는 사례는 자주 보도된다. 1970~90년대 인도네시아 열대림의 다수를 훼손한 이유도 선진국에 수출하기 위해 산림을 난벌하였기 때문이기도 하다. 열대우림의 과도한 훼손은 생물의 멸종속도를 더욱 부추기는데, 육상동물종의 거의 절반이 그곳에 서식하기 때문이다. 또 극동 러시아 연해주에 엄청난 면적의 산림이 있지만, 벌채와 산불 등 인위적 원인으로 심각한 영향을 받는다. 우리나라도 러시아에서 많은 목재를 수입한다.

생물다양성을 둘러싼 문제는 인류의 가까운 미래에 관한 문제이고 선진국과 개발도상국 사이의 문제이기도 하며 복잡하고 절실한 문제이다. 국제 사회가 협력하여 대응하는 것은 아주 현실적인 이유가 있기 때문이다.

2010년 일본 아이치현 나고야시에서 개최된 생물다양성협약 제10회 당사국총회에서 '아이치 목표'를 정한「전략계획 2011-2020」및 유전자원 접근과 이익배분(ABS)에 관한 '나고야 의정서'를 채택하였다. 생물다양성 협약에는 3개 목적이 있다. 생물다양성의 보전, 생물자원의 지속가능한 이용 그리고 생물자원의 이용에서 얻어지는 이익의 공정하고 공평한 분배이다.

2019년 IPBES(Ingergovernmetal Science-Policy Platform on Biodiversity and Ecosystem Services)는 생물다양성의 감소 상황을 보고하였는데, 세계 생물종 800만 종 가운데 100만 종 이상이 멸종위기에 처해 있으며, 야생 포유류의 82%가 감소하였는데 1970

년대 이후 급속히 감소하였다고 한다. 그리고 생물다양성 감소의 원인을 직접 동인과 간접 동인으로 구분하였다. 직접 동인은 토지이용변화, 남획, 기후변화, 오염, 침입외래종 등이며, 간접 동인은 기술혁신, 인구증가, 인구당 소비량 증가, 소비별 자연 훼손량의 증가, 무역 등이다.

2022년 12월 제15차 당사국 1차 총회가 캐나다 몬트리올에서 개최되었다. 총회는 '아이치 목표'를 대신하는 새로운 목표로서 '쿤밍-몬트리올 글로벌 생물다양성 프레임워크'을 채택하였다.

정리하며

육지의 30.8%를 덮는 산림은 신규조림, 재조림 등 여러 노력에도 불구하고 지난 30년(1990-2020) 지속적으로 감소하였다. 이 기간에 1,780만 ha의 산림이 감소하였는데, 이는 한반도 면적의 약 8배에 달한다. 산림면적의 감소는 산림에 의지하여 생명을 유지하는 다양한 생물종과 인간의 삶을 위협하고 각종 재해 위험을 증가시켜 기후·생태 위기를 초래한다.

국제 사회는 산림보존을 지구 차원의 의제에 포함하여 대응하였다. 유엔 지속가능발전목표(UN-SDGs), 아이치 생물다양성 목표(Aichi Biodiversity Target), 유엔 산림전략계획(UN Strategic Plan for Forests 2017-2030) 등은 그러한 노력의 성과이다. '보호지역'의 지정과 '기타 효과적인 지역 기반의 보호 수단' 등을 활용하여 산림 생물다양성의 지속가능한 이용과 산림보존 사이에서 균형점을 찾는 것은 산림경제학의 중요한 과제이다.

하지만 지금의 진행 추세를 보면 국제 사회가 내세우는 산림보존 목표를 달성하는 일은 결코 쉽지 않다. 효과적인 거버넌스 체제의 구축과 여러 이슈들에 대한 통합적 접근이 필요하다. 농업이 산림파괴의 주된 원인이고 식량의 생산증대에 대한 요구가 커진다는 점을 고려하면 식량 생산부터 폐기까지 전반을 검토하고 개선할 필요가 있다. 우리나라도 산림보존을 위한 국제적 노력에 발맞추어 다각적 산림보존의 수단을 정비해야 한다.

참고문헌

김부영. (2020). "세계 산림 보존과 국제적 대응." 세계농업 2020년 9월호. 한국농촌경제연구원.

나가타 신. (2017). 임정학강의. (김세빈 외 옮김). 충남대학교출판문화원.

J.R. 맥닐. (2008). 20세기 환경의 역사. 에코리브르.

바츨라프 스밀. (2021). 숫자는 어떻게 진실을 말하는가. 김영사.

배재수. (2009). "한국의 산림 변천: 추이, 특징 및 함의." 한국임학회지 98(6): 659-668.

배재수·주린원·이기봉. (2010). 한국의 산림녹화 성공 요인. 연구신서 제37호. 국립산림과학원.

이우균·김영환·민경택·박주원·서정욱·손요환·우수영·이경학·이창배·최솔이·최정기. (2021). 산림탄소경영의 과학적 근거. 지을.

임효인. (2022). "생물다양성(CBD) Post-2020 글로벌 생물다양성 목표의 핵심분야로 떠오른 산림의 역할." 국제산림정책토픽 제117호. 국립산림과학원.

정세경·이성연·김철상·박경석·김통일·김영환·천정화·이창우·최형태·홍경낙·원현규·오승환. (2014). 지속가능한 산림경영에 관한 대한민국 국가보고서 2014. 연구보고 14-28. 국립산림과학원.

최경인. (2019). "세계 산림자원평가의 방법론과 결과 변화(2005-2020)." 세계농업 2019년 8월호. 한국농촌경제연구원.

최은호. (2021). "2021 전 지구적 산림목표 보고서 발간의 함의." 국제산림정책토픽 제105호. 국립산림과학원.

斎藤修. (2014). 環境の経済史一森林·市場·国家. 岩波書店.

永田信. (1999). "森林資源のU字型假說." 森林科学 25: 55-59.

FAO. (2020a). Global Forest Resource Assessment 2020: Main report. FAO.

FAO. (2020b). Global Forest Resource Assessment 2020: Terms and Definitions. FAO.

FAO. (2020c). The State of the World's Forests. FAO.

FAO. (2022a). FAOSTAT: Land Use. <www.fao.org/faostat>

FAO. (2022b). FAOSTAT: Forestry Production and Trade. <www.fao.org/faostat>

FAO. (2022c). Yearbook of Forest Products 2020. FAO.

IPCC. (2021). Climate Change 2021: The Physical Science Basis.

Mather, A.S. (1992). "The Forest Transition." Area 24(4): 367-379. The Royal Geographical Society.

United Nations. (2019). World Population Prospects 2019.

Zhang, D. & P. Pearse. (2011). Forest Economics. UBC Press.

제 13 장

산림경제학의 과제와 전망

산림경제학의 의의

산림경제학을 배우고 연구하면 어떤 의미가 있을까? 산림경제학은 임업경영과 산림정책의 의사결정에 다음 세 가지 기여를 할 수 있다.

첫째, 의사결정자가 산림자원을 효율적으로 관리하려면 어떻게 자원을 분배할 것인가를 결정하여야 한다. 이 때 산림관리 의사결정자는 산림자원을 활용하여 어떤 재화와 서비스를 생산하는 것이 기업의 이윤 창출과 사회의 복리증진을 위하여 가장 적당한가를 알아야 한다. 이 때 산림에서 나오는 생태계서비스의 가치를 파악하는 것이 필요하다. 그리고 시장에서 거래되는 경우 임산물의 가치가 어떻게 변화할 것인가를 알면 산림자원의 이용 전략을 수립할 수 있을 것이다.

이러한 산림관리자의 의사결정에 필요한 정보는 산림경제학 연구를 통하여 생산된다. 산림경제학 연구는 산림관리에 관한 장기계획과 상황 변화에 따른 의사결정에 필요한 정보를 생산하여 의사결정자의 결정을 돕는다.

임업투자의 예를 들어보자. 7장에서 다루듯이 언제 목재를 수확하는 것이 이윤을 극대화할 수 있는가의 문제와 함께 목재생산을 목적으로 하는 임업에서 중요한 의사결정은 나무를 심을 때 어떤 수종을 심어야 할 것인가라는 문제이다.

임업의 수확 기간이 매우 길기 때문에 처음에 어떤 나무를 심느냐 하는 것은 앞으로 다가올 수십년 동안 그 임지에 그 나무가 자라게 두어야 하기 때문이다. 수종에 따라서 생장함수, 즉 임업의 생산함수가 달라진다. 우선 이런 문제에 답을 구하기 위해서 두가지 정보가 필요하다. 하나는 나무가 자라는 생장량이 지력에 따라 그리고 시간의 흐름에 따라 어떻게 변화하는가를 알아야 한다. 또 하나는 그 나무의 자람세가 임지의 토양과 기후 조건에 따라 어떻게 다른가를 알아야 한다. 이 두가지 정보가 없다면 정밀한 분석을 할 수 없다. 이런 상황에서는 다른 곳에서 그 나무가 어떻게 자랐는지에 대한 정보를 기초로 가늠해 볼 수 밖에 없을 것이다. 시장에서 수종별 목재가격은 다르며, 목재가격이 미래에 어떻게 변화할 것인가에 대한 예측 정보도 필요하다. 목재시장을 분석하는 산림경제학 연구를 통하여 임산물 시장이 미래에 어떻게 전개될 것인가를 추정할 수 있다.

또 하나의 중요한 임업투자문제는 병충해 방제를 위하여 얼마까지 투자하여야 하느냐이다. 예를 들어 소나무재선충과 같은 치명적인 해충의 피해가 있을 경우 이 소나무 임분에 약제를 살포하여 소나무 숲을 보호하고 계속 성장하도록 할 것인가 결정해야 하는 상황에 직면한 숲의 주인의 문제이다. 이 숲을 보호하기 위하여 예를 들어 1 ha당 140만 원이 소요되는 경우, 이 금액을 투자하여 이 숲을 계속 자라게 할 것인가 아니면 그 숲을 벌채하고 다른 수종으로 갱신할 것인가 결정해야 한다. 이 때 방제비용을 투입해서 소나무 숲을 유지하는 것과 새로운 수종으로 대체하는 것, 두 대안에 투자분석을 실시하면 된다. 이 때에도 편익-비용 비율, 내부투자 수익율, 현재가 분석을 하여 어떤 대안이 투자에 대한 수익(returns)이 높은지를 비교하면 된다.

나무를 심어 기르는 목재생산 중심의 임업은 소득 회임기간이 길어 이러한 임업을 전업으로 하려면 소요되는 임지의 규모가 커야한다. 우리나라는 대부분의 산주의 임지 소유규모가 영세하므로 목재생산 중심의 임업만을 영위하는 것은 현실적이지 못하다. 그 대안으로 임지에서 단기임산물을 생산하거나 휴양서비스를 생산하는 임업은 가능할 수 있다. 목재 생산에 대한 투자분석은 자가 노동력과 동원 가능한 자본을 투입하여 최대의 토지 지대를 얻을 수 있는 임업 비즈니스가 무엇일까 하는 문제를 다루게 된다. 산림경제학을 배운 이는 예를 들면, 내가 이용할 수 있는 임지에서 더덕을 기르는 것과 산양삼을 기르는 것 중 어느 비즈니스가 더 큰 지대를 창출할 수 있을까? 하는 문제에 대한 답을 구할 수 있다.

산림휴양서비스를 생산하는 임업을 하려는 산주가 있다고 하자. 어떤 서비스를 잠재적인 휴양객에게 제공하여야 고객을 만족시킬 수 있을까 하는 문제는 경영전략에 해당한다. 이때 산림경제학자가 기여할 수 있는 문제는 어떤 서비스에 얼마의 수요가 있을까, 즉 특정한 산림휴양서비스에 대하여 탐방객이 지불하려 하는 지불의사, 즉 한계효용가치를 평가하는 것이다.

그러나 이러한 정보는 시장에서 쉽게 얻어질 수 없다는 것이 문제이다. 단순림을 좋아하는 사람이 많은지 아니면 다양한 수종으로 이루어진 숲을 선호하는 사람이 많은지, 혹은 자연해설프로그램이 많은 숲을 좋아하는지 아니면 자연 그대로의 숲을 좋아하는지, 혹은 침엽수림을 좋아하는지 활엽수림을 좋아하는지 등에 대한 정보가 필요하다. 이러한 정보는 목표로 하는 고객의 집단별로 다를 수 있으니 시장에 참여할 가능성이 있는 소비자를 대상으로 산림의 생태계서비스에 대한 수요를 조사하는 것이 필요하다.

둘째, 산림경제학이 유용하게 쓰일 수 있는 분야는 산림정책 결정에 필요한 정보를 제공하는 것이다. 우선 위에서 다룬 소나무재선충병 방제 정책의 예를 들어보자. 한 임분에서 소나무재선충병이 발생할 경우 그 주위에 있는 다른 숲에 쉽게 퍼질 수 있다. 이러한 산림병해충의 경우, 한 개인 산주의 의사결정에 맡길 경우 다른 산주에게도 피해가 갈 수 있다. 이때 정부가 개입하여 산림병해충 방제를 위하여 재정을 투입할 수 있다. 우리나라의 경우 2005년 「소나무재선충병 방제특별법」을 제정하여 소나무재선충병이 발생할 우려가 있는 숲에 정부가 선제적으로 방제하도록 한다. 이러한 선제적 방제를 개인의 의사결정에 맡기는 것으로는 충분하지 않다. 사회 전체의 생태계 보호 내지 임업투자자의 위험을 관리할 수 없기 때문이다.

그런데 방제 방법으로 널리 사용되는 화학적 방제, 즉 화학독성물질(농약)을 산림에 살포하는 것은 방제 목표인 소나무재선충 매개충을 죽여 소나무재선충의 확산을 방지하는 데 효과가 있으나 벌과 같은 다른 곤충도 함께 죽는 생태계 교란과 인근 주민의 식수원 오염과 같은 피해가 발생한다. 이러한 소나무병해충 방제라는 임업 활동은 외부효과를 초래하여 사회적 후생에 부정적인 영향을 가져오게 된다. 산림병해충의 화학적 방제가 우리 사회의 지속가능한 발전에 긍정적인지 아니면 부정적인지에 대한 확장된 비용편익분석이 필요하다.

산불도 산림병해충과 같이 한 개인의 산림에서 발화하더라도 금새 주위의 다른 사람소유의 산림으로 확산될 수 있다. 더군다나 산불은 숲에서 머물지 않고 주위의 인가나 공장 등에 피해를 입힐 수 있다. 따라서 산불의 예방과 진화는 한 개인의 의사결정에 맡길 수 있는 문제가 아니고 사회적인 문제이다. 따라서 산불의 예방과 진화를 위하여 정부가 개입을 한다. 산불 예방을 위하여 산불에 강한 숲을 조성하는 것이 필요하다. 어떤 숲이 더 산불에 강한가에 대한 정보가 존재한다고 하더라도 산주가 그러한 숲을 육성하는 것보다 그에게 더 큰 이윤을 보장하는 숲을 육성하기를 원한다. 우리나라에서 산불이 잦은 동해안 지역의 숲은 대부분 소나무 숲으로 구성되어 있고, 산주와 지역주민은 송이를 채취하여 소득을 얻기 때문에 산불이 난 후에도 소나무 숲을 조성하기를 원한다. 그러나 소나무 숲은 활엽수림에 비하여 산불에 취약한 편이어서 정책결정자는 산주나 산촌주민의 이해와 사회적 비용을 저울질하여 산불 이후의 산림자원 복원 및 이용 계획을 수립하여야 한다. 이때 소나무림을 조성할 경우와 다른 산불에 상대적으로 강한 활엽수림을 조성할 경우 사회적 효용을 비교할 필요가 있다. 두가지 산림자원 관리 계획 시나리오별로 비용과 편익을 추정하는 연구가 필요하다.

셋째, 산림경제학은 임업의 외부효과를 내부화하는데 유용하게 이용할 수 있다. 임업은 황폐한 산지를 복원하는 생태복원부터 목재를 생산하는 임업, 그리고 숲에서 휴양서비스와 같은 문화서비스를 제공하는 서비스임업까지 다양한 스펙트럼에서 비즈니스를 영위한다. 우리나라는 1980년대까지 생태복원을 중심으로 하는 임업에 투자하였다. 1988년 올림픽경기 개최와 1994년 우루과이라운드 타결로 무역의 자유화와 세계화를 기조로 하는 개방사회로 이전하면서 목재생산 임업과 목재가공산업의 국제경쟁력은 약화되었고 산업화 과정에서 발생한 환경오염으로 인하여 깨끗한 공기, 물, 그리고 식품안전성에 대한 수요가 늘어나면서 환경임업과 먹거리 임업이 중요해졌다. 도시화가 완성되면서 국민의 90% 이상이 도시에 살게 됨에 따라 산림의 문화서비스에 대한 수요가 급격히 늘어났다. 이로 인하여 산림휴양서비스를 공급하는 문화임업이 새로운 임업 비즈니스로 자리매김하고 있다.

이러한 시대적 흐름에 따라 우리나라 임업의 내용과 형태가 바뀌어 왔다. 그러나 생태계보전을 중심으로 하는 환경임업에 대한 사회적 수요는 증가하고 있으나 환경임업에서 발생하는 공익적 산림생태계서비스에 대하여 산주나 임업인이 보상받을 수 있는 방법이 아직 미비한 실정이다. 따라서 환경임업을 임업 비즈니스로 하는 임업인은 거의 없다. 1992년에 채택된 유엔 기후변화협약의 이행을 위하여 1997년에 채택된 교토의정서에 포함된 재조림에 의한 이산화탄소 흡수에 대하여 보상할 수 있는 장치가 국제적 규약으로 도입됨에 따라서 우리나라에서도 산림탄소상쇄를 임업의 새로운 비즈니스 항목으로 추가할 수 있는 기회가 생겼다.

최근 환경·사회·지배구조(ESG)가 지속가능한 기업의 중요한 덕목이라는 인식이 확산되면서 환경경영 투자대상으로 산림생태계서비스에 주목하는 기업이 늘고 있다. 기업의 투자대상으로 산림이 인정받을 수 있기 위해서는 산림생태계서비스를 계량하고 그 가치를 투자가치로 평가받을 수 있어야 할 것이다. 즉 산림생태계서비스의 가치를 평가하는 학문으로서 산림경제학이 기여할 수 있을 것이다.

산림경제학의 연구동향

1970년 이후 산림경제학 연구논문을 문헌데이터베이스 Scopus에서 검색한 결과 경제분석(economic analysis)을 다룬 논문을 2,772편 찾을 수 있었다. 이들 가운데 70번 이상 출현하는 주제어는 <표 13.1>과 같다. 산림경영에 관한 경제분석이 가장 많았고, 산림의 소실 문제에 대한 경제분석과 목재생산 임업에 대한 경제분석 연구가 많았다. 1992년 유엔환경개발회의에서 기후변화협약과 생물다양성협약이 채택된 이후 기후변화와 생물다양성에 관련된 산림경제연구가 많아졌다. 2005년 생물다양성 및 생태계서비스에 대한 전문가보고서가 발간된 이후 생태계서비스에 대한 경제분석이 활발해졌다.

우리나라의 산림경제학 연구는 목재시장분석에서 시작하였다. 이 연구는 주로 서울대학교와 국립산림과학원 소속 연구자들이 수행하였는데 목재수급과 임산업의 국제경쟁력에 관한 내용이었다(윤여창 1988). 이는 1960년대 이후 목재가공산업의 발전과 1980년대 이후 단기임산물에 대한 수요 증가에 따른 수급정책을 지원하기 위한 연구이다. 그후 산림기본계획의 수립을 위한 임산물과 산림서비스에 대한 장기 수급분석연구가 시작되었다(주린원 등 2007).

목재생산 임업의 최적벌기령 분석과 같은 임업의 경제성에 관한 연구도 실시되었으나

표 13.1 주제어로 본 산림경제학 연구주제(1970-2023)

주요어	출현율(%)
산림관리 혹은 산림경영	14
산림의 전용 또는 소실(Deforestation)	11
목재	11
기후변화	8
지속가능발전 내지 지속가능성(Sustainability)	8
토지이용 혹은 토지이용변화	8
생태보전 혹은 생물다양성	7
생태계서비스(Ecosystem Service)	6
비용 혹은 수익성(profitability)	5
탄소 배출, 흡수 내지 저장	5
상업	4
공공정책(산림정책, 환경정책)	4
재조림	3
환경보호	3
비용편익분석	3
목재수확	3
지불의사 내지 비시장재 가치평가	3
바이오매스	3
임업생산	3

그리 활발하지 못하였다. 임업의 투자수익성에 관한 연구는 목재생산보다는 임산버섯, 수실류, 산채 등 단기임산물 생산의 투자분석에 집중되었다.

산림휴양서비스의 가치평가연구가 1983년 서울대학교에서 처음으로 수행되었다(윤여창 1983). 1990년대 이후 산림의 공익기능 평가 연구가 임업시험장, 서울대학교, 경북대학교, 강원대학교의 연구자들에 의하여 수행되었다(윤여창·장호찬 1994; 윤여창·김성일 1992; 김재준 등 1994; 김준순 1999; 한상렬 2003). 생태계서비스의 가치평가 연구는 산림휴양, 치유, 교육 등 산림문화서비스에 대한 수요가 증가함에 따라 자연휴양림, 산림욕장, 숲유치원, 숲속야영장 등 문화서비스 임업에 대한 투자 및 정책결정 과정에 필요한 기초 정보를 제공하였다.

임업과 산림경제학의 과제와 전망

임업의 경쟁력 확보와 산림경제학

우리나라 임업은 부존 산림자원의 특성과 미래 사회가 어떻게 변화할 것인가에 따라 그 발전 양상이 달라질 것이다. 현재 우리나라의 산림자원은 인구와 경제개발 수준에 비추어 부족하다. 인구 대비 부존 산림자원의 양이 1인당 0.11ha에 불과하여 세계 평균 0.5ha에 비하여 상당히 적은 편이다. 부족한 산림자원에 비추어 선진국 대한민국의 사회가 필요로 하는 임산물은 대부분 외국으로부터 수입하여 충당하고 있다. 물론 단기임산물의 경우 관세를 사용하여 국내 임업을 보호하기 때문에 국내 수요의 상당 부분을 국내에서 공급하고 있으나 자유무역에 의존하는 우리나라의 경제구조를 고려하면 관세에 의한 생산자 보호는 변화될 가능성이 있다.

따라서 국내 임업은 국제 경쟁력을 확보하는 것이 시급한 과제이다. 우리나라가 비교우위에 있는 임산물 품목을 선정하여 그것에 집중하는 전략이 요구된다. 그러면 어떤 임산물에 비교우위가 있을까? 비교우위는 가격보다 품질과 다른 생태계서비스와 융합하여 소비자를 만족시킬 때 가능할 것이다. 임업의 국제경쟁력을 위해 산림생태계서비스 수요 및 공급을 분석하여 미래 산림생태계서비스 수요를 예측하는 연구가 요망된다.

생태계서비스에 대한 내부화와 산림경제학 연구

우리나라 임업은 산림의 소유구조 여건 상 사유림 경영이 중심이다. 사유림 경영을 통해서 산출되는 생태계서비스 가운데 목재와 단기임산물을 제외하고는 대부분의 산림생태계서비스가 시장에서 거래되기 어렵다. 즉 임업은 외부경제가 큰 사업이다. 이러한 임업의 특성상 그에 알맞는 정책과 제도의 도입을 통하여 임업의 외부경제를 내부화하여야 임업이 사회적으로 최적의 산림생태계서비스를 공급할 수 있게 된다.

임업의 외부경제효과로 생산되는 생태계서비스의 가치를 평가하는 연구가 필요하다. 다음은 구체적인 산림생태계서비스 가치 연구 과제의 예이다.

• 수종갱신 혹은 간벌을 통한 수자원함양능력을 증진하는 임업의 외부효과 가치평가
• 생물다양성 증진에 따른 휴양객의 산림휴양서비스에 대한 지불의사 추정(가치 평가)
• 벌과 나비 등 수분 작용을 하는 곤충의 농업생산 가치 기여분 추정
• 수종 구성에 따른 비목재임산물 생산 가치 비교 평가
• 도시숲의 수종별 기후완화기능의 평가

이러한 연구의 결과는 임업에 대한 생태계서비스 지불제 혹은 공익형 산림직불제의 기초 자료로 활용될 수 있다.

참고문헌

김재준·이흥균·최민휴·윤여창·이진규. (1994). "산림의 공익적 기능의 계량화." 산림경제연구 2(1): 127-139.

김준순. (1999). "가상가치평가법에서 시간범위에 따른 휴양가치의 차이 해석." 한국산림과학회지 92(3): 215-221

윤여창·김성일. (1992). "산림자원의 휴양가치 산출을 위한 경제적 평가방법론 비교연구." 자원·환경경제연구 1(1): 155-184.

윤여창·장호찬. (1994). "광릉 크낙새의 보존가치 평가." 자원·환경경제연구 3(1): 87-105

주린원 외 12인. (2007). 산림부문의 추세 및 장기 전망: 1970-2005-2050. 연구보고 07-19 국립산림과학원.

한상렬. (2003). "자연휴양림의 경영개선을 위한 가격차별화 전략 고찰." 한국산림과학회지 88(1): 117-123

저자소개

■ 민경택

서울대학교에서 산림자원학을 전공하고 대학원에서 석사 학위를 받았으며, 2010년 일본 도쿄대학에서 농학(산림정책학) 박사 학위를 취득하였다. 2001년 한국농촌경제연구원에 입사한 이후 산림정책 연구를 이어왔다. 주요 연구주제는 임업과 목재산업, 지속가능한 산림경영, 임산물시장분석, 산촌진흥, 임가소득 증대, 기후변화 대응, 산림정책 평가 등이다.

■ 윤여창

1979년 서울대학교 임학과를 졸업하고 1988년 워싱턴대학(University of Washington)에서 산림경제학 분야 박사과정을 수료하였다. 1978년 총무처 주관 임업직 기술고등고시에 합격하여 산림청 임업시험장(현 국립산림과학원)에서 임업연구관(1979-1988)으로 근무하였다. 워싱턴대학 연구조교수(1988-1989)와 서울대학교 교수(1989-2021)로 근무한 후 서울대학교를 정년 퇴임하고 현재 서울과학종합대학원대학교 석좌교수로 재직하고 있다.

대학을 졸업한 이후 임업경제학, 산림정책학, 생태경제학, 환경경영학 분야 연구와 강의를 하였다. 주요한 연구주제는 임산물 수급, 생태계서비스의 가치평가, 공유자산 마을숲의 거버넌스, 기후변화 대응 산림정책 등이며 서울대학교 융합교육과정인 글로벌환경경영학 연합전공을 개설하여 10년간 주임교수를 역임하였다. 한국산림경제학회 회장과 한국임학회 회장을 역임하고 세계산림학회(IUFRO) 산림전통지식 연구분과 및 임업생태경제 연구분과의 위원장을 역임하였다.

산림경제학

생태학과 경제학의 만남

2023년 8월 21일 | 1판 1쇄 인쇄
2023년 8월 28일 | 1판 1쇄 발행

지 은 이 | 민경택 · 윤여창
발 행 인 | 김은중
발 행 처 | 서울경제경영출판사
북 디 자 인 | (주)우일미디어디지텍

주 소 | 03767 서울특별시 서대문구 신촌로 205, 506호
전 화 | 02)313-2682
팩 스 | 02)313-8860

등 록 | 1998년 1월 22일 제5-63호

ISBN 979-11-6282-117-6 93520 정가 34,000원

※ 잘못된 책은 바꾸어 드립니다.